蚕糸と現代中国

倪 卉
NI Hui

Premiere Collection

京都大学学術出版会

若い知性が拓く未来

　今西錦司が『生物の世界』を著して，すべての生物に社会があると宣言したのは，39歳のことでした。以来，ヒト以外の生物に社会などあるはずがないという欧米の古い世界観に見られた批判を乗り越えて，今西の生物観は，動物の行動や生態，特に霊長類の研究において，日本が世界をリードする礎になりました。

　若手研究者のポスト問題等，様々な課題を抱えつつも，大学院重点化によって多くの優秀な人材を学界に迎えたことで，学術研究は新しい活況を呈しています。これまで資料として注目されなかった非言語の事柄を扱うことで斬新な歴史的視点を拓く研究，あるいは語学的才能を駆使し多言語の資料を比較することで既存の社会観を覆そうとするものなど，これまでの研究には見られなかった潑剌とした視点や方法が，若い人々によってもたらされています。

　京都大学では，常にフロンティアに挑戦してきた百有余年の歴史の上に立ち，こうした若手研究者の優れた業績を世に出すための支援制度を設けています。プリミエ・コレクションの各巻は，いずれもこの制度のもとに刊行されるモノグラフです。「プリミエ」とは，初演を意味するフランス語「première」に由来した「初めて主役を演じる」を意味する英語ですが，本コレクションのタイトルには，初々しい若い知性のデビュー作という意味が込められています。

　地球規模の大きさ，あるいは生命史・人類史の長さを考慮して解決すべき問題に私たちが直面する今日，若き日の今西錦司が，それまでの自然科学と人文科学の強固な垣根を越えたように，本コレクションでデビューした研究が，我が国のみならず，国際的な学界において新しい学問の形を拓くことを願ってやみません。

第26代　京都大学総長　山極壽一

目　次

序　章　蚕糸業の縦糸と横糸──伝統と地域比較を探る……………3

第一節　蚕糸業の経済学的論点………………………………………………3
第二節　蚕糸業をめぐる先行研究……………………………………………5
　　一　日本蚕糸業の諸研究…………………………………………………5
　　二　中国蚕糸業の諸研究…………………………………………………8
　　三　アグリビジネス研究…………………………………………………14
　　四　中国農業経済研究における龍頭企業と契約農業…………………19
第三節　養蚕地域への現地調査………………………………………………24
第四節　本書の構成……………………………………………………………26

第一章　中国における養蚕業および製糸業の発展……………28

第一節　養蚕業の生産過程……………………………………………………30
　　一　桑の栽培………………………………………………………………30
　　二　養蚕……………………………………………………………………34
第二節　繭と生糸の流通構造…………………………………………………41
　　一　繭と生糸の生産と流通構造…………………………………………42
　　二　繭産品価格「双軌制」の開始………………………………………44
第三節　繭供給，製糸およびシルク製品……………………………………45
　　一　中国糸綢公司の変遷とシルク産業政策……………………………45
　　二　糸綢公司撤廃後──繭市場の混乱と原料繭供給量の不安定……47
　　三　生糸の生産准産証制度と製糸業の構造再編………………………50

第二章　養蚕業および製糸業の産地分布と産地移動…………57

第一節　桑園 …………………………………………………………58
　一　1980 年代から 90 年代まで
　　　──桑園面積の四川，浙江，江蘇　3 省への集中 ………………58
　二　1990 年代以降──生産中心の移動と分散した桑園の分布 ………58
第二節　養蚕と繭の産出 ……………………………………………61
　一　蚕種の生産計画と配布 …………………………………………62
　二　生繭の生産 ………………………………………………………64
第三節　桑園，蚕種と繭の地域別生産性 ………………………………66
　一　主要養蚕地域の桑園単位面積当りの繭産出量 ………………66
　二　蚕種 1 枚当りの繭生産量 ………………………………………67
第四節　製糸業およびシルク織物の生産分布 ……………………………69
　一　各養蚕地域における製糸業の状況 ……………………………69
　二　シルク織物産業の状況 …………………………………………73
第五節　産地移動と産地の形成──浙江, 江蘇, 広西の産地状況をめぐって
　　　　…………………………………………………………………74
　一　伝統産地 …………………………………………………………74
　二　新興産地 …………………………………………………………75

第三章　産地移動の原因とシルク製品貿易の影響 ……………77

第一節　これまでの分析視角 ……………………………………………77
　一　中国における養蚕の地理と経済環境 …………………………77
　二　政府関与と政策環境の変化 ……………………………………80
　三　異なる生産方式の形成と龍頭企業の牽引 ……………………83
　四　担い手としての農民組織の形成 ………………………………84
第二節　シルク製品の国際貿易構造の変化による生産地域の移動 ……85
　一　シルク製品の貿易構造 …………………………………………85
　二　シルク製品貿易の政策動向 ……………………………………89
　三　中国貿易額の中でシルク製品輸出が占める割合が減少 ………92

四　シルク製品の輸出品目の変化と輸出商品構造の多層化 …………………94
　五　シルク貿易の品目別変化と輸出先の二元化 …………………………96
第三節　国内市場における市場の多様化とシルク消費量の増加 ……104
　一　国内シルク製品流通の規制緩和 ……………………………………105
　二　流通形態の多様化と大型販売センターの興隆 ……………………107

第四章　伝統産地の興衰——江蘇省と浙江省 ………………………113

第一節　江浙両省における蚕糸業生産の概観 ……………………………114
　一　養蚕業および製糸業の生産状況 ……………………………………114
　二　養蚕業および製糸業の生産と流通状況 ……………………………136
第二節　伝統産地における養蚕減少の要因分析 ……………………149
　一　環境汚染による影響 ……………………………………………………149
　二　養蚕収益上の影響 ………………………………………………………152
　三　労働力不足による影響 …………………………………………………156
　四　龍頭企業の影響 …………………………………………………………158
　五　政府の政策的影響 ………………………………………………………159

第五章　伝統産地の躊躇と養蚕地域間の葛藤
　　　　——インタビューの内容から見た浙江省湖州,海寧と江蘇省海安の事例
　　　　………………………………………………………………………162

第一節　湖州市と湖州市指導站 ……………………………………………162
　一　養蚕減少の状況——2005年インタビュー ……………………………164
　二　繭価の上下問題——2005年インタビュー ……………………………166
　三　養蚕減少がもたらした市場の変化——2009年インタビュー ………168
　四　湖州指導站から見た農民組織と大規模交易市場——2009年インタビュー
　　　………………………………………………………………………170
　五　湖州市の養蚕農民——朱氏 ……………………………………………171

第二節　海寧市と無錫 …………………………………………177
　　一　海寧概況 ………………………………………………177
　　二　海寧市指導站と蚕種場 ………………………………177
　　三　無錫指導站──伝統産地から見た養蚕業の減少と「東桑西移」 …179
第三節　伝統産地にみられる新たな養蚕製糸の生産方式
　　　　──いわゆる「海安スタイル」の形成 …………………182
　　一　海安県の地理条件および養蚕状況 ………………182
　　二　江蘇省XY繭糸綢集団股.公司と海安県の蚕糸業 ………184
　　三　海安県とXY公司の養蚕業への取り込み ……………188
　　四　海安県養蚕業発展の限界が見えてきた ………………192
　　五　海安県の養蚕農民の実態 ………………………………194

第六章　新興産地──広西壮族自治区の事例 …………………197
第一節　蚕糸コモディティーチェーンの各部分から見る広西蚕糸業の発展
　　　 ………………………………………………………………201
　　一　桑園面積の拡大 ………………………………………201
　　二　蚕の飼育 ………………………………………………204
第二節　繭の生産と流通 ……………………………………221
　　一　繭の流通の構造と新興産地の特徴 ……………………221
　　二　繭站の実態 ……………………………………………222
　　三　生繭の仲買人の存在 …………………………………225
　　四　広西大宗繭糸交易市場有限責任公司 ………………226
第三節　生糸の生産と流通と龍頭企業 ……………………229
　　一　製糸業の発展現状 ……………………………………229
　　二　蚕業の産業化と龍頭企業 ……………………………232
第四節　広西蚕糸業の発展要因と蚕糸業発展の影響 ………234
　　一　広西の養蚕業に適した地理と気候条件 ………………234
　　二　換金作物としての優越性 ……………………………234

三　広西政府の奨励政策と技術研究開発部門としての指導站の役割 …237
　　四　龍頭企業のリーダー機能の発揮と農民の再組織化の促進 …………238

第七章　指導站，企業，養蚕農民と農民合作社のインタビュー
　　　　記録から見えるもの ……………………………………………242
　第一節　広西蚕業技術指導総站 ……………………………………………242
　　一　指導站設立の経緯──2007 年インタビュー ……………………243
　　二　広西の養蚕業が発展できた理由について──2007 年インタビュー
　　　　……………………………………………………………………245
　　三　伝統養蚕地域と比べ，広西の強みがある …………………………246
　　四　広西の自由市場の評価，繭市場と生糸市場の関係 ………………247
　　五　伝統換金作物のサトウキビとの関係について ……………………247
　　六　広西の桑蚕協会について──2007 年インタビュー ……………249
　　七　広西蚕種協会などの組織についての指導站の見解，農民組織が長続き
　　　　できるか？──2009 年インタビュー ……………………………249
　　八　生産地域の移転と東桑西移をどう思うのか──2009 年インタビュー
　　　　……………………………………………………………………250
　第二節　南寧市横県と柳州市における龍頭企業の事例 …………………251
　　一　広西柳州市 LF 繭糸有限責任公司 …………………………………251
　　二　広西南寧市横県 GH 繭糸綢有限責任公司 …………………………254
　第三節　合作社とその役割の検討──LX 合作社の事例 ………………260
　　一　合作社が設立されるの背景──養蚕と製糸規模の拡大 …………260
　　二　広西の養蚕農民組織 …………………………………………………263
　　三　広西蚕糸業の生産流通構造と農民組織の形成 ……………………264
　　四　広西農民蚕桑専業合作社の事例 ……………………………………266

終　章　伝統と新興の交錯
──産地間関係と中国蚕糸業の生産構造の再編 ……………274
- 第一節　伝統産地と新興産地の並存 …………………………274
- 第二節　伝統産地の対策と動き ………………………………278
  - 一　「東桑西移」のもとで，安定を求める方向 ……………278
  - 二　「東桑西移」の対策としての「安定的発展」策 ………279
  - 三　農業生産責任制下の農民の再組織化……………………281
- 第三節　新興産地の対応 ………………………………………284
  - 一　広西の優位性 ……………………………………………284
  - 二　広西の新たな動き ………………………………………286
- 第四節　結びと今後の課題 ……………………………………288

付録 ……………………………………………………………………291
　付録地図 …………………………………………………………291
　付録表　現地調査一覧表 ………………………………………296
初出一覧 ………………………………………………………………297
図表一覧 ………………………………………………………………298
参考文献 ………………………………………………………………301
あとがき―謝辞 ………………………………………………………317
事項・人名索引 ………………………………………………………319

蚕糸と現代の中国

倪　卉著

序章　蚕糸業の縦糸と横糸——伝統と地域比較を探る

第一節　蚕糸業の経済学的論点

　蚕糸業は，養蚕業，製糸業，絹織業，シルクアパレル製造業など，相互に連関するいくつかの産業を包含する概念である。蚕糸業は中国において悠久の歴史を持つ伝統的な産業で，様々な民俗や習慣の形成を伴ってきた。それゆえ蚕糸産品の生産・流通・消費には他の商品にはない豊かな歴史的・文化的な内容が含まれている。蚕糸業を構成する養蚕業は農業セクターに，マニュファクチュア的性格を有する製糸業と絹織業は工業セクターに，それぞれ属している。これらの構成部門は川上から川下の流れに喩えられ，そうした生産連関において蚕糸業は形成されている。そして，各構成部門の生産物である繭，生糸，そして絹織産品やアパレル製品は，中国にとって重要な輸出産品となっている。

　しかしながら蚕糸業における大規模な産地移動が発生し，徐々に伝統的な生産地域と新興地域とが共存するという新たな産地構造が形成され，中国の蚕糸業の蚕業構図が大きく変貌した。浙江省や江蘇省を中心とする東沿岸部にある伝統的な生産地域には，伝統的な養蚕方法が維持されているだけではなく，計画経済の遺風とも言える運営管理の制度も援用されている。とはいえ，伝統産地では養蚕と製糸が利益至上の経済理念を超越した，伝統文化の一部であるという考えもうかがえる。一方で，広西壮（チワン）族自治区や雲南省を中心とする新興的な生産地域では，市場経済の規則に従って，養蚕業と製糸業を市場取引に任せ，養蚕は単に現金収入を得るための手段と化している。

　このように両産地の性格は根本から異なっている。本書は現代中国，と

りわけ 1980 年代に実施された農業生産責任制以後の中国の蚕糸業，なかでも養蚕業と製糸業の生産地域移動およびそのメカニズムを分析することにある。ゆえに，本書の分析は具体的には，以下の 2 点が中心となる。

　第一に，1980 年代以降の養蚕業と製糸業の発展状況を中心に分析し，主に農業生産としての養蚕業，および工業生産としての製糸業の実態をそれぞれ把握し，養蚕業生産地域の移動とその背景，ならびに新たな生産地域の出現とその発展過程を考察しながら，中国における蚕糸業の生産構造がいかに変化してきたかを明らかにすることである。

　第二に，改革開放後，計画経済から市場経済へ移行する経済環境の変化を背景に，養蚕農民がいかにその変化を受け止め，それに対応しようとしてきたのかを，養蚕業および製糸業の分析を通じて明らかにすることである。

　このように悠久の歴史と豊かな文化的背景を持ち，農業セクターと工業セクターに跨り，養蚕農民，農業技術指導部門，製糸工業，絹織工場，アパレル製造工場そして流通貿易企業とも関連するなど，蚕糸業ほど多面的な機能と多様な性格を持つ産業は他にあまり例を見ない。蚕糸業を対象とする研究が経済学や農学だけでなく，歴史学や文学を含む広範な分野にわたっており，それぞれで豊富な研究蓄積がみられるのはそのためである。

　経済学分野における蚕糸業研究は史的研究を中心に取り組まれてきた。日本においても中国においても，蚕糸業の発展過程と資本主義の発展過程とを関連させたものが数多くみられる。山田盛太郎が捉えたように，日本蚕糸業が日本資本主義の重要な一要素に位置づけられていた当時，中国でも中国蚕糸業を中国資本主義の形成過程と重ね合わせた分析が多数なされていた[1]。しかし，日本蚕糸業研究と中国蚕糸業研究とを比較すれば，日中の蚕糸業がそれぞれ異なった発展プロセスを辿ってきたことが明らかと

---

1) 山田盛太郎『日本資本主義分析——日本資本主義における再生過程把握』岩波書店，1980 年（初版は 1934 年），69-71 頁（本書の引用ページは 1980 年版のものを用いる）。蚕糸業を分析し，近代における中国資本主義の確立過程を分析した研究として，例えば，曽田三郎『中国近代製糸業史研究』汲古書院，1994 年。奥村哲『中国の資本主義と社会主義——近代史像の再構成』桜井書店，2004 年，等があげられる。

なる。例えば，日本では器械製糸の対米輸出が増加する中で，零細農家による小規模製糸から組合製糸[2]へと大規模化した製糸工場発展のプロセスを辿ったのに対し，中国では欧州に向けた高品質生糸輸出に傾斜する中で，高品質の「七里糸」の生産と零細な家内生産が維持されていた。日中蚕糸業発展の歴史を改めて比較分析することは本書の課題ではないが，現代蚕糸業に関する研究蓄積が不足している状況を鑑みれば，蚕糸業の発展過程に関する史的分析の研究成果に学ぶことは，現代中国蚕糸業とりわけ養蚕業の実態を明らかにする上でも重要である。

同時に，現代蚕糸業の研究は，養蚕農家や製糸企業，地方政府などのアクターが技術指導や生産契約，市場取引を通じて相互に利害関係を取り結んでいる蚕糸業の生産連関を，構造的かつ動態的に把握することなしには十分になしえない。そのためにも，アグリビジネス論的視角を用いた実証研究が不可欠である。

そこで，次節では，中国蚕糸業の実態に接近するために必要と思われる先行研究の実証的・理論的な成果を，「史的分析」と「アグリビジネス論」の分野に見いだし，それを整理しながら本研究の分析枠組みを提示する。

第二節　蚕糸業をめぐる先行研究

一　日本蚕糸業の諸研究

日本蚕糸業の研究は豊富である。とりわけ1970年代までの研究成果が多くみられる。第一に，山田盛太郎（以下，山田盛と略す）は『日本資本主義分析──日本資本主義における再生産過程把握』1934年の初版で，綿織業と並んで製糸業を，資本関係創出過程におけるマニュファクチュア・家内工業の諸形態としてとりあげた。山田盛は維新政府によって養蚕

---

[2] 清川雪彦「農村経済構造からみた組合製糸の意義：大正期の群馬県の事例を中心に」『社会経済史学』第59巻5号，601-631頁，1994年1月。

業が奨励され，開港を機に生糸輸出に転じたのち，「養蚕＝製種＝製糸＝絹織の，自然生的な一貫的な一地方中心的な靱帯が離脱し，それらはいずれもそれぞれの適地に向って延び進んだこと[3]」を捉えた。すなわち，生糸輸出に伴う日本国内の生産地域の変化に着目し，養蚕については新興産地として愛知県を，製糸については長野県内部の産地移動と諏訪産地の形成を，絹織業については福井県を，それぞれとり上げた[4]。

しかし，養蚕業，製糸業，絹織業という三つの生産過程に注目した山田盛は，蚕糸業の生産連関の断裂すなわち農業と工業の生産過程の分断に着目する一方で，各生産地域の変化にまでは深く踏み込まなかった。これは，山田盛の分析の目的が蚕糸業そのものではなかったためであると考えられる[5]。とはいえ，山田盛の分析によって，養蚕業から製種，製糸そして絹織に至る蚕糸業生産連関上の緊密性が存在すること，そして生糸貿易によって影響を受けた日本国内の生産地域編成の分析を通じて，蚕糸業の各生産過程に地域性が内包されていることが明らかとなった点は，本書の課題に関わって特に重要である。

第二に，山田勝次郎（以下，山田勝と略す）の『米と繭の経済構造』（1942年）では，当時の繭生産の重要性を反映して，米と並んで繭が重要農産物として分析対象に据えられた[6]。山田勝は「米と繭とについて，それぞれの労働生産力および価値実現における地域性と階層性とを統一的に把握することによって，農業構造の内部において相対抗しつつ相融合している構造的特質の支配と普遍的経済法則の貫徹との内面的連繫を，闡明し，規定

---

3) 山田盛，前掲書，32頁。
4) 同上書，55-56頁。
5) 周知のように，山田盛は養蚕農民の「隷農的零細耕作農民」としての性格を強調し，「半隷農的零細耕作農民及び半奴隷的賃金労働者の労役土壌を基礎として……巨大なる軍事機構＝キイ産業の体制を構築するにいたった」（95頁）と規定した。この説は後に石井寛治によって批判されている（石井寛治『日本蚕糸業史分析――日本産業革命研究序論』東京大学出版会，1972年）。しかし，本書は蚕糸業とりわけ養蚕業の農業的性格と製糸業の工業的性格を把握し，現代中国における産地移動の状況を分析することに注目しているため，養蚕農民の歴史的性格規定についてはここでは議論しない。
6) 山田勝次郎『米と繭の経済構造』岩波書店，1942年，2-3頁。
7) 山田勝，同上書序3頁。

し，確認することが，主眼となっている[7]」と述べ，「繭作における労働生産性の上に現れている地域性と階層性[8]」を把握し，これを分析した。そして日本の「農業構造における土地所有制と農耕形態との相互規定性[9]」から析出した米作の「近畿型」と「東北型」の二つの型と対比させながら，「繭生産力の日本的水準」を指標に繭の「関西段階」と「関東段階」を析出し，さらに「主業養蚕型」の群と「副業養蚕型」の群をそれぞれ対比しながら両産地・両型の対立的性格について考察した[10]。こうして両産地の性格の違いを技術的・経営的内容や生産規模などの点から分析し，米作と比べて「複雑を極めている[11]」という繭作の特殊性を指摘した。

山田勝は考察の中心を農業つまり繭作に置いたが，製糸業および絹織業も繭の流通過程において分析している。そして，繭生産力の発展傾向に従って「関西段階の衰退型」と「関東段階の増進型」との対立性を見出し，その要因を解明した。例えば，昭和恐慌とアメリカの需要の変化などが指摘されている。最後に，統制が開始される前後に市場が自由市場から統制経済へ移行したことに伴って繭価の変動に影響があったことが言及されている[12]。

このように，山田勝は蚕糸業分析を通じて戦前日本における伝統的な農業生産構造を明らかにしただけでなく，生糸産品が輸出志向へ転じるなかで川下の貿易から川上の養蚕業に与えた影響を分析し，さらに流通過程の変化，国内の統制，政策の変化などを分析するための枠組みを提示したのである[13]。

8） 同上書，101 頁。
9） 同上書，105 頁。
10） 同上書，106 頁。
11） 同上書，119 頁。
12） 同上書，173 頁。
13） 山田盛と山田勝の後，日本蚕糸業史は石井寛治の『日本蚕糸業史分析』（前掲書）によって継承されている。また，最近では小野直達の養蚕業研究や，現代日本の蚕糸業に関する矢口克也の研究が注目される。例えば，小野は，数納朗・范作冰・小野直達編『絹織物産地の存立と展望』農林統計出版，2009 年，矢口は「現代蚕糸業の社会経済的性格と意義──持続可能な農村社会構築への示唆」（『レファレンス』2009 年 10 月号）を発表している。

二 中国蚕糸業の諸研究

1 1980年代までの研究

　中国では養蚕から製糸，絹織までの一連の生産過程を一つの産業，すなわち「糸業」として捉える研究が，20世紀初頭に現れた。曾同春の『中国糸業』[14]や楽嗣炳の『中国蚕糸』[15]が代表例である。曾は同上書の中で「蚕糸一事は，範囲が広汎で生産から，消費の間，農業工業商業ないし芸術にかかわって極めて複雑」と述べている[16]。曾は養蚕生産の各地域を，①河流と土地の条件，②気候の影響，③人口上の影響，④交通上の影響[17]という四つの側面から分析し，養蚕業の地域的特徴を明らかにした。そして，そうした地域性の異同が，桑の栽培から養蚕，製糸という連鎖的な生産過程によって規定されていることを示した。曾はまた，桑栽培と養蚕が養蚕家によって一体的に担われているだけでなく，両過程が分離した状況もみられることを示し，そうした場合の桑葉市場の市況もあわせて分析した。桑栽培と養蚕が分離していた当時の状況と比べ，桑栽培と養蚕が同じ農家によって担われている現代中国養蚕業の有様は対照的である。また，曾の分析では生糸の対外貿易志向も明らかにされており，中国が生糸輸出という観点からアメリカ市場と欧州市場の動向を意識するとともに，競合する日本蚕糸業の生産動向を注視していた当時の状況がうかがえる。曾によれば，日本による生糸輸出が次第に増加していったことを契機に，中国でも国内外の蚕糸業に関する研究が増加したという[18]。

　日本の研究者による中国蚕糸業研究も1930～1940年代に数多くなされた。なかでも1940年代に満鉄上海事務所によって行われた中国現地調査の研究手法，そして調査報告書として1944年に刊行された『経済に関する支那慣行調査報告書――支那蚕糸業における取引慣行』の分析枠組みは

---

14) 曾同春『中国糸業』商務印書館，1935年（民国23年）1月。
15) 楽嗣炳『中国蚕糸』世界書局，1935年。
16) 曾，前掲書，付記―参考書目，188頁。
17) 同上書，9-17頁。
18) 同上書，2-3頁および付記―参考書目，188頁。

本書でも参考にしている。この調査は東亜研究所と満鉄事務所に委託されたもので，1944年の報告書は京都帝国大学の堀江英一によってまとめられた。

堀江は「絹業は養蚕業・製糸業・絹織業の三者を含む概念」であると規定したが，日中比較を念頭に置いていた堀江は，日本と中国で性格が異なる絹織業を切り離す一方，養蚕業と製糸業は「一括しうる」と述べ，この二業を蚕糸業と呼ぶことにした[19]。そして，蚕糸業を，第一に「資本主義移植の最も重要な資金構成」を成すもの，第二に，養蚕業の半封建的零細農家経済としての性格に注目して「日中の資本主義の確立過程を象徴」するもの，という二つの側面から捉えた。堀江は，日本の蚕糸業に比べ発展が後進的であった当時の中国蚕糸業の「停滞性・脆弱性」を規定する諸関係に注目し，繭および生糸の生産形態と流通形態という二つの分析視角からこれに接近した。そこで堀江は，当時の中国における養蚕業から製糸業までの生産流通構造を現地調査資料に基づいて詳細に分析した。しかし残念ながら，戦時下の現地調査ゆえに広汎なフィールドワークを自由に展開するのが難しく，日本軍の占領区域内でしか調査を遂行できなかった。そのため，堀江はいくつかの生産地域をとり上げて地域的差異の存在を指摘したものの，中国蚕糸業の特徴である地域性に関して各地域の現地調査に基づく全面的な比較分析を行うには至らなかった。それでも堀江は，調査を実施できた浙江省および江蘇省の養蚕地域の資料に基づき，1940年代における中国の養蚕業および製糸業を詳細に分析することができた。そして，そのための分析枠組みを提示し，その分析を通じて中国蚕糸業の生産性における「停滞性・脆弱性」が生産および生産技術水準と流通形態に起因するものであったことを明らかにするとともに，製糸業「民族資本」の前期性と買弁性を特徴づけたのである[20]。

中国蚕糸業に関する史的研究は，この他に曽田三郎『中国近代製糸業史の研究』[21]がある。その後，1950年代頃から中国は戦後の回復建設期を迎

---

19) 堀江英一『経済に関する支那慣行調査報告書——支那蚕糸業における取引慣行』東亜研究所，1944年，2-3頁。

えるものの，1960～1970 年代の政局不安定によって蚕糸業の発展が低迷状況に陥るなかで，中国蚕糸業に関する研究も次第に減少した。この状況は 1980 年代初頭まで続いた。

2　日本における近年の研究動向

1983 年頃から 1990 年代半ばにかけて，現在の独立行政法人農畜産振興事業団の前身である蚕糸砂糖類価格安定事業団によって『最近の中国蚕糸絹業情勢』や『中国の蚕糸業』といった海外蚕業調査報告が出されるなど，中国農業・社会研究の活発化を背景に，現代中国蚕糸業の発展状況に関する研究が少しずつみられるようになった。さらに，1990 年代半ばから中国蚕糸業が急速に発展し，世界の 4 分の 3 のシェアを占めるに至った状況を背景に，小野直達の研究グループ（東京農工大学）に属する李瑞が，現代中国蚕糸業産品の輸出志向的性格に着目し，「蚕糸業経営および生糸・絹織物などの輸出の安定化が至急かつ重大な課題」と指摘した[22]。同じ東京農工大学の范作冰も，堀江の報告書でもとり上げられていた伝統的生産地域の浙江・江蘇ならびに四川における現代蚕糸業の発展状況を詳細に分析するとともに，蚕糸業産品の輸出志向的性格を明らかにした[23]。しかし，范の研究はシルク産品の輸出貿易を中心に分析したため「川下」からの視点に傾斜しがちで，「川上」の養蚕業に対する分析が弱い。さらに，2000 年当時，すでに発展傾向が明らかになっていた西南部地域，例えば広西における養蚕業の発展にはほとんど言及していない。それでも，中国の経済発展を背景に養蚕業および製糸業をめぐって幾度となく行われた政策・政

---

20) 堀江の問題意識は，製糸業「民族資本」の展開による中国資本主義展開の可能性を念頭においている。著者は，堀江のこういった問題意識は本論の問題意識とは大いに異なるとはいえ，数少ない現代中国蚕糸業分析に対し，堀江の分析枠組みは参考にする意義があると考えている。
21) 汲古書院，1994 年。
22) 李瑞，数納朗，野見山敏雄，小野直達「中国蚕糸業の展開と条件」『人間と社会』10 号，1999 年 7 月，199-208 頁。
23) 范作冰『中国における伝統的優位輸出産業の持続的発展と再編に関する研究』学位請求論文，東京農工大学，2003 年 3 月。

令の変遷を整理し，その影響を分析した范の研究は，現代中国蚕糸業分析における政策面での分析枠組みを提示した点で大きな意義を有している。

独立行政法人農畜産業振興機構の羽田有輝は，同機構の委託を受けて中国広西壮族自治区（以下，広西と略す）などで現地調査を行い，2005年に「中国蚕糸絹業現地調査報告」を発表した[24]。同調査報告では，中国西南部地域とりわけ広西を対象に，「東桑西移」政策の展開をはじめとする蚕糸業の発展状況を分析し，養蚕業の生産地域の再編を通じて近い将来に西部地域から新たな養蚕地域が形成されうることを予想した。しかし，羽田の分析は調査報告書という性格に制約され，広西という限られた地域の調査時点の状況に注目しているため，中国全土における養蚕地域の構造変化や蚕糸業生産連関に対する視点の不十分さは否めない。

分析視角は異なるが，蚕糸業を対象とした研究に，菅沼圭輔による蚕糸業龍頭企業の分析がある[25]。菅沼は蚕糸業の産業化における龍頭企業として製糸企業の役割に注目し，江蘇省の事例研究を通じて，龍頭企業が主導する農民との契約取引の実態を明らかにした。前述の歴史研究と菅沼の研究を総合してみれば，従来の養蚕業の生産形式が，製糸龍頭企業の形成に伴って普及してきた契約生産方式へと変化しつつある状況がうかがえる。蚕糸業を研究対象としつつ，中国における契約農業発展の実態を分析したという点でも，菅沼の研究は貢献を果たしていると思われる。

3 中国における近年の研究動向

他方，2000年以降は中国国内において，現代蚕糸業研究の進展がみられた。これらの研究の多くは個別の具体的事例分析に基づいており，特に顧国達や李建琴が代表する浙江大学の研究グループと王庄穆の研究はとり

---

[24] 羽田有輝「中国蚕糸絹業現地調査報告（1）～（4）」，2005年3～6月，独立行政法人農畜産業振興機構，シルク情報ホームページ　http://sugar.lin.go.jp/silk/　アクセス日：2005年12月23日，「今月の話題」を参照。

[25] 菅沼圭輔「農業蚕業化における契約取引システムの特徴と問題点――江蘇のシルク産業の事例分析」池上彰英・寳劔久俊編『中国農村改革と農業産業化政策による農業生産構造の変容』アジア経済研究所，2008年3月，所収。

わけ貢献が大きいと思われる。

　顧は『蚕業経済管理』において，中国蚕糸業の生産と経営の実態を詳細に整理している[26]。顧は中国全土の蚕糸業とりわけ養蚕業の分布状況を，生産量を基準に「主要」「次要」「零細」という三つの発展段階的カテゴリーに分類した。また，浙江の生産状況に基づいて蚕糸業の「適正生産規模」を求め，蚕糸業では規模拡大と生産性が必ずしも比例的に増加するわけではなく，桑園面積3～5ムー程度で年間15枚前後の養蚕量が適正な生産規模であると結論づけている[27]。この基準に従い，浙江省の平均桑園面積1～2ムー程度の生産状況は「小規模零細」であると指摘している[28]。しかし，蚕糸業の地域性については分析されていない。

　顧はさらに，日本の研究者との共著論文[29]において，中国の政策転換によって出現した新たな生産地域として広西に注目した。だが，広西における繭生産を伝統的生産地域の浙江および江蘇へ原料繭を提供するだけの存在として位置づけるにとどまり，広西における産地形成の内実について十分に分析されているとは言いがたい。例えば，広西発展の要因を浙江省の繭需要の増加と広西農民の低所得水準だけに求めており，そもそも新産地出現の原因を政策転換だけに限定して理解している点が，同研究グループの限界であると思われる。

　中国国内の研究成果のなかでも特筆すべきは，王庄穆の研究である。王は経済学者ではなく，シルク紡績業の技術者であるが，1946年に当時の中国蚕糸公司に赴任したのを契機に，中国蚕糸業発展に関する資料の収集・整理を約50年にわたって継続的に行ってきた。その成果が『新中国糸綢史記』[30]である。蚕糸業に関する研究資料が限られるなかで，王の『新

---

26)　顧国達著『蚕業経済管理』浙江大学，2003年9月。
27)　「ムー」は中国の土地の面積単位である。1haは15ムーである。「枚」は蚕種の量をはかる単位である。1枚あたりの蚕種量は23,000～25,000になる。地域によって若干異なることがある。詳細を第一章を参照。
28)　同上書，100-101頁。
29)　浦出俊和，宇佐見好文，顧国達，宇山満「近年の中国養蚕業の発展とその要因──『東桑西移』政策の評価」『農林業問題研究』第172号（第44巻・第3号），2008年12月。
30)　王庄穆編『新中国糸綢史記』中国紡績出版社，2004年1月，北京。

中国糸綢史記』はその集大成ともいえる位置を占めている。しかしながら，王の成果は1950年代以降における中国の養蚕・製糸・織布の研究資料を提供するにとどまり，学術研究的な考察や分析枠組みの提示がなされているわけではない。

　以上の既存研究を総括すると，次の3点に整理することができる。

　第一に，過去においても，現在においても，養蚕業，製糸業，絹織業という一連の関連産業が蚕糸業として成立していることである。そこには農民や流通販売業者，製糸工場といった多様な経済主体が存在し，繭や生糸，生地類，アパレルといった様々な蚕糸業産品が関連するなど，蚕糸業は複雑な生産流通構造をなしていることがわかる。

　第二に，蚕糸業の生産地域には，蚕糸業生産の特徴によって規定される生産地ごとの地域性がみられるが，その地域性はたんなる地理的差異ではなく，蚕糸業の生産構造の変化ならびに地域間の構造再編を伴っていることである。既存研究で明らかにされてきたように，近年は中国蚕糸業とりわけ養蚕業生産地域に大きな変化がみられる。養蚕業の生産地域が次第に浙江および江蘇を中心とする東沿岸部地域と，広西および雲南を中心とする西南部地域の二極化を呈するようになっており，それにしたがってこれらの諸地域に注目する蚕糸業研究も散見されるようになってきた。

　しかし第三に，現代中国蚕糸業に生産連関上および地域連関上の大きな構造変化が生まれているにもかかわらず，既存研究ではそうした今日的な変化に注目した研究は未だ不足している状況であり，その実態を把握するには至っていないことである。

　以上の点を踏まえれば，現代中国蚕糸業を分析するには，農業経済学におけるアグリビジネス論の分析視角，それを中国農業経済に適用するための分析視角が必要であると考えられる。そこで以下では，本書の議論に関わる論点に限定して，アグリビジネス論と中国農業経済論に関連する既存研究のアプローチ方法を検討することで本書の独自の視角を明確にしたい。

三　アグリビジネス研究

1　生産連関への商品システム論的接近

　食料・農産物の生産連関は，一般に「フードチェーン」として捉えられてきた。つまり農業生産から最終消費に至る食糧供給の仕組みを，性格の異なる諸産業が連なって機能する商品価値連鎖において理解するものである。日本では近年，「川上」から「川下」への縦方向の流れを意味する「フードチェーン」だけでなく，食品産業を軸としながら，さらに他の多くの関係主体や関連制度を含んだ多角的な相互規定関係を構造的に理解するため，これを「フードシステム」という概念で捉える研究も盛んになっている[31]。

　海外では，G. Gereffi が『商品連鎖とグローバル資本主義』において，「商品連鎖（Commodity Chains）」概念を国際的な広がりの中で適用する理論として提起した[32]。Gereffi はグローバル，ナショナル，ローカルな空間を跨いで取り結ばれる商品連鎖における付加価値の流れに注目した。彼の分析対象は主に工業製品に置かれていたが，彼の商品連鎖の方法論を援用した農業や食糧分野における研究も少なくない。

　農業社会学・政治経済学の分野では，W. Friedland らによって「商品システム分析（Commodity System Analysis）」が試みられてきた[33]。Friedland は 1974 年以来積み重ねてきたカリフォルニアの野菜部門を対象とした実証研究を踏まえ，商品システム分析の枠組みを 1984 年に体系化した。すなわち，①生産過程の特徴，②生産者組織の存在形態，③農場労働の存在形態，④生産技術の研究開発と普及制度，⑤マーケティングと流通ネットワーク，という五つの問題領域から対象とする商品システムの構造と連関を実証的に分析するというものである。さらに Friedland は，2001 年の「再

---

31) 高橋正郎，斎藤修編『フードシステム学の理論と体系』農林統計協会，2002 年。
32) Gereffi, G. and Korzeniewicz, M., *Commodity Chains and Global Capitalism*, Praeger, 1994.
33) Friedland, W. H., "Commodity Systems Analysis : An Approach to the Sociology of Agriculture", pp.221-235 in H. K. Schwarzweller ed., *Research in Rural Sociology and Development*, Vol.1, JAI Press, 1984.

論」で商品システム分析の豊富化を試み,先の五つの問題領域に加えて,①地理的・空間的次元と機能的・社会関係的次元における商品システムの「規模」(または範囲),②商品部門組織と国家の政策的関与,③当該商品に付与された文化的性格,という三つの切り口を提示した[34]。これらの八つの分析視角は,蚕糸業研究の枠組みとしても充分に適用可能である。なかでも生産者組織の存在形態と国家の政策的関与については,中国蚕糸業研究でも重要な論点である。

　Friedlandの商品システム分析を踏まえれば,蚕糸業における生産連関は生産物とその生産過程の技術的・経済的・文化的な特質によって規定されていると考えられる。とりわけ繭産品は食用農産品と異なり,養蚕農民による繭消費は慣習的な極少の特定用途に限られ,製糸工業で製糸されない限り,養蚕農民自身にとっての使用価値は実現しない。つまり,生産者である養蚕農民は蚕糸シルク産品の潜在的消費者ではあるが,必ずしも繭産品の消費者となるわけではない。また,食用農産物では食品工業や流通業者などのアクターを経過しなくても,農業生産者と最終消費者とが直接に関係することが可能であるのに対し,蚕糸シルク産品においては養蚕業から製糸業に至る一連の工程を省略することはできない。そして,「連鎖のある一点における変化は,必然的に他の部分に影響を及ぼしている[35]」,つまり蚕糸業生産連関の「一つの環」が変化すれば,その「川下」だけでなく「川上」にも反作用が生じうる。その影響は,生産連関が緊密であればあるほど顕著となる。

　他方,L. Buschらは,行為主体が物や技術,制度との関わりのなかで多様で状況依存的な関係性を構成・再構成する様相をミクロ的に捉える,科学知識社会学の「アクターネットワーク理論(Actor Network Theory)」を援用した実証研究を試みている[36]。蚕糸業を構成する農民・繭販売流通

---

34) Friedland, W. H., "Reprise on Commodity Systems Methodology", *International Journal of Sociology of Agriculture and Food*, Vol.9, No.1, 2001, pp.82-103.
35) ティム・ラング,マイケル・ヒースマン『フードウォーズ』コモンズ,2004年,26頁。
36) Busch, L. and Juska, A., "Beyond political economy : actor networks and the globalization of agriculture", *Review of International Political Economy*, Vol.4, No.4, 1997, pp.688-708.

主体・龍頭企業・行政機関などの主体間の関係，主体間で取引される桑葉・蚕種・繭・生糸などの産品や，桑栽培・養蚕・製糸・絹織に関わる技術や情報などの要素を加えた「広義のアクター」が複雑に交錯した相互関係において蚕糸業の生産連関を分析する上で，アクターネットワーク理論の適用可能性は小さくないだろう[37]。

2 契約農業へのアグリビジネス論的接近

多国籍企業が農業を包摂する諸形態としては，農業生産過程を直接に所有ないし管理するインテグレーション（垂直的統合）が典型的である。しかし，例えば青果物や穀物などの農産物の場合は特に，土地への投資や労働力の管理が必要となるため大きな費用負担と高いリスクが発生する。契約農業方式は，これらの問題を解消するものとして導入され，普及してきた。つまり，後述するように，契約農業は企業と生産者との間である種のリスクを分担する制度として注目されてきた。契約農業制度はアメリカで開発され，その後，発展途上国に「移植」された制度だと言われている[38]。蚕糸業の場合は，養蚕農民と製糸企業の間に交わされる契約が契約農業の一形態として議論されることになる。

グローバーとクスタラーによると，契約農業の特徴は次のように整理することができる[39]。第一に，価格や数量や品質基準を事前に設定し，生産者には生産物の安定した販路を，契約企業には均質で安定した量の原料を提供することによってリスクや不確実性を緩和し，生産者と契約企業の双方に利益をもたらす。第二に，新作物と新技術の導入を伴うことが多く，加工作業や出荷作業も必要とし，契約農民とともに雇用労働者を必要とす

---

[37] アクターネットワーク（Actor Network Theory）理論は1980年代末頃からM. CallonとB. Latourによって提唱され，主に科学技術論において注目されている。この理論では，ある期間に結ばれる生物や非生物はすべて「アクター」すなわちネットワークの参加者として見なされている。この点で，中国蚕糸業における重要な「アクター」として，桑の栽培技術，養蚕技術そして製糸と絹織技術といった「技術」を分析することも可能となる。

[38] 中野一新編『アグリビジネス論』有斐閣，1998年，53頁。

[39] D. クローバー＆K. クスタラー（中野一新監訳）『アグリビジネスと契約農業』大月書店，1992年，11頁。

るなど，契約制度の社会経済的波及効果は大きい。第三に，相当規模の企業との契約が一般的で，政府機関や貸付機関が関与するケースもあるため，農民との利害関係は複雑かつ非対称で，対立や搾取や交渉の余地が多分に存在する。また，彼らは契約を結ぶ契機として「会社は土地に対する投資も労働者の雇用も必要としない[40]」点に注目した。特に中国の場合，土地は国有とされ，使用権は農民に委譲されているため，企業が土地を直接保有するのは難しい。しかし蚕糸業においては，養蚕農民と企業との間の生産契約ないし販売契約によって，企業は桑園を保有することなく繭生産を実質的に管理することが可能となっている。

インド・パンジャブ地方の事例研究を通じて契約農業を論じたSinghは，契約農業は「ある約束／契約に従って農産品の生産と提供を行うシステム」と捉えた[41]。それは，事前に合意した価格，品質，数量，そして取引時期を基本内容とする取引形態であり，生産物の売買だけでなく，生産に必要な資材や信用の供与が契約に含まれる場合がある。Singhは契約農業を，①売買条件だけが取り決められる「調達契約」，②投入財（農業生産資材）の一部が契約企業によって提供され，事前に合意した価格に基づいて生産物が買い取られる「部分契約」，そして③契約企業が投入財のすべてを提供・管理し，それゆえ農民は土地と労働力の単なる提供者となるような「完全契約」の三つの類型に整理した[42]。

2000年以前には，契約農業方式を通じて農民がアグリビジネス（多国籍企業）に包摂され搾取される側面に注目し，これを批判する立場からの議論が多くみられた[43]。実際，契約農民と契約企業すなわちアグリビジネスとの関係は非対称的で，農民ははるかに劣位の立場に置かれている。農産品の価格，数量，品質に関する決定権のほとんどはアグリビジネスに掌握され，農民が対等な立場で交渉できない状況が多くみられる。このように，

---

40) 同上書，18頁。
41) Singh, S. "Contracting Out Solutions: Political Economy of Contract Farming in Indian the Punjab", *World Development*, Vol.30, No.9, pp.1621-1638, 2002.
42) *Ibid.*.

先進国発の契約農業研究では，対象が先進国であれ途上国であれ，多国籍企業による農民の搾取，あるいは資本による農業の包摂といった論点が主に提示されてきた。

　しかし，契約農業方式によって農民にもたらされる利益も確かに存在する。例えば，①農民にとって市場へのアクセスが容易になる点，②アグリビジネスから技術やサービスを受けられる点[44]，③銀行融資などの金融面でも大企業と契約していることが一種の保証となっている点[45]などが指摘されている。生産資材の調達や安定した取引価格によるリスクの低減も重要である[46]。これまで途上国農村開発という視点から，先進国の多国籍企業や途上国の政府系企業が開発途上国で進める契約農業に関する事例研究が数多く行われてきた。そこでは，例えば技術移転や制度移転を通じて，契約農業が農業生産力や農民所得の向上にも貢献しうることが確認されている。契約農業の展開によって，途上国農民の組織化を促すなど主体形成の契機が生まれる可能性も指摘されている。しかし逆に，農民側が契約企業や政府機関に対峙して生産条件や価格をめぐる交渉力を確保するために自らを組織しえない場合は，契約農業が「別のかたちの農民搾取」になる可能性も否定できない[47]。契約農業の展開が，やがて契約農民の選別淘汰

---

43) Glover, David J. 1984. "Contract Farming and Smallholder Outgrower Schemes in Less-Developed Countries." World Development Vol.12, Nos.11/12： pp.1143-1157, Glover, David J., Kusterer, Ken. 1990. *Small Farmers, Big business-Contract farming and rural development.* London： Macmillan, Little, Peter. D., Watts, Michael. J., 1994. *Living Under Contract-Contract Farming and Agrarian Transformation in Sub-Saharan Africa-.* The University of Wisconsin Press； Nigel Key and David Runsten Contract Farming, Smallholders, and Rural Development in Latin America： The Organization of Agroprocessing Firms and he Scale of Out grower Production World Development Vol.27 No.2 pp.381-401 などの研究がある。

44) Glover, David J. 1984. "Contract Farming and Smallholder Outgrower Schemes in Less-Developed Countries." World Development Vol.12, Nos.11/12： pp.1143-1157.

45) Glover, David J. 1987. "Increasing the Benefits to Smallholders from Contract Farming： Problems for Farmers' Organizations and Policy Makers." World Development, Vol.15, No.4： pp.441-448； Key, Nigel., Runsten. David. 1999. "Contract Farming, Smallholders, and Rural Development in Latin America： The Organization of Agroprocessing Firms and the Scale of Outgrower Production." World Development Vol.27, pp.381-401.

46) Glover,（1984）。

47) 例えば，前掲 Little and Watts（1994年）の第7章 "Contract Farming and the Development Question" などがある。

を招き,小農経営の減少と農村社会の弱体化をもたらす可能性もある[48]。

それでも,とりわけ近年の中国における契約農業研究では,企業の行為を批判するよりも,農業および農村発展に果たしている役割を重視し,資本による農民の搾取を抑制しつつ,農民の安定した利益を確保できるシステムを探求する立場からの研究がみられる。次項で具体的に見てみよう。

四　中国農業経済研究における龍頭企業と契約農業

1980年代初頭,中国では農業生産責任制が実施され,大隊を単位とする「公社」などが代表する集団経営から,農民家族を単位とする家族経営へ移行した。つまり,1980年代以前は集団経営であったが,1980年代に零細農家による個別家族経営となって以降,中国の農業生産構造は大きく変貌することになったのである。田島が「家族小農経営に移行することにより……より価格反応的な経営的意思決定が行われるようになった……中国農業において容易に市場変動が生ずる状況になったと判断できよう」[49]と指摘したように,それまで農民は公社などの組織を通じて市場に連繋していたが,1980年代以降は,家族を単位とする零細経営であることに加え,流通市場にアクセスする手段が制限されることになったため,農産品の価格変動による影響をまともに受けることになった。さらに,中国政府は農産品の価格・流通制度を数回にわたって改正[50]するなど,中国農業の市場化が急速に進んでいった[51]。

---

48) Key and Runsten 1999, Pritchard, Bill., Burch, David., Lawrence, Geoffrey. 2007. "Nether 'family' nor 'corporate' farming : Australian tomato growers as farm family entrepreneurs." Journal of Rural Studies 23 (2007): pp.75-87.
49) 田島俊雄『中国農業の構造と変動』御茶の水書房,1996年,3-4頁。
50) 農産品流通制度,および後述する農業一体化の詳細については第一章で触れる。
51) こうした状況の下で,生産者であった農民の一部が新たに流通販売を専門的に担う仲買人に転じる動きも生まれている(池上彰英「経済発展と農業成長—食糧問題は克服されたか」加藤弘之編『中国農村発展と市場化』世界思想社,1995年;太田原高昭・朴紅『リポート中国の農協』家の光協会,2001年)。例えば,菅沼らによる山東省における青果物流通調査では,農民と企業の間に介在する青果仲買人や,農民自身によって形成された情報ネットワークの出現が注目されている(菅沼「農産物流通の自由化と広域流通の展開—市場化の中で活躍する農民」加藤編,同上書,1995年)。

1 龍頭企業と契約農業

こうした中で，1990年代末頃から，農業における貿易・加工・農業生産部門の一体化によって農業発展を進めていくという考え方が中国政府によって提示され，後に「貿工農」一体化政策として実施されることになった[52]。すなわち，零細で分散した農民家族生産を農産品加工企業と連繋させることによって「農業の産業化」を図ることが目指されてきた。農産品加工企業は一般に「龍頭企業」と呼ばれ，政府から様々な優遇措置を受けることもある[53]。龍頭企業は農業産業化を通じて農業生産力を向上させるために中国政府によって育成されたとする見解もみられる[54]。実際，このような背景を持つ龍頭企業は政策上も「農産物の付加価値を上げることのできる加工企業で，それを中核として生産・加工・流通を組織して産業連繋を創出する主体[55]」としての役割を期待されてきたのである。

農業生産責任制の実施によって，農業生産方式は家族経営方式へ転換したのち，1990年代頃から，農業生産者である農民と農産品加工を担う龍頭企業との間に，契約農業の一種として「訂単農業」と呼ばれる生産方式が徐々に広がってきた。具体的には，農産品加工企業が農民と契約を交わし，農民が生産した農産品を企業が買い取る，あるいは企業の注文に従って農民が農産品生産を行う契約生産方式である。この「訂単農業」という方式によって，農民と龍頭企業との連繋が強められるようになったのであ

---

[52] 「貿工農」一体化の考えは蚕糸生産流通領域において，1996年に既に形成されていた。この点に関して詳細を第一章で記述することにしよう。その後，中国経済貿易開発貿易委員会は1997年に頒布された「関于発展貿工農一体化的意見」［国経貿市（1997）413号］1997年7月2日によって，蚕糸産品のみならず，食糧作物，糖料，生豚などの養殖業まで幅広く推進しようとしていた。「意見」の中では，一体化を牽引する役割を果たす農産品加工企業が「龍頭」と比喩され，以降，一般的にも，このような農産品加工企業を龍頭企業と呼ぶようになった。後述するように，政府の一連の政策によって，「龍頭企業」がある種の優遇政策を享受できる企業を指す特別な称号として使われている。しかし，筆者の現地調査では，「龍頭企業」は実際に農民と何かの連繋を持つ農産品加工企業という一般的な意味と，政府の認定を受け優遇政策の受けられる特殊な企業という二つの意味で使われていることがわかった。

[53] 農経発〔2000〕8号『関於扶持農業産業化経営重点龍頭企業的意見』の通知，2000年10月。

[54] 楊丹妮他「中国における農業産業化の展開と龍頭企業の育成―上海市を中心とする実証研究」2004年度『日本農業経済学会論文集』，413-419頁。

[55] 菅沼，前掲論文，2008年，78頁。

る。

　中国語の「訂単」は通常，契約書あるいは注文書を意味する。字義通りに解釈すれば，「訂単農業」は契約農業であると理解できる。「訂単農業」では，契約を交わす主体は農民と政府部門と企業という解釈がみられるが[56]，実際には，農民と龍頭企業を含む農産品加工企業や流通企業との契約もあれば，農民と所在地域の食糧供求販売の政府部門が契約する場合もみられるように，その形態は多様である[57]。その中でも，農民と龍頭企業が契約を交わすことによって成立している生産方式は，前項で考察した，アグリビジネス論で一般的に捉えられる契約農業の定義に近いと考えられる。

　しかし，欧米諸国や日本の研究者が念頭に置いている契約農業，つまり先進諸国や多くの発展途上国で広くみられる多国籍アグリビジネスによる契約農業と，中国で行われている「訂単農業」との間には若干異なる点がみられる。

　第一に，契約農業の主な担い手となる龍頭企業の性格についてである。中国の龍頭企業は国営企業の前身を持つものが少なくない。民営化した今でも国家資本の一部は残されている。国有企業時代に形成された生産，流通，販売のネットワークも健在であり，民営化して龍頭企業に転じた後でも既存のネットワークが利用され続ける事例が多くみられる。また，一部の蚕糸業龍頭企業は対外貿易資格を有し，実際に輸出を行っているものの，資金調達や事業展開などの企業活動は中国国内にほぼ限定されている。少なくとも現時点では，龍頭企業を多国籍企業として捉えることは難しい。とはいえ，本書の第六章でとりあげる広西の事例から明らかなように，中

---

56) 魏福全他「国内外訂単農業的比較及国外経験的提示」『世界農業』2010.7（全375号），12-14頁。
57) 収穫前に一定の価格と量を約束する買付契約の定義にしたがえば，中国では早くも1980年代末頃に，糧食や棉花などの作物について買付契約の方法がとられていた事例を見つけることができる（例えば，朴紅・坂下明彦『中国東北における家族経営の再生と農村組織化』御茶の水書房，1999年，142-143頁）。このような買付契約の相手は主に所在地域の地方政府であり，契約を一種の政策として実行しようとしていた動きもみられたが，結局，全国的には推進されず，維持できなかったという経緯がある。

国の製糸業龍頭企業は，さらに安い労働力を求めて東南アジアへ事業を展開しつつあり，将来的に多国籍企業へと成長する可能性は否定できない。その場合でも，アグリビジネス論でこれまで対象とされてきた多国籍アグリビジネスによる契約農業との対比にあたっては，慎重を要するだろう。

　第二に，中国の土地制度は集団所有ないし国家所有であり，1980年代以降，土地の使用権が農民に移されたとはいえ，企業が土地を掌握するのは困難であるため，蚕糸業においては，養蚕農民と契約を結ぶことによって，実際に桑園を保有せずとも繭生産に関与しようとする動機が企業に生まれる。しかし，龍頭企業による契約農業の展開には，中国政府による政策誘導が強く影響している。つまり，地方政府から有形無形の支援を受ける龍頭企業は，所在地域における農業発展の牽引，具体的には契約農業（農民との連繋）を通じた農業産業化と農業生産力向上への役割が期待されている。そして，契約農業の展開を通じて，龍頭企業の成長はもちろん，もう一方の主体である農民の収入増加効果への貢献も重視されている。菅沼が指摘するように，「地方政府の龍頭企業支援が市場を歪曲している」側面は否定できないが，龍頭企業が「農家への技術支援や各種助成を含めた契約関係を構築」するなど，地方政府が介在した契約関係は農民経営に大きな利益を現にもたらしている，あるいはもたらしうると考えられるのである[58]。

　しかしながら，中国龍頭企業および契約農業を対象に，龍頭企業の行為を批判的に検証する研究も散見される。そもそも龍頭企業は農業発展を牽引する役割を期待されていると同時に，営利企業としての側面も併せ持っている。それゆえ，政府による龍頭企業への手厚い支援の是非，さらには龍頭企業による農民の「搾取」に対する批判的な研究が，今後は増えていくものと思われる[59]。

---

58) 菅沼，前掲論文，2008年，110-111頁。

2 龍頭企業急進とともに成長する新しい時代の農民組織

これに対して，肯定的であれ否定的であれ，契約農業を通じて龍頭企業に包摂される受動的存在として農民を描くのではなく，農民の再組織化や農民組織の再編成を通じた大規模生産の実現，あるいは農民組織化を通じた龍頭企業への対抗といった視点からの研究もみられる[60]。現時点では，養蚕農民が自ら組織化することによって龍頭企業に対抗する状況はあまりみられないが，将来的な論点として重要であろう。

一般に「家族経営を前提とした市場対応のための組織化が生産技術・流通・金融の面で課題」とされ，その必要性に対する認識も高まっているが，実際にそうした動きが一部で生まれている[61]。中国には「農民専業合作社経済組織」が存在する[62]。それは，農業従業者が共同の利益を求め，維持し，改善するために，「自願，公平，民主，互利」の原則に従い，共同経営活動によって設立した経済組織である。農民合作社の大半は同業者であり，同業性を強調している点で共通しているが，発足の形式から，農民によって組織されているもの，農業関連企業によって組織されているもの，

---

59) 例えば，ZhangとDonaldsonは龍頭企業の役割，契約農民との関係，および農産品の所有形態によって，中国の契約農業を以下の五つに類型化した。すなわち，①販売契約：企業は農産品を買い取るほか，栽培指導も行う。営農については農民が決定権を保持しているが，販売契約の条件によっては直接生産者である農民に対する企業支配になる可能性がある。②生産契約：企業は農産品を買い取るほか，技術指導も提供する。営農と販売は契約企業のために行われる。企業が直接生産者である農民を支配している状況だが，いくらかの自由度が農民に残されている。③中国式準プロレタリア的契約：企業は村落単位で農地をリースし，農民は企業に貸した農地で集合的に雇用される農場労働者となる。農産品は企業に属する。企業が直接生産者である農民を支配している状況だが，ある程度の権利は保持している。④準プロレタリア的：閑地・荒廃農地をリースし，出稼ぎ農民を雇用する。農民は企業が取得した農地で雇用される農場労働者になるが，自ら営農する農地も保有している。生産された農産品は企業に属する。企業が農民を支配している状況だが，直接生産者である農民は「最後の砦」として自作地を保持している。⑤プロレタリア的契約：閑地・荒廃耕地をリースし，土地なし農場労働者を雇用する。農産品は企業に属する。ここでは企業が直接生産者を完全に支配している。Zhang, Q. & Donaldson. J. A., "The rise of Agrarian capitalism with Chinese characteristics: Agricultural modernization, agribusiness and collective land rights", *The China Journal*, No.60, July 2008, pp.25-47.
60) 朴，坂下，前掲書，1999年；河原昌一郎『中国農村合作社制度の分析』農文協，2009年。
61) 朴，坂下，前掲書，1999年；中兼和津次編『中国農村経済と社会の変動——雲南省石林県のケース・スタディ』御茶の水書房，2002年。
62) 徐旭初『中国農民専業合作社経済組織の制度分析』経済科学出版社2005年，9頁。

政府部門によって組織されているものなどに分類することができる。蚕糸業生産に関わっては，製糸企業龍頭企業によるものが多いが，農民によるものもみられ，今後も増大する可能性が残されている。合作社以外にも，分散した農民が自らを組織し，農産品の生産から販売までを担う主体として「専門協会」を結成する事例もみられる。このように，中国の農民は専門協会や合作社などを通じて，自ら再組織しようとする動きがみられる点は重要である。今後は，農民組織化を通じた農民自身の変容による生産企業や流通販売企業への影響という分析視角がますます必要になってくるだろう。

以上の既存研究の検討を通して，養蚕業，製糸業および絹織業から成る蚕糸業生産連関の構造を把握しさらに養蚕農民，製糸龍頭企業，政府機関などの関係主体間の関係を分析する手がかりを得ることができる。とりわけ，蚕糸業生産連関でもっとも重要な「環」である養蚕農民と製糸企業・龍頭企業との関係を捉えるために，アグリビジネス論における契約農業の分析枠組みが参考になる。そして，Friedland が提示した八つのアプローチを中国蚕糸業分析に適用しながら，特に自然地理状況，政策環境，生産方式と龍頭企業の役割，農民の反応と農民組織の形成という四つの点[63]に焦点を当てて，事例分析を試みたい。

第三節　養蚕地域への現地調査

先行研究の整理を通じて明らかになったように，現代中国蚕糸業の研究には依然未解明ないし分析不足の点が数多く残されている。とはいえ，公表されている統計情報や企業情報はかなり限られており，刊行されている調査報告書も断片的なものにとどまっているため，独自の現地調査が必要不可欠となる。そこで，筆者は 2005 年，2007 年，2009 年，2012 年，2014

63）　詳細は第二章を参照。

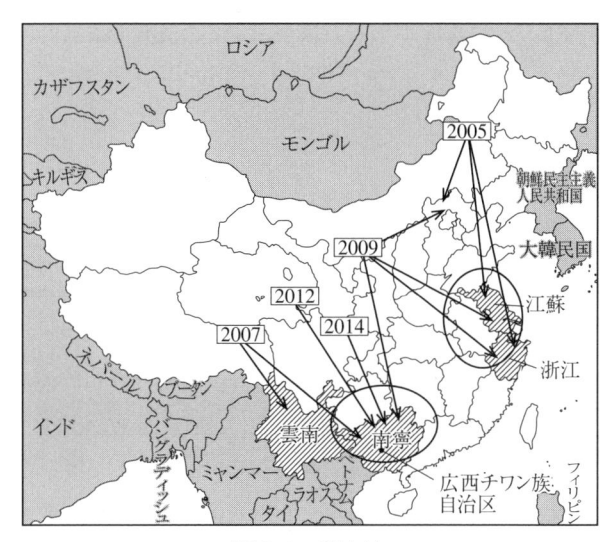

図 0-1 調査地

年の5回にわたって現地調査を実施した。これらの現地調査を通じて入手した一次資料とインタビュー内容に基づく実証的な事例分析が，本書の中核をなしている。

2005年は浙江省と江蘇省において，2007年は広西チワン族自治区と雲南省において，2009年は広西チワン族自治区および浙江・江蘇省において，2012年と2014年には広西の養蚕農民組織に対して調査を行った（図調査のルート）。調査した地域の中，浙江省湖州市には2005年と2009年の2回で，広西の南寧市周辺地域には2007年，2009年，2012年そして2014年の4回で継続調査を行っていた。とりわけ広西ではよりダイナミックな調査ができた。

現地調査は主に聞き取り調査手法を用いた。調査対象は次の二つの流れに即している。第一に，ヒトの関係を中心にした，地方政府の蚕桑指導部門から養蚕農民までの流れである。第二に，モノの流通を中心とした，各地域の繭を買い取って乾燥させる場，つまり「収烘站」から製糸工場，シ

ルクの生産および輸出を管理する糸綢公司までの流れである。

第四節　本書の構成

　まず第一章では，中国の養蚕業と製糸業を鳥瞰する。養蚕業生産過程の構造と機能を整理し，主に政府統計と二次資料を用いながら，中国養蚕業および製糸業の生産状況を分析する。

　第二章では，蚕糸業の地域性を分析する。蚕糸業とりわけ養蚕業生産の地域性に注目し，全国における蚕糸業生産の地理的分布状況を主に政府統計に依拠して分析し，1990年代末ごろから2010年代まで養蚕業の主要生産地域が移動した結果を析出する。そして，各生産地域の特徴を明らかにしながら「伝統産地」と「新興産地」という二つの地域区分を提示する。

　第三章では，養蚕業と製糸業の生産中心が移動した原因を析明する。養蚕業と製糸業の生産中心の移動の原因を気候と地理環境，政策と経済発展，労働力，国内と国外貿易構造の変化などの視角から分析する。

　第四章では，伝統産地として浙江と江蘇を事例としてとりあげ，両産地の特徴を詳しく分析する。そして，伝統産地において養蚕業の発展が停滞し，衰退してきた原因を探る。

　第五章では，浙江省と江蘇省で行われたインタビュー資料を取り上げながら，伝統産地の養蚕農民の事例を含めた養蚕現場の声を用いて，養蚕衰退の実態とその内情を探る。

　第六章では，伝統産地の生産状況と対比するため，新興産地として広西をとりあげ，その生産状況を詳細に分析し，新興産地の発展メカニズムを解明する。

　第七章では，広西で行われた調査のインタビュー内容を取り上げ，新興産地の養蚕農民，技術指導站，製糸工場及び繭の取引所それぞれの事情を分析し，広西における養蚕業の状況をより立体的に描く。

　第八章では，伝統産地と新興産地を対比し，中国蚕糸業の二つの産地類

型について考察を加え，両産地の発展と中国蚕糸業生産構造の展開方向について展望している。

　最後の終章では，本書で明らかとなった点を総括し，今後の政策上ならびに研究上の課題を提示する。

　なお，本書で使用する中国語の政策名，地名，企業名および人名などは，誤訳を防ぐために全て中国語の漢字を日本語の漢字に転換し，注を付してその意味を説明することにする。

第一章　中国における養蚕業および製糸業の発展

はじめに

　中国は，世界の中でも重要な蚕種資源を保有している。現在，世界の蚕種資源は，大きく中国温帯種，中国亜熱帯種，日本種，西亜欧洲種，熱帯種という五つに分類でき，そのうちの三つは中国が有する品種であり，中国は蚕の飼育ならびに桑の栽培の一発祥地である[1]。中国において四千年の歴史を持つ養蚕業および糸業は，桑と蚕の独自な品種，技術体系を形成しているだけではなく，膨大な桑蚕糸文化体系を育んできた。蚕糸産品が発達し，蚕糸産品貿易をめぐって，天山山脈を経て中央アジアに至る「北のシルクロード」，四川省と雲南省を経由する「西南のシルクロード」，そして日本と太平洋にわたる「海のシルクロード」という三つのシルクロードを通じて，桑蚕糸生産とその文化が世界中に広く伝達されていった。歴史的視点から見ても，製法と文化伝播の地理空間から見ても，中国養蚕および製糸業は極めて重要な役割を果たしてきた。

　中国の養蚕業および製糸業に関して，人文，科学，経済学分野において歴史的観点からの研究はすでに数多く蓄積されているので，本書ではその部分を割愛し，現代とりわけ1980年代以降における発展の実態，そしてその生産構造を分析することに重点をおきたい。

　1800年代から1900年代半ば頃まで，国内外の相次ぐ戦乱の中，中国の養蚕業および製糸業はともに大きな打撃を受け，生産不振の状況が続いた。1949年に中華人民共和国が建国され，1950年代以降になって，生産はよ

1）　中国農業科学院蚕業研究所主編『中国養蚕学』上海科学技術出版社（1990年12月），296頁。

第一章　中国における養蚕業および製糸業の発展

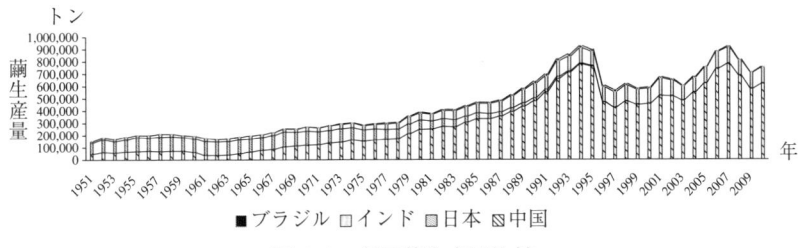

図1-1　各国繭生産量比較

（出所）1999年以前のデータは顧国達著『世界蚕業経済と糸綢貿易』2001年より，2000年以降は『中国糸綢年鑑』年代版より作成。2006年から2010年データは『シルクレポート』No.40号表"海外，主要の国の家蚕繭生産数量"（p74）を参考し，http://www.silk-teikei.jp/pdf/silk40.pdf 著者作成。

うやく回復する傾向がみられた。さらに1970年代半ば頃，蚕糸業の最大国であった日本の生産が衰退したこともあり，1970年に中国の繭の生産量，1977年には生糸の生産量が日本を超え，世界一の蚕糸生産国となった。1980年代以降，繭生産は空前の成長ぶりを記録し，1995年に一旦頂点に達したが，繭市場の混乱が発生した結果，その翌年には急落し，2000年以降回復しつつある。現在では繭と生糸ともに生産量は世界総生産量の約8割を占めている（図1-1）。

本章では1980年代以降の養蚕業および製糸業の生産構造を分析するために，第一に中国における養蚕業そして製糸業の全体像と両産業の発展過程を明らかにし，第二に中国政府の蚕糸業政策の変遷を概観する。第三に中国の蚕糸業の生産構造と統制構造を蚕糸業の生産連関（図1-2），つまり養蚕農民が桑蚕技術指導站から栽培と飼育の技術指導を受けながら[2]桑を栽培し，蚕と繭を育て，糸綢公司（製糸工場）がその繭を農民から買い取って生糸を生産したあと，絹織工場で生糸を生地に織り成し，染色などの工程を経てアパレル工場で生地をアパレル製品に仕上げるという生産連関の流れにしたがって描くことにしよう（図1-2）。

2）　桑蚕技術指導站は政府部門である農業局に属している農業技術を農民に伝授する技術指導部門で，養蚕農民と地方政府を繋ぐ窓口でもある。中国語の"站"はステーションの意味である。

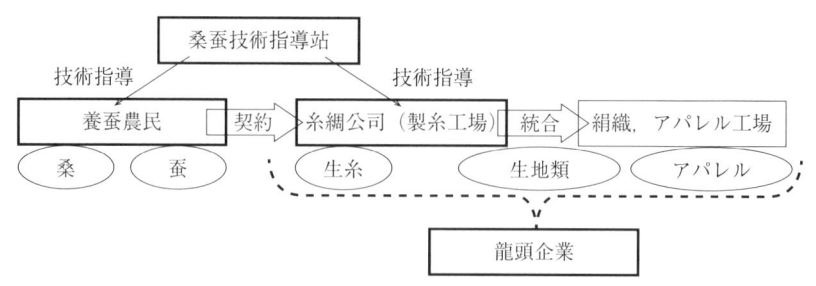

図 1-2　養蚕業および製糸業の生産構造

(出所) 2005 年，2007 年，2009 年の現地調査資料に基づいて，筆者作成。

第一節　養蚕業の生産過程

一　桑の栽培

　桑は多様な気候，地理条件に適応し，比較的栽培しやすい植物である。中国では，一部の地域を除き，多くの地域で桑が栽培されている[3]。桑葉は家蚕の主要な飼料である。蚕の飼料をめぐっては多様な研究がなされてきたが，結局桑葉の生産性を超える飼料は開発されてこなかった。桑は現在も中国の家蚕の主要な飼料源である。したがって桑の栽培は，養蚕業の中で最も重要な作業である (図 1-3)。

　図 1-3 のように，1970 年代初期から 1990 年までの間，中国の桑園面積はゆるやかな成長傾向をみせていたが，1991 年から 1997 年にかけて大きく変動した。1990 年代末から現在までは再びゆるやかな増加状況に戻り，1999 年の 900 万ムー[4]から 2007 年頃には 1,300 万ムーとなっている。ピークであった 1992 年の約 1,900 万ムーの水準まで回復するには至っていないものの，1999 年に比べて桑園は約 52.5％ 拡大した。他方，繭生産量は

---

3)　王庄穆編『新中国糸綢史記』中国紡績出版社 (2004 年 1 月)，55 頁。
4)　ムーは中国でよく使われている土地面積の単位である。1 ムーは 1 ヘクタールの 15 分の 1 である。

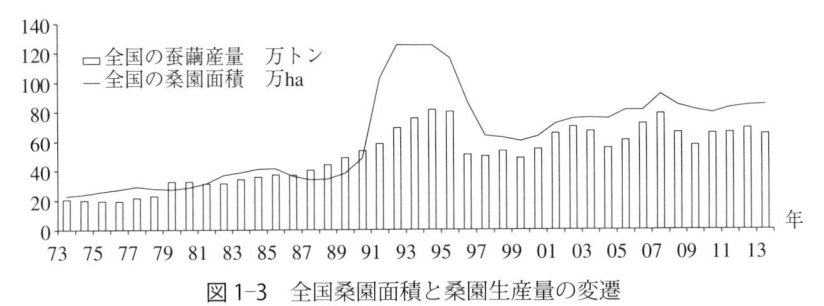

第一章　中国における養蚕業および製糸業の発展

図 1-3　全国桑園面積と桑園生産量の変遷

(出所) 78年から2003年の生糸産量　中国統計出版社『中国統計年鑑』2004版を参考，2005年〜2007年のデータは蚕業信息』，2008年国家繭糸弁公開資料より作成。2011年2012年データは中華人民共和国商務部 HP より。2013年データは"中国糸綢網"が公表した『2013年中国繭糸綢行業運行報告』http://www.oksilk.cn/news/26817548.html より，筆者作成。

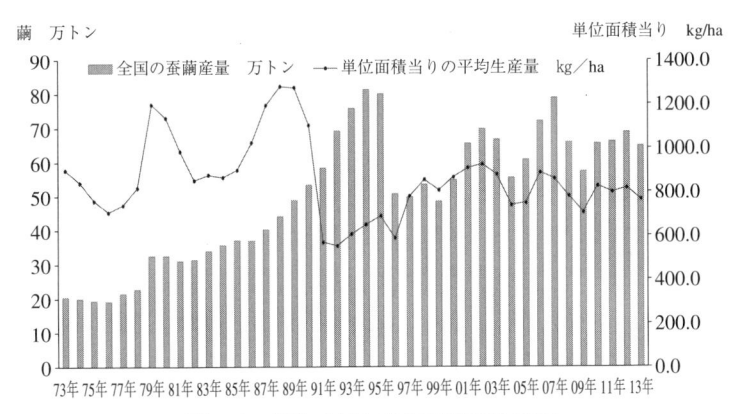

図 1-4　繭生産量と単位面積繭生産量

(出所) 78年から2003年の生糸産量　中国統計出版社『中国統計年鑑』2004版を参考，2008年国家繭糸弁公開資料より作成。2011年2012年データは中華人民共和国商務部 HP より。2013年データは"中国糸綢網"が公表した『2013年中国繭糸綢行業運行報告』にもどついて，筆者作成。

1999年の 48.5万トンから 2007年頃では 78.9万トンとなり，約 62.7％増加した (図1-4)。

　養蚕にとって桑葉は必要不可欠である。養蚕が営まれる地域では必ず桑

表1-1 桑の有性繁殖と無性繁殖の特徴比較

	有性繁殖（種子，苗木栽培）	無性繁殖（接ぎ木方法）
栽培から収穫までの期間	2～3年	0.5～1年
高産期	10年前後	5～6年
密植状況	密植困難	密植可能
桑葉の収穫	樹高が高いため，梯子が必要	人間の身長程度，素手で収穫可能
その他	改造の柔軟性が低い	柔軟性が高い

(出所) 2005年7月，海寧市での聞き取り調査資料により，筆者作成。

　の栽培活動もなされているが，逆に桑が栽培されている地域で必ずしも桑園面積に応じた蚕の飼育が行われているわけではない。桑園面積と繭生産量とが必ずしも正比例の関係にはないことがわかる。これは，現在でも多くの桑園が荒廃し，改造されていること，現存する桑園の生産能力も十分に発揮されておらず，桑園の利用率も低水準であることを反映している。

　筆者は中国各地の現地調査を繰り返し実施してきたが，いくつかの主要生産地域は共通して零細桑園の連続化問題と老朽桑園の改造問題を抱えている。とりわけ，養蚕の歴史が長い東沿岸部地域では荒廃桑園と老朽品種の桑園の面積が年々増えており，東沿岸部地域の養蚕業の発展の阻害要因となっている。いかに桑園を改造し，有効利用するかが養蚕業発展の重要な課題となっている。

　桑品種と栽培技術は1990年代に大きく改善された。桑の繁殖方法は主に有性繁殖法と接ぎ木繁殖法の二種類がある（表1-1）。伝統的には，種子から栽培する有性繁殖法が広汎に応用されていた。この方法では実際に摘葉できるまで2～3年かかる。1990年代以前，東沿岸部および西南部の多くの養蚕地域は有性繁殖法を用いたため，新増桑園は面積に計上されるが，実際には2～3年の間は桑葉が養蚕に使われることはない。摘葉できず養蚕生産に使えないにもかかわらず，耕地を占有し，桑栽培に必要な労働力や肥料などのコストもかかるため，桑園の初期投資は農民とって大きな負担となっていた。その上，成熟した桑の樹木の丈が高いため，桑葉の収穫が難しく，農薬があまり使えない桑の害虫防除などの桑園管理作業も難しい。梯子を使わなければならない場合もあるという。有性繁殖法が桑栽培

表1-2　海寧市における桑苗の栽培状況

	四大良種（伝統品種）		新品種		最新品種		合計
	栽培量 (万株)	割合 (%)	栽培量 (万株)	割合 (%)	栽培量 (万株)	割合 (%)	
2000年	12,608	68	5,799	32	0	0	18,407
2001年	17,618	35	32,213	65	0	0	49,831
2002年	10,728	26	30,397	74	0	0	41,125
2003年	2,772	12	19,477	88	0	0	22,249
2004年	1,368	7	18,544	93	25	0.10	19,937
2005年	193	1	13,575	97	162	1.20	13,930
2006年	25	0	21,040	93	1,609	7.10	22,674
2007年	0	0	35,039	92	2,912	7.70	37,951

（出所）陳偉国，董瑞華『海寧市桑苗蚕業的優勢和機遇』，『中国蚕業』2008年第3期，pp.68-73より，筆者作成。

の主流となっていたことが，1990年代以前に桑園の増減がそれほど大きくなかった原因の一つとも考えられる。

1990年代後半から，接ぎ木法が全国で広汎に運用されるようになった[5]。接ぎ木法は桑の枝を台木の上に接いで苗を作る方法で，苗を植えてから桑葉の収穫までの期間が短いのが特徴である。温帯地域の東沿岸部では，接ぎ木法で栽培された桑は約1年で収穫できる。亜熱帯地域では春に植えて，秋頃には収穫することができるという。

1990年代後半から全国の桑園改造の際に主に接ぎ木法が用いられるようになり，現在では伝統的栽培方法による伝統品種桑園は次第に減少し，新品種の新規桑園が主流となっている。

桑品種の研究開発も桑園栽培方法の改良に対応し，新品種の世代交替がみられる。表1-2は中国最大の桑苗木栽培拠点である海寧市の苗栽培状況を表している。2000年には伝統品種の苗木の栽培量が約7割も占めていたが，2007年ではほぼ0となり，かわりに新品種が9割以上となっている。注目すべきは，最新品種である次世代品種の増加がみられる点である。

5）　北京シルク協会および浙江と江蘇の現地調査資料による（2005年7月）。

さらに，広西の繭生産が急増してからは，広西および広東省では亜熱帯地域に適応性の高い独自の一代交雑品種が育成されている。

浙江省と江蘇省は全国の主要な接ぎ木用苗木生産拠点である。中国全土で使われている桑苗木はほとんどこの両省で生産されている[6]。

二　養蚕

伝統的な蚕の成長周期では，蚕が蚕種の孵化から稚蚕（1齢），2～4齢，熟蚕（5齢），そして糸を吐き，繭を作る営繭の過程を完了して，ようやく産品の繭になる。この過程では，春期養蚕に約26日，秋期養蚕では約22日を要する。養蚕労働はこの蚕の成長周期に合わせて行われているが，実際には蚕の飼育前の蚕具の消毒などの生産準備から繭収穫までの期間として約40～45日間かかる[7]。ただし，地域や蚕の品種によって，成長の周期は若干変化することがある。

改革開放以後，蚕の飼育法は研究によって改善されていたが，基本的な蚕種から繭までの飼育方法は四千年の伝統を引き継いでおり，大きく変わることはないという。

現在のところ養蚕地域によって，蚕の品種は多様である。とりわけ，温帯地域である東沿岸部地域の品種と亜熱帯西南部地域の品種は大きく異なり，それぞれ多様な品種系列が形成されつつある。

蚕は気候や病害に敏感である。気候に適応し，病気に強いことを蚕種学では品種の抗性が高いという。品質の良い繭のできる品種は生産性の高い品種と評価されるが，抗性が低くなる。その反面，抗性の高い品種では繭の品質が悪くなる傾向がある。現段階の技術水準ではこの問題がまだ解決されていない。よって，現在中国で飼育される様々な蚕の品種の選定にあたっては，何よりも飼育地の自然条件に適していること，そして比較的繭の質が良い品種を選定することが重視されている。

6）　苗木育成の実際の生産状況に関して，浙江省農業局は当省の状況を集計しているが，江蘇省では具体的な統計データがない。『中国糸綢年鑑』糸綢雑誌社出版（2007年），87頁を参照。
7）　中国農業科学院蚕業研究所，前掲書，69-70頁。

表1-3　主要生産地域蚕種（一代交雑種）の小売価格変化　　　　単位：元／箱

	1999年（春繭種）	2006年
浙江	36	40
江蘇	33	39
四川	20	25
重慶	20	25
山東	25	30
広東	22	市場調節
広西	20	市場調節
雲南	—	25

（出所）『中国糸綢年鑑』各年版より作成。

　蚕種の生産および管理は，1959年以来，いわゆる「三級繁殖」と「四級制種」の原則にしたがっている[8]。

　蚕種は紙に卵を付着させ，紙の枚数単位で使用されていたが，現在は主に箱入りの形でパッケージ化され，流通販売されている。両者とも蚕種の量的な差はほとんどない。中国農業生産基準によると，一箱あたりの蚕種粒数は25,000（±500）粒で，重量は約15gの蚕種量である。蚕種価格は，農業部令［1997］第22号『蚕種管理暫行弁法』の第7章第27条によって，基本的に「各省，地区の農業行政部門と所在地「物価局」ともに所在地域の蚕種価格を設定する」と規定されている[9]。つまり，市場による価格調整ではなく，政府部門によって管理・調整されている。中国糸綢協会の統計によると，実際に浙江省，江蘇省，四川省など多くの伝統的養蚕地域では1995年頃の蚕種価格基準を維持し，2006年まで大きく変動することはなかった。2006年を境に，浙江省，四川省などの伝統的養蚕地域は十数年維持し続けた蚕種価格を2～5元の幅で値上げした（表1-3）。

　一方で，広東省や広西などの地域では政府部門によって蚕種価格を設定

8）　「三級繁殖」とは原原種，原種および一代交雑種の順番で繁殖することである。「四級制種」とは原原母種，原原種，原種そして一代交雑種の順に蚕種を生産することを指す。中国農業部令『蚕種管理暫定弁法』，1997年，第22号第4章第14条より抜粋。
9）　中国語の原文は「蚕種価格由省級農業行政主管部門会同省級物価部門統一設定」である。

することはなく，市場によって蚕種の価格を調整することとなっている。現地調査では，2007年頃の広西の蚕種価格は30元前後であった。蚕種価格の定価に関して，広西の仕組みは浙江および江蘇と大いに異なることがうかがえる。それらの地域間の差異については，後章で詳しく論じる。

　蚕種から繭が収穫できるまでの蚕の飼育過程には通常，蚕種の「催青」，蚕種の「孵化」，1齢～4齢までの「飼育」，そして5齢の熟した「壮蚕飼育」と「営繭」という幾つかの段階がある。蚕種と地域によって若干異なることもある。例えば，蚕種の「催青」は1920年代に日本人によって普及された方法で，いったん孵化可能な状態にある蚕種を酸に浸し，低温状態で保存し，蚕種の孵化を遅らせることができる技術である。この低温状態で保存された蚕種を再び孵化に向かわせることを「催青」という。とりわけ東沿岸部の諸地域においては，冬季の11月から翌年の4月まで養蚕活動が停止するので，蚕種を低温保存しなければならず，それゆえ次の年の春頃に養蚕を開始する前の「催青」過程は非常に重要な過程である。その上，高度な技術を必要とするため，ほとんどの地域では桑蚕の技術指導站や蚕種生産場が農民のかわりに一連の工程を代行している。これとは対照的に，気候の温暖な西南部地域では，養蚕の可能な時期が非常に長く，越冬も大きな問題ではないため，「催青」の重要性は相対的に低い。

　他の農畜産物と比べ，蚕の飼育には技術と経験が特に必要だと考えられている。しかし，すべての養蚕過程において高難度の技術が問われるわけではない。3齢以降の成年蚕の飼育は比較的簡単であり，最後の営繭過程については多少の養蚕経験が問われる。

　上記の養蚕過程の中で，最も重要でかつ養蚕経験と技術を要するのは「稚蚕の飼育」である。蚕種の孵化から3～4齢までの飼育段階は通常「稚蚕段階」と呼ばれ，飼育過程の中では最も重要な飼育段階だと考えられている。この飼育過程に対し，現在中国では二つの養蚕方法，すなわち伝統的な飼育方法と現代的な「稚蚕の共同飼育法」がある。伝統的な飼育法では，基本的に蚕種の孵化から稚蚕の飼育，そして最後の営繭と繭の収穫までを家族単位で，一つの養蚕農家内部で行う。これを「自養」という。中国の

浙江や江蘇など東沿岸部地域のように，古くから養蚕を営む伝統的な養蚕地域においては，伝統的な養蚕法が広く維持されている。一方，現代的な「稚蚕の共同飼育法」という養蚕方法では，多くの場合は蚕種の孵化から3齢または4齢までを，各農家ではなく「稚蚕共同飼育室」で飼育する。共同飼育室は電力あるいは火力による加温・加湿設備が備えら

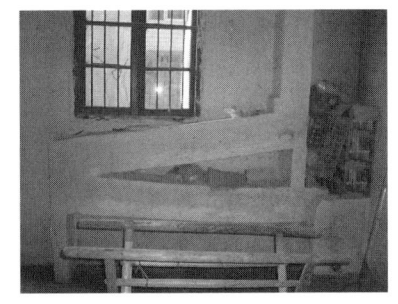

写真1　湖州市養蚕室の加熱設備，浙江省湖州，2005年7月「筆者撮影」

れ，専門飼育員と比較的養蚕経験の豊富な農民によって作業が行われる。そして，所在地域周辺の養蚕農民が共同飼育室から3齢または4齢の稚蚕を受け取り，各農家内で営繭までの飼育作業を完成させる。1990年代末に養蚕が著しく発展してきた広西等の西南部地域では，この方法が広汎に普及している。近年，伝統的な生産地域においても，徐々に採用されるようになっている。

　養蚕過程の中では，稚蚕期の蚕の状態が最終的な繭の品質に最も大きな影響を与えるとされている。高品質の繭を産出するためには，病気にかかりにくい強健な稚蚕を育てることが不可欠であり，飼育に失敗すると，最悪の場合は稚蚕期前後で死んでしまい，繭の収穫ができなくなる。実際に，養蚕の失敗事例をみても稚蚕飼育の失敗によるものが多い。つまり，稚蚕飼育は養蚕過程の中で最も繁雑で，最も技術と経験の問われる段階である。とりわけ伝統的な飼育方法では，農家が家族単位で稚蚕の飼育を行うため，各農家の養蚕技術が問われることになる。

　稚蚕共同飼育は中国の各主要養蚕地域で広汎に採用されているが，地域によってその実態は大きく異なっている。浙江，江蘇両省では伝統的な知識と経験によって，多くの養蚕農民が自ら蚕種を孵化させ，稚蚕から壮蚕そして営繭までの養蚕過程全体をこなす伝統的養蚕手法を維持・継承している。その一方で，新しい共同飼育法を用いる農民は少なく，後述する広

西や雲南と比べて共同飼育率が低い。

共同飼育率の低い地域では，共同飼育室の規模は両極化しており，蚕種数十枚分の蚕を飼育している小規模な共同飼育室と数百枚分の大規模な共同飼育室とが存在する。共同飼育室の多くは技術普及のための試験的な存在である，いわゆる「示範点」[10]として存在し，周辺地域においての生産実績はそれほど顕著ではない。多くの共同飼育室は政府の一時的補助によって建てられた，あるいは改造されたものであり，稚蚕飼育状況の改善や技術指導のサービス機能を持つ非営利団体であることが特徴である。共同飼育室の運営は利用者の物資の持ち寄りや技術員のボランティア的な活動によって維持されるところもあった。一旦政府の援助が止められ，あるいは指導員が引き揚げることになると，飼育室の存続は困難な状況に陥る。その結果，稚蚕の共同飼育技術の推進時期が長くても，実際に望み通りの効果を得ることは難しかった。

近年，浙江や江蘇では，政府によって建設された従来の共同飼育室に加えて，「稚蚕公司」という新たな共同飼育室の形態が出現している[11]。「稚蚕公司」は従来の共同飼育室と異なり，単純にサービスを提供するだけではなく，稚蚕飼育を通じた新たな利益を獲得する経営手段としての性格を併せ持っている。同時に，政府部門とのつながりを持ちつつ，湖州の桑蚕技術指導站からの技術指導サービスも受けている。伝統的生産地域においては，稚蚕共同飼育の推進によって，伝統的な養蚕方式とともに生産関係も変化してきたといえる。

これとは対照的に，新興養蚕地域の広西では，多くの稚蚕共同飼育室は「公司」つまり企業形態をとり，営利目的の団体となっている。浙江両省と同様に，一部の共同飼育室ははじめから政府の補助金あるいは技術支援を受け，所在周辺地域の稚蚕飼育の質の向上および養蚕技術の普及という

---

10) 新技術を推進する際に，比較的に養蚕経験のあるいくつかの農家ないし村をあらかじめ選定し，技術の応用実験を行う。これらの農家や村のことを「示範点」という。
11) 馬秀康「湖州蚕桑生産面臨的困難及対策」『中国蚕業』第25巻2期（2004年5月），61頁。湖州南潯区の呉氏が経営している「小蚕公司」の事例では年間276枚前後の養蚕量を有している。

役割を持つ。実際に，営利目的であっても，多くの共同飼育室は周辺の養蚕農民を飼育員として雇用したり，専門飼育員みずから養蚕農民と積極的にコミュニケーションをとったり，条件のよい地域では共同飼育室の敷地を利用して定期的に養蚕技術の実演指導講座を開くなどの形で，広西の養蚕技術の向上に貢献している。

蚕の飼育過程では，稚蚕期を過ぎると，4齢から5齢までの壮蚕期になる。一般的に，壮蚕の飼育は稚蚕と比べそれほど技術的に繁雑ではないが，給桑[12]の回数と与える桑葉の量が多いため，重労働が作業の大半を占めている。壮蚕の飼育時期になると，養蚕労働力の不足が一層深刻になり，養蚕農民家族内では女性や老人を中心とする労働力では対応できず，男性労働力や出稼ぎの若年労働力が家に戻って養蚕活動に加わることが多い。日雇い労働力等を取り込むことで壮蚕を飼育する繁忙期を乗り切る地域も少なくない。

壮蚕期が過ぎると，繭作りのための上蔟および営繭期になる。蚕を営繭させる道具は「蔟具」と呼ばれる。蔟具は繭の形を整え，清潔を保つなど重要な役割を果たしている。現在中国では地域によって様々な蔟具が使われている。比較的よく使われているのは，伝統的に東沿岸部の「稲藁蔟」や西南部地域の「竹蔟」である。そして，近代的な「方格蔟」も次第に東沿岸部から全国的に使われるようになっている。養蚕の研究所や，見本にするためのごくわずかな実験的養蚕を行う農家では，プラスチック製の「折蔟」が使われている。

「稲藁蔟」（写真3）の材料は文字通り稲藁であり，「竹蔟」（写真4）は竹である。形は多様であるが，そのほとんどが農村部ではどこでも入手できる材料から，農民が自分で作ったものである。このような伝統的な蔟具は，費用はかからず，必要な時はいつでも手に入れることができるのがメリットである。しかし，伝統的な蔟具は多くの場合，わずか数回しか使用できない。修理や洗浄，消毒など手入れはほとんど行われないため，このよう

---

12) 「給桑」は蚕に桑葉を与えることを指す。

写真2 湖州のプラスチック蔟，2005年7月。

写真3 鎮江稲藁蔟，2005年7月。

写真4 広西上林県竹花蔟，2009年8月。

な蔟で生産した繭の品質はあまり良くない。そのため，多くの養蚕地域では繭品質向上のため「方格蔟」の使用を推奨している。

「方格蔟」は日本でも広く使われている蔟具に似ており，紙製か木製のものが多い。この蔟で生産した繭は伝統的蔟具より品質が良く，特に解舒率[13]が高いなど機械製糸に適している（表1-4）。方格蔟は「四五計画」期

---

13) 解舒（じょ）率とは繭糸が繰糸の途中で切断した回数の多少を表す。解舒率が高いほど繭の品質が良い。『日本蚕糸学用語集』による。

表1-4 蔟具による繭品質の差

蔟具種類 単位	繭品種		上車率 (%)	一繭糸長 (m)	解舒糸長 (m)	解舒率 (%)	繭糸量 (g)	干繭生糸率 (%)
方格蔟	菁松皓月	A	98.00%	1,147.50	912.5	79.52%	0.3316	39.84%
	皓月菁松	B	98.12%	1,178.30	929.6	78.90%	0.3525	38.32%
	春華秋実	C	97.81%	1,151.50	839	72.86%	0.3418	37.31%
	平均		97.98%	1,159.10	893.7	77.09%	0.342	38.49%
蜈蚣蔟(稲藁蔟)	菁松皓月	A	96.41%	1,076.10	763.2	70.92%	0.3271	34.69%
	皓月菁松	B	96.43%	991.9	707.7	70.74%	0.3217	35.05%
	春華秋実	C	96.83%	1,069.70	708.4	66.23%	0.325	33.29%
	平均		96.56%	1,045.40	726.43	69.30%	0.3246	34.34%
プラスチック蔟	菁松皓月	A	92.81%	1,023.20	577.2	56.42%	0.3062	33.76%
	皓月菁松	B	97.08%	992.3	641.6	64.67%	0.3356	33.82%
	春華秋実	C	94.51%	1,101.80	694	62.99%	0.3276	32.14%
	平均		94.80%	1,039.10	637.6	61.36%	0.3231	33.24%

(出所) 楼平・王偉毅「浅析新昌県蚕繭質量」『蚕桑通報』第39巻第2期, 2008年5月 pp.36-37の表2より, 筆者作成。

間(1971～76年)から主要養蚕地域に紹介され, 使用され始めた。しかし, 現在でも浙江省や江蘇省などの地域では, 方格蔟ではなく稲藁で作られた伝統的蔟具が主流となっている。これに比べ, 広西では方格蔟の使用率が高い[14]。一部の地域, 例えば, 広西北部の河池市地域では最近では90％以上の高い使用率を維持している[15]。

第二節　繭と生糸の流通構造

本節では繭および生糸の価格形成, 流通に関わる主要な制度および諸政策の変遷を整理しながら, 全国的に共通する養蚕業および製糸業の各生産部門の実態を説明することにしよう。1990年代末頃から, 中国国内における蚕糸業とりわけ養蚕業の主要地域の分布が変貌し, 新たな養蚕地域が

---

14) 王, 前掲書, 125頁。
15) 広西蚕業技術推進站に対する聞き取り調査資料による (2009年6月)。

形成されつつある状況のなか，繭および生糸など蚕糸業における諸製品の生産および流通構造も大きな変化を遂げている。それに伴って，流通構造においても地域的な特徴が徐々に顕在化してきている。

一　繭と生糸の生産と流通構造

　中国建国翌年の1950年から，当時の中国蚕糸公司は各省で支社機能を有する現地機構を立ち上げ，生産地において養蚕農民が収穫した生繭の出荷先であり，生繭を乾燥する役割も果たしていた[16]。現地政府の協力のもとに，各所在地域で「繭站」あるいは「収烘站」と呼ばれる施設をつくり，農民から生繭を買い取っていた。一つの子会社が当該地域に分布するいくつかの「繭站」を管理していた。繭産出量の多い秋繭の時期には，例えば，浙江省蚕糸公司の現地の子会社だけでなく，上海の製糸工場もともに，浙江での繭の買い集めを行い，繭を買い取るための資金を確保したこともあった[17]。1952年頃には全国590余りの「繭站」が建てられ，繭の買い集めを行っていた。繭の買い取り価格は1958年の桑繭評価基準が発表されるまで，各省の物価局によって設定されたものだった。定価の基準は当時の米に換算して定められたという[18]。

　繭站は，建国間もない設立当時には，繭の生産・流通および製糸業の再建に大きな役割を果たしていたと考えられる。これによって，1950年代末頃まで，養蚕業とともに製糸業の生産が回復していった。1949年に全国の製糸生産規模は約15.9万緒ほどだったが[19]，そのうち実際に生糸生産のために稼働していたのはわずか6万緒あまりで，全体の38％だった。上海市では4,650台の製糸機械のうち41％しか運転されていなかった。戦争直後の回復期において，多くの製糸工場が生産を再開できなかった主因は繭原料の確保難にあった。そのため，1950年頃から中国蚕糸公司の

---

16)　山東省と四川省とでは若干状況が異なっていた。王，前掲書，141頁。
17)　王，前掲書，141頁。
18)　王，前掲書，169頁。李瑞「中国産業50年的回顧与展望」『中国蚕業』（2000年増刊号），3-10頁。
19)　王，前掲書，255頁。

各省子会社のもとにある「繭站」が解放以前の「繭行」を実質的に代替して，繭の買い集めなど繭流通に大きな役割を果たし，解放後に国営化された製糸工場の繭原料を確保した。1952年頃には全国の製糸総生産能力は18.5万緒ほどに増加し，そのうち生産稼働にあった製糸機械は約18万台，総数の97％を占めるまでになった。なかでも上海では5,760台[20]の製糸機械がすべて稼働していた。

　1958年3月15日の『修改桑蚕繭評級標準的方案』が，国務院の同意を得て執行されたことによって，繭価は国家物価部門が設定することとなった。これ以降，1978年に至るまでは完全な計画経済のもとに置かれ，約90％以上の農産品価格が政府によって定められることになった。農民は価格設定に発言権を持っていなかったのである。

　改革開放後，一部の農産品は国家の買い付けの他にも自由に市場で売買されるところまで規制緩和された。したがって，国家が定めた価格以外にも市場で売買される際の「市場価格」が同時に存在する，いわゆる「双軌制」が始まった。しかし，繭産品は食料や綿花などとともに重要農産品に区分されたため，「双軌制」にのることもなく，1995年まで中央政府による価格の設定路線は変わらなかった。

　1995年5月20日に，国家計画委員会（以下国家計委と略す）が『関於整頓繭糸価格的通知』を公布した。本通知によって，従来中央政府によって繭価格が設定されていた体制が改められ，中央政府の指導のもとで各省級政府が価格を定めることになった。つまり国家が中間価格および変動の幅を設定し，これにしたがって各省政府が所在地域の繭価格を設定する方式となった[21]。本通知の公布は中国繭価格の歴史において画期となる改革であり，建国後数十年間中央政府によって固く握られていた繭価格が市場価格へ前進する重要な一歩であったといえる。

---

20) 王，前掲書，255頁。
21) 李建琴『中国蚕繭価格管制研究』(2005年)，75頁。1995年当時に設定された中間価格は50kg単位で750元，浮動幅は約10％だった。さらに本通知によって，様々な手段，例えば価格外補助金や工業利益還付などの名目で実質繭価格を上げることが禁じられた。さらに，10％上限を超えた値上げも禁止されていた。

二 繭産品価格「双軌制」の開始

 2001年末の中国のWTO加入に向けて農産品の綿花や一部の食糧の価格統制が緩和され「双軌制」に移ったことを背景に[22]，2001年6月13日，国務院弁公庁経由および，国家経済貿易委員会によって『関於深化蚕繭流通体制改革意見的通知』（国弁発［2001］44号）が公布された。この通知によって，中央政府は繭価格の設定に直接関与することをやめ，それに代わって各省級政府が所在地域の「桑蚕生繭および干繭の指導価格」を定めることになった。さらに，翌年2002年2月4日に公布された『繭糸通流管理弁法』では，より明瞭かつ詳細に省級政府の繭価格の設定内容が説明された。そこでは，生糸の価格設定に関して，「生糸の価格は各企業が市場の状況によって自主的に規定することを許可する」[23]とされた。

 このように，繭価格は改革開放期を含む国家による価格統制時代を経て，現在では実質的に市場調整の時代に入っており，それゆえ省によって異なる繭価格が設定される状況となっている。その上，1992年の嘉興交易市場，2005年の広西交易市場の設立によって，従来の繭価格ないし流通形態そのものも大きく変化した。

 1992年に嘉興市場が設立された当時，繭価格は単一の政府によって提示された価格のもとにあり，市場は繭および製品の取引および流通市場の管理機能しか果たせなかったが，1990年代末頃からの糸綢公司の民営化，2001年以降の繭価格の規制緩和とともに，次第に繭ないし生糸の価格形成の場としての機能を備えるようになった。その後，2005年の広西交易市場の設立によって，中国の主要養蚕地域における繭市場価格の形成系統が確立し，政府価格と並行した形の価格体系となっている。

 とはいえ，中国の各養蚕地域の性格は大きく異なっており，繭の価格体制もそれぞれの特徴がある。李が指摘するように，一部の地域，例えば広西では，すでに完全に市場任せの価格体制となっている。さらに，李は広

---

22) 李瑞「蚕繭流通体制的研究」『糸綢』（2002年第7期），1-3頁。
23) 中国語の原文は「廠糸出廠価格由企業根拠市場状況自主確定」である。

西の繭市場が現在の中国のなかで最も市場化されていると高く評価している[24]。これと対照的に，浙江や江蘇では，実質的に省政府の指導価格が存在するものの，その指導力はすでに弱化し，省ないし市や県を単位とする地域の繭価格体制が分立して存在している状況である。

第三節　繭供給，製糸およびシルク製品

シルク産業は農業をはじめ，工業，商業およびサービス業と関連し，蚕の飼育から製糸，紡績，アパレルそして流通，販売，貿易に至るまでの各環節が緊密に連結している複雑な蚕業系統である。1980年代に農業生産責任制が導入されて以来，シルク産業とりわけ蚕糸業では数次にわたって管理行政体制の変革が進められてきた。

一　中国糸綢公司[25]の変遷とシルク産業政策

建国初期に設立された中国蚕糸公司は1953年10月に中国糸綢公司と改名した。本部は上海から北京へ移転し，対外貿易部に所属した。同時に，各養蚕主要地域に子会社を設置し，繭，生糸および絹織物の国内流通と対外貿易を管理することになっていた。しかし，中央政府に関連する各部門が設立されてからは，例えば，養蚕業は農業部が，絹紡績産業は紡績工業部が管理するなど[26]，連続した工程からなるシルク産業が行政的には分断されることになった。

1982年2月26日，中国国務院の許可を得て，国務院に直属する中国糸綢公司が北京で創設された。国務院の『関於成立中国糸綢公司報告的通知』は中国糸調公司の性格を，「公司は現行紡績工業部，対外貿易部，商業部，購入販売共同組合本社[27]の繭，生糸，シルクの生産流通販売業務の行政管

---

24) 李建琴，前掲書。
25) 「糸綢」はシルク製品のことを指す。
26) 『中国糸綢年鑑』（2000年），347-348頁。

理権を行使する。公司は「三部一社」系統に所属する蚕糸企業および管理機構によって構成される」と規定した[28]。つまり，全国のシルク生産から流通，貿易に至るまで，中国糸綢公司が総合的に管理することになったのである。

さらに 1986 年 1 月 6 日には，中国糸綢協会が設立された。糸綢協会は中国糸綢公司と協力し，シルク産業の発展状況を調査，研究し，中国蚕糸業発展における政策設定の助言を行う役割を担った。同時に，養蚕業から製糸業，シルクアパレル製造業間の交流と連携を促進する方針も打ち出された。

ところが 1986 年 12 月 5 日，シルク業界内部の反対意見を無視し，国務院弁公庁から『国務院関於撤銷中国糸綢公司的通知』（国発［1986］90 号）という通知が下され，中国糸綢公司を廃止することになった。同年 12 月 29 日，中国糸綢公司は最後の経理会を経て，正式に解散した。わずか 4 年半で，全国のシルク生産業界を統帥してきた中国糸綢公司の幕が閉じられた。

公司の廃止後，シルク生産部門の管理は紡績工業部へ，繭の流通とシルクの国内貿易は商業部へ，シルク産品の貿易は経済貿易部へと，1982 年にようやく統一されたシルクの生産・貿易の管理体制が再び分割されることになった。このため，1987 年春頃からいわゆる「繭大戦」の勃発をみた。それゆえ，1980 年代から 1990 年代にかけてみられた繭およびシルク製品の価格乱高下の原因を糸調公司の廃止に求める議論もある[29]。

翌 1987 年 1 月には，シルク製品の輸出入業務を全面的に管理する役割を持つ機関として「中国糸綢進出口総公司」が北京に設立された。同年 1 月 19 日，経済貿易部と紡績工業部は，繭と生糸の流通管理権を中国糸綢進出口公司へ移行するように国務院に要求した。それを受けて 3 月 18 日

---

27) 中国語の原文「供銷合作總社」である。「購入共同販売組合本社」の訳文は，小島編『中国経済統計経済法解説』（1989 年），105 頁，「三部一社」を参照。
28) 王，前掲書，145 頁。
29) 例えば，王，前掲書，611 頁，「漫天討価」。

に，国務院弁公庁は『関於蚕繭，廠丝収購和経営管理業務改由経貿部負責任的通知』（(1987) 6 号）という通知を公布した。これによって，中国の繭および生糸の流通については，実質的に中国糸綢進出口公司が一括して管理することになった。

二　糸綢公司撤廃後──繭市場の混乱と原料繭供給量の不安定

　生糸を生産する原料は繭である。繭の生産量は生糸の産出量と直接に関わっている。

　繭収購量は 1970 年から 1980 年にかけて 2 倍以上に達したが，それに伴って，1980 年代に入ると製糸の生産能力も増加した。1970 年の桑繭の生糸の生産能力は 47.6 万緒[30]であったが，1980 年には 88.7 万緒，1990 年には 202.7 万緒へと急増した。例えば，四川省の製糸工場は 1982 年の 29 軒から，1990 年の 178 軒へと増加した。浙江省では，1975 年以降，省の軽工業局の方針によって，人民公社や県が経営する 40〜60 台程の立ち式製糸機械を運転する小規模製糸工場が急増した。1975 年末頃には，全省の 9,300 台ほどの製糸機のうち約 3 分の 1 以上がこうした小規模工場であったという[31]。その上，これらの地域には郷鎮政府資本によって設立された小規模製糸工場が乱立し，所在地域の繭産出をコントロールして域外への自由な流通を妨げている状況もあった[32]。この状況は広く繭原料の流通と売買に大きな影響を与えた。1986 年 12 月に中国糸綢公司が廃止されたために，主要養蚕地域の養蚕業，とりわけ繭の売買は混乱状態に陥った。1987 年から 1988 年の間，浙江省や江蘇省において生繭原料の買い漁りが多発し，生繭の価格が釣り上げられ，のちに個人や無許可団体が無秩序に繭原料を争奪する，いわゆる「繭大戦」[33]が勃発した。

---

30) シルク紡績業では，「緒」は紡績専門用語であり，生産量をはかる単位である。綿紡績業の場合では「錘」を単位としている。中国語では「錠」と書くが，本書では「緒」に統一することにする。
31) 王，前掲書。
32) 王，前掲書，241-244 頁。
33) 「繭大戦」は繭原料を奪い合うことである。繭価格の乱高下が伴い，繭市場とりわけ生繭市場が混乱する状況に陥る。

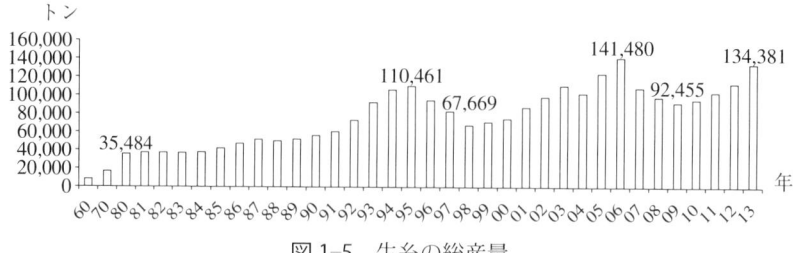

図 1-5　生糸の総産量

（出所）1999 年以前のデータは顧国達著『世界蚕業経済と糸綢貿易』2001 年より，2000～07 年は『中国糸綢年鑑』年代版より，2008～13 年は商務部公表データより，筆者が整理した。

　さらに，1994～95 年頃に発生した第二次「繭大戦」によって，小規模な製糸工場から大規模な国有工場に至るまで繭原料の獲得が困難となった。この第二次「繭大戦」は，当時中国国内で過剰に増進していた製糸能力に繭生産能力が対応できず，繭市場の混乱を招いた結果，製糸業および養蚕業にも大きい打撃を与えたものである。

　図 1-5 に示した生糸の全国生産状況を見ると，この 50 年余りの間，生糸の総生産量は基本的に増加傾向をたどってきたことがわかるが，95 年以降では増減を繰り返している。

　1995 年頃には 11 万トンのピークに達したあと再び減少し，1998 年には一旦 1995 年の 61％ まで減少したが，その後 2006 年まではほぼ順調に増加していた。1960 年に 8,349 トンだった生産量は，1995 年には 110,461 トンに達し，2006 年には 141,480 トンへと増加したが，2008 年の世界的経済危機の影響も受け，2009 年には急速に減少した。製糸能力からみれば，全国的な生産規模は 1991 年の 234 万緒に対し，1996 年には 410 万緒にまで急増した。とはいえ，この時期に増加した製糸工場の中では小規模な郷鎮製糸工場が半数以上を占めていた[34]。

　図 1-6 は生糸の対前年度の増加率と繭の対前年度の増加率の差を示した図である。これによると，生糸生産の増加率と繭生産の増加率の差となっ

34）　王，前掲書，245 頁。

図1-6 生糸と繭の増加率の差

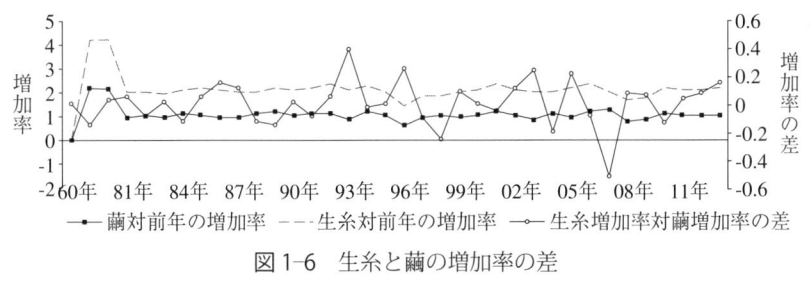

(出所) 1991〜2005年データは『蚕業信息』各年版、2006〜07年データは中国紡績網データベース、その他のデータは『中国糸綢年鑑』各年版より作成。

ており、激しく上下している状況がわかる。1991年から生糸の生産量が急増したものの、繭生産量の増加に追いつかずに、生糸と繭の間のギャップが広がっていった。1993年をピークにしてその後の繭生産量が増加した結果、1995年から1996年にかけて次第に安定していったが、逆に1996年からの繭生産の高い増加率に対して1998年をピークに生糸の生産が追いつかなくなり、繭原料の過剰状況がみられる。

繭生産量の増減と生糸の生産量の増減が不一致の状況には、繭生産部門である養蚕農民と生糸を生産する製糸工場の間の連携が薄く、情報が非対称的であることと、繭仲買人といった中間セクターなどが養蚕農民と製糸工場の間に存在し、養蚕農民が簡単に繭市場にアクセスできなかったことが原因だと考えられる。

養蚕業の繭原料供給と製糸業の繭原料需要とのバランスが安定しなかった結果、とりわけ生繭の買い取り価格が乱高下し、繭市場が不安定となり、養蚕農民の養蚕に対するインセンティブが低下し、養蚕量ならびに繭生産が大幅に減少した。一部の地域では養蚕を取りやめた農民が続出し、製糸工場が深刻な原料不足に陥った。しかし当時の中央政府は、製糸と絹紡の生産能力が過剰であるため、養蚕規模に適した生産規模に調整することが問題解決の要であると認識し、意図的な製糸生産の規制を行うことになった。中央政府は繭の価格と流通管理を厳格にするとともに、1997年に製糸工場の生産許可証（以下、准産証とする）認定制度を作り、本格的に製

糸業の生産調整を開始した。

　前述したように 1986 年に中国糸綢公司が廃止されたため，生繭流通市場に対する管理が行き届かずに「繭大戦」になったのではないかという見解もある[35]。したがって，80 年代末から中国中央政府は繭の取引に対する取り締まりを強化した。中国国務院は 1987 年 6 月，1988 年 6 月と 9 月，そして 1989 年 4 月と 3 年間連続して，春繭および秋繭の出荷季節に合わせ，繭市場に対する取り締まりの"通知"を出した。しかしながら，このような強行的取り締まりが行われたにもかかわらず，1995～96 年には浙江と江蘇において「繭大戦」が再び発生した。この「繭大戦」には，養蚕業と製糸場のコモディティチェーン，すなわち農業分野の養蚕農民と工業分野の製糸工場の有効な連携が形成されていない問題が露呈していた。

三　生糸の生産准産証制度と製糸業の構造再編

1　養蚕と製糸の生産をつなぐ「貿工農一体化」の提唱

　1996 年 1 月に，中国紡績総会は製糸能力を制御し，絹紡およびシルク紡績を管理するという意見を発表した。その約 1 ヶ月後，国家経済貿易委員会および国家体制改革委員会などの組織が，国務院に繭糸綢の管理経営体制の改革意見を示す『関於繭糸綢経営管理体制改革意見的請示』(国経貿 (1996) 80 号) を提出し，国務院に意見を求めた。その中で，蚕糸業生産体制改革の方向として貿易，工業，農業の一体化形式を考案し，養蚕業および製糸業の諸関係を整理して一体化を順調に実現するために「中国繭糸綢集団公司」を設立することが提起された。同年 3 月 15 日に，国務院主催で，蚕糸業管理体制改革を念頭に，副総理が司会を務める検討会が開かれ，「国家繭糸綢協調小組」を設立することが提示された。これによって，1986 年に中国糸綢公司が廃止されて以来存在しなかった中国の蚕糸業全般を管理する機構が中国中央政府内に再設置され，主要養蚕地域における「貿工農一体化」（以下「一体化」と略す）が促進されることになった。

---

35) 王，前掲書，149 頁。

国務院からの通達の文面には「貿工農」を「貿」に続いて「工」，そして最後に「農」の順番に並べられている。中国語の習慣に従えば，この三者の中で「貿易」が最も重視されていることになる。「貿工農一体化」の政策には，今後の蚕糸業の発展において，川下にあるシルク産業と貿易業が川上の養蚕業を牽引するという方針がうかがえる。

　その後国務院の意見を受け，主要養蚕地域の省政府では「一体化」を実施する通知が相次いで公布された。例えば，浙江省政府では同年3月22日に「一体化」を実行する通知を下したが，その内実は，糸綢貿易を担う各地域の「糸綢公司」を中心に，それらと資本連携しつつ，生産および経営などの機能を持つ各部門を「合体する」というものであった。しかし過渡期であることを考慮し，当時の各省農業庁などの機関の役割は従来のままとされた[36]。そのため，農業庁の下級部門である各地域の農林局や農業（養蚕）技術指導站は「糸綢公司」の管理下に置かれることなく，現在でも政府部門としての性格が保たれている。「一体化」の「牽引車」的役割を果たすとされた「糸綢公司」は次第に成長し，巨大化し，後には「農業産業化」のスローガンのもとで「龍頭企業」と称されることになる。

　そして，国務院弁公庁より，1996年7月15日に，『関於成立国家繭糸綢協調小組的通知』（国弁発［1996］30号令）が公布されることによって，「国家繭糸綢協調小組」，その下級部門として「国家繭糸綢協調小組弁公室」（「繭糸弁」と略す。）が設立された[37]。「繭糸弁」が設立され，機能しはじめることによって，蚕糸業における「一体化」の生産体制が確立されたと考えられる。

　1996年10月，「国家繭糸綢協調小組」の意見は国務院によって承認され，「貿工農」一体化を目標とする繭糸綢集団公司が創立されることになった[38]。そこでは，繭糸綢集団公司を設立する重点地域が浙江，江蘇，四川，山東，安徽，広東および重慶市といった，当時の国内主要養蚕地域に定め

36）『浙江省蚕桑志』浙江大学出版社，2004年，192-193頁。
37）王，前掲書，931頁。『中国糸綢年鑑』（2000年），67頁。
38）国家繭糸綢協調小組『関於繭糸綢経営管理体制改革的意見』（1996年10月10日）。

られた。当時，糸綢産業内部における各産業部門の分立した状況，そして主要養蚕地域での繭の流通を分断する地域主義の抬頭といった問題を改善するために，統一した市場の形成を目標に，繭糸綢集団が整備されていった。

こうした「一体化」によって，とりわけ東沿岸部など伝統的な生産地域において「糸綢公司」，特に巨大な製糸メーカーによる農業の牽引力が強まり，政府も重視するようになったことで「龍頭企業」は実質所在地域の製糸業はもちろん，さらに養蚕業までをも掌握するようになった。一部の地域では，このような巨大企業は地域経済だけでなく，政府の政策意思決定に対しても影響力を持つようになった。このような企業による「地域経済発展」への貢献は無視できないものの，一方で「地域管制」という側面も指摘されている。中国国内の研究では，「龍頭企業」を過大評価する傾向がある[39]。とはいえ，蚕糸業における「龍頭企業」の多くはまだ発足して間もないことから，極めて多様な性格を持っているともいえる。

上述のように，幾多の変遷を経て，多層的なシルク産業の生産連関ネットワークが形成された。現在中国の蚕糸業を担当する行政機関，農民，企業などの組織は，図1-7のように整理することができる。

2 「貿工農」一体化に伴う製糸および絹紡生産の准産制度

1996年7月15日に，中国国務院弁公庁が『国務院弁公庁関於成立国家繭糸綢協調弁小組[40]的通知』（以下"繭糸綢協調小組"とする）を下した。この『通知』には繭糸綢協調小組の役割の一つは"貿易，工業および農業の三部門の関係を調整し，ともに健康的な発展を促すこと"[41]とある。繭糸綢協調小組が設立されたことによって，従来農業部のもとにある養蚕業関

---

39) 鄭社奎「関於龍頭企業建設的幾点思考」『山西農経』（1998年第3期），1-5頁，郝朝暉「農業産業化龍頭企業与農戸的利益機制問題探析」『農村経済』（2004年第7期），45-47頁などの研究では，龍頭企業の発展によって農業産業化の推進と農民収入の増加効果が明白であると評価している。
40) 「小組」は中国語で，グループの意味である。ここでは，特別に設置された桑蚕と生糸などを管理する組織の名称である。
41) 原文は"協調貿，工，農三方面関系，促進全行業健康発展"である。

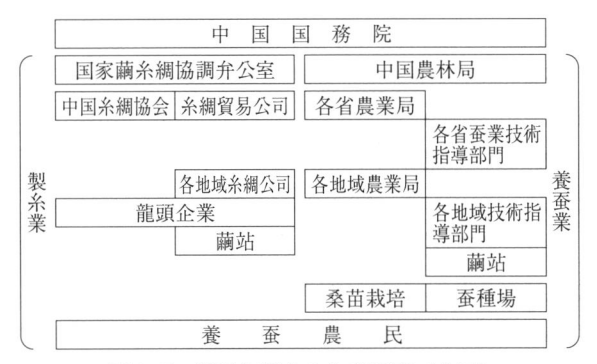

第一章　中国における養蚕業および製糸業の発展

```
┌─────────────────────────────────────────┐
│            中　国　国　務　院                │
│  ┌─────────────────┬─────────────────┐  │
│  │ 国家繭糸綢協調弁公室 │    中国農林局    │  │
│  ├────────┬────────┼────────┬────────┤  │
│  │中国糸綢協会│糸綢貿易公司│  各省農業局  │  │
│製│        └────────┤        ├────────┤養│
│糸│                 │        │各省蚕業技術│蚕│
│業│                 │        │指導部門  │業│
│  ├────────────────┼────────┼────────┤  │
│  │   各地域糸綢公司   │各地域農業局│        │  │
│  │      龍頭企業      │        │各地域技術指│  │
│  │                   │        │導部門    │  │
│  │        繭站       │        │  繭站   │  │
│  ├────────────────┼────────┼────────┤  │
│  │                   │  桑苗栽培  │  蚕種場  │  │
│  ├─────────────────┴─────────────────┤  │
│  │            養　蚕　農　民                │  │
│  └─────────────────────────────────────┘  │
```

図1-7　養蚕と製糸の生産構造（全国）

（出所）菅沼「農業産業化における契約取引システムの特徴と問題点
　　　　—江蘇のシルク産業の事例—分析」池上，宝劍編（2008）
　　　　図1を参考し，筆者が加筆し作成。

連政府部門と軽工業部門に属する糸綢総会の間に統一した上級部門が作られたこととなる。言い換えれば，中央政府のこの動きは，糸綢公司が撤廃されて以来，養蚕業と製糸業ないしシルク貿易といった統一した蚕糸業の生産管理構造が再度形成されることを意味する。

1997年1月30日には，国家繭糸綢協調小組，中国紡績総会が現存製糸業の生産規模調整意見を起草した。その中で，現存生産能力を調整する際に，①規模の経済の原則，②技術的先進の原則，③合理的な配置，配分の原則，④平等的競争の原則という四つの原則が提示されている[42]。

そして1997年5月には，『国務院弁公庁転発国家繭糸綢協調小組，中国紡績総会関於調整制糸絹紡加工能力意見的通知』（国弁発［1997］16号）が公布された。この通知によって，実質的に全国の製糸および絹紡[43]企業に対し全面的に准産証制度が実施されることになった。この結果，全国の製糸および絹紡生産企業は基準を満たす准産証を獲得しなければならなくなったのである。

---

42)　『中国糸綢年鑑』（2000年），192頁。
43)　中国語では繭の糸を抽出するのを"製糸"と呼ぶが，玉繭や繭の毛羽などの糸くずを原料に紡績糸や生地を紡ぐことを"絹紡"と呼ぶ。

上記通知に対応し，中国紡績総会は1997年7月に『全国繰糸絹紡企業生産准産証管理弁法』を起草し，全国の省市自治区糸綢業界管理部門に伝え，准産証制度およびその管理制度について，具体的な内容を定めた。初回の准産証制度は1997年半ばから実施され，1998年までの約1年半にわたって実施された。

　准産証を獲得できる企業の基準として，生産原料の確保，品質の保障，経営管理の水準，環境への配慮や汚染水の処置などのほか，2,400緒以上（絹紡の場合は5,400緒以上）の生産規模に達することや，生糸の品質を2A50以上に保障することなど，生産規模と産品の品質に関する条件が盛り込まれた。准産証の有効期限は2年間であり，つまり一度取得できたとしても，2年ごとに准産証の再審査を受けなければならない仕組みであった。

　基準を満たさない工場の製糸機械は原則として緒数を圧縮されるか廃棄されることになる。廃棄される工場や設備に対しては，国家が2000年頃から補助している[44]。具体的には，製糸工場に対し，1万緒当たり240万元の補助金が支給されている[45]。

　この准産証制度による製糸業の生産規模の調整と制御については，明確な成果を得ることができたといえよう。実際，1970～80年代の間に簇生した多くの小規模な製糸工場が生産規模でも産品の品質でも基準を満たすことができず，製糸機械の廃棄を余儀なくされた一方で，国有大規模製糸工場が生き残り，結果，製糸業の大規模化が一気に進んだと考えられる。

　准産証が実施される前の1996年では製糸工場1,460軒，製糸業の生産規模410万緒，製糸工場1軒当りの平均生産能力は2,800緒であった。製糸業の生産規模が調整された直後の1998年時点では，製糸工場855軒，製糸業の生産規模350万緒，1軒当りの製糸生産規模は4,100緒に達していた[46]。2000年以降，国有企業の民営化によって，国有企業改革が行われ

44）　国家経済貿易委員会財政部『関於糸綢圧縮工作有関問題的通知』（［2000］788号），『関於做好毛紡圧緒糸綢圧緒財政補貼資金管理工作的通知』（［2000］248号）．
45）　王，前掲書，248-251頁．
46）　王，前掲書，248頁．

たことに伴い，企業様式が多様化し，従来の国有企業などの大規模企業の生産能力が非国有企業に移行されることになった。准産証の授与状況によれば，2004年以降の製糸工場1軒当りの平均生産規模は3,100緒程度に安定している[47]。

製糸准産証の審査と認定は1996年から2007年まで，中国商務部によって行われていた。

3　中央政府から准産証の認定を各生産地域への"権力下放"

1995年頃からの「繭大戦」のような繭の価格高騰，争奪は当時主な生産地域である浙江，江蘇と四川にだけでなく，生産量の少なかった広東省などの地域にも見られた。それぞれの地域においては桑の栽培や繭の飼育状況が異なり，中央政府が下した統一対策と各地域の現地状況の間にはズレが発生した。1996年に国家繭糸綢協調小組の設立によって，養蚕業と製糸業，シルク産業といった「貿工農」一体化方針が明白になり，当時の主要養蚕地域では地域に基づく蚕糸業のコモディティチェーンが促進されるようになった。各地域ではその地域の桑の栽培時期と養蚕時期や繭の品質にも適した繭の流通市場が形成され，その地域にある製糸工場も独自の生産計画を行い，養蚕業による地域の特徴が次第に現れて来た。

2007年に『国務院関於第四批取消和調整行政審批項目的決定』（国発［2007］33号）[48]が出され，これによって，製糸准産証の審査と認定は中央政府から各省，自治区と直轄市政府の商業庁に移されることになった。以降，各養蚕地域の地域性がますます明白になった。

---

47)　2005年7月と2007年7月の，中国糸綢協会に対する聞き取り調査および調査資料による。
48)　原文は中華人民共和国政府ネットに掲載されている。http://www.gov.cn/zwgk/2007-10/12/content_775186.htm，アクセス日2015年4月10日。

おわりに

　本章では，まず中国における蚕糸業生産連関の流れに沿って，第一に，農業生産の特徴を持ち，自然と地理状況に大きく左右される養蚕業，第二に，養蚕業の繭産品を生産原料とする工業部門である製糸業，そして最後に，製糸業の生糸産品を生産原料とする絹織業をそれぞれ考察することによって，中国蚕糸業の全体状況を明らかにしたうえで，蚕糸業政策および蚕糸業に関わる農業政策，そして蚕糸業生産連関に属する主要な部門の変遷をマクロ的に概観した。

　次章では，中国国内の養蚕業および製糸業と絹織物業の各生産地域を地理的，歴史的に分析し，これらの地域発展の軌道と各地域の特徴を探り，そして中国における蚕糸業の生産地域の構造を明らかにしていきたい。

第二章　養蚕業および製糸業の産地分布と産地移動

はじめに

　第一章でみたマクロな蚕糸業の生産状況からも明らかなように，中国国内では養蚕業と製糸業の産地には地域性が存在している。さらに四千年の歴史を持つ養蚕業は常に同じ地域で発展してきたものではなく，幾多の変遷を経験している。

　歴史的には，南宋時代以前，中国では桑の栽培，養蚕および製糸業は黄河流域を生産の中心としていた。しかし紀元700～800年頃から，南部の長江，太湖地方，つまり現在の江蘇省の無錫，蘇州の周辺および浙江省湖州の周辺地域へと数百年をかけて徐々に移動してきた。これに関して黄世瑞は，気候の変化，戦乱，唐から宋への移行によって経済の中心が移動したことなどを主な要因としてあげている[1]。この長期にわたる歴史上の産地移動[2]を経て，現代中国においては東沿岸部の浙江省と江蘇省が養蚕業および製糸業そして絹織業の生産の中心となっている。しかし前章でも述べたように，現代中国では養蚕業から製糸業，絹織業に至るまで，生産・流通構造，国内市場および国際貿易構造，政策環境などの諸側面において，とりわけ1980年代以降に大きな変化が見られた。

　本章では，第一章で述べた養蚕業および製糸業，絹織業という一連の生

---

1) 黄世瑞「我国歴史上蚕業中心転移問題」『農業考古』（1985年第2期），324-331頁；「我国歴史上蚕業中心転移問題」続篇『農業考古』（1986年第1期），360-365頁。
2) 産地の移動とは，一般的には「特定品目の主要産地が他の地域に移動すること」を言う。新興産地が形成されると同時に，旧産地の生産機能が消失すると考えられる。しかし，生産連関の中の一部の生産過程が他地域へ移動し，あるいは他の旧来の生産地域と異なる地域において，一部の生産過程が発達し，旧来の生産地域に生産連関の一部の生産過程が残存していない場合でも，本書では「産地移動」と定義する。

産連関に沿って，現代中国における以上のような変化の中での養蚕業および製糸業の地理的分布と産地移動の動向を明らかにするとともに，各産地間の異同を空間軸と時間軸に沿って分析してみたい。

第一節　桑園

　桑の葉は蚕を飼育する最も重要な飼料である。桑の葉を産出する桑園は繭の生産量ないし繭の品質を規定する要素である。第一章の図1-3で示したように，1980年代以来中国の桑園面積は一律に増加してきたわけではない。「繭大戦」等の影響を受け，1990年代前半からコースを外れた急速成長も見られたが，1997年以降微上下しながら，安定した状況にある。とはいえ，中国国内では多数の省と地域において桑が栽培されている。全国の合計値では安定しているようにみえるが，各養蚕地域の省ごとの統計からみれば大きく変化している。

一　1980年代から90年代まで
　　　──桑園面積の四川，浙江，江蘇3省への集中

　表2-1は1982年から2008年まで桑の栽培が見られる地域の桑園面積を整理したものである。表2-1のように，1982年に農業生産責任制が実施された頃は，江蘇省，浙江省と四川省の桑園面積だけが8万ヘクタールのレベルに達したが，他の省ではわずか数千ヘクタール程度にとどまっていた。上記3省は1990年代末まで，中国では最も養蚕量の大きい地域であり，3省の桑園面積合計は，全国の総面積の66％を占めていた。
　1980年代から1990年代末の間では，中国の桑園分布は東沿岸部地域の浙江と江蘇そして四川に集中していたことがわかる。

二　1990年代以降──生産中心の移動と分散した桑園の分布

　1982年（図2-1a）と2008年（図2-1b）を比較すると，1982年に江蘇省

第二章　養蚕業および製糸業の産地分布と産地移動

表 2-1　全国各養蚕地域の桑園面積　　　　　　　　　　　単位：千 ha

	甘粛省	浙江省	江西省	湖南省	湖北省	四川省	福建省	広東省	広西区	全国合計
1982 年	0.54	85.5	5.45	6.22	23.18	78.87	0.47	15.66	2.39	368.57
1990 年	1.67	87.27	8.33	2.67	14.87	95.93	0.6	19.8	5	484.07
1995 年	NA	97.33	26.67	8	36.67	353.33	2.4	16.67	17.33	1163.13
1999 年	9	77.33	10	3.33	30	91.13	NA	11.67	14.67	597.6
2008 年	NA	74.67	16	8.73	24	113.33	0	45.33	134.4	845.93

	重慶	新疆	山東省	江蘇省	安徽省	河南省	陝西省	山西省	雲南省	貴州省
1982 年	NA	1.63	12.09	80.49	22.24	1.64	25.49	3.03	3.68	1.13
1990 年	NA	2.4	23.07	116.33	38.27	8.53	37.33	5.13	3.53	3.8
1995 年	94.67	15.13	42.67	220	74.67	40	53.33	19.87	21.33	18.4
1999 年	71.33	10	46.67	80	45.33	13.33	30	13.33	26.67	12
2008 年	82	NA	42.33	80	53.33	17.73	53.33	11.67	80	9.07

（出所）1982 年データは「中国蚕業区画」1988 年；四川省 1982 年は推定値；1991 年以降データは「中国糸綢年鑑」各年代版より、2008 年データは『蚕業信息』より、筆者作成。

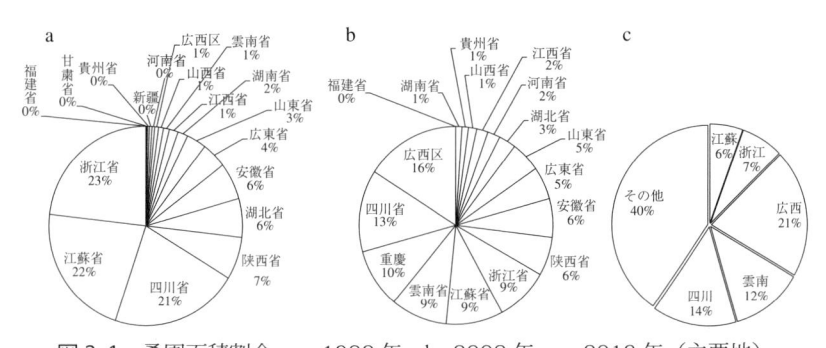

図 2-1　桑園面積割合。a：1982 年，b：2008 年，c：2013 年（主要地）。
（出所）1982 年データは「中国蚕業区画」1988 年；四川省 1982 年は推定値；1991 年以降データは「中国糸綢年鑑」2000 年版，年代版。2008 年以降データは「蚕業信息」より、筆者作成。

と浙江省はそれぞれ 20% を超える高い割合だったが，2008 年にはともに 9% へと低下した。これと対照的に，広西の桑園面積は 1982 年にはわずか 0.6% しかなかったが，2008 年には 16% へと大幅に増加し，国内最大の桑園面積を有する省となっている。雲南省も広西区の発展状況と同様，1982 年には全国の 1% 未満だったが，2008 年には 9% へと増加した。こ

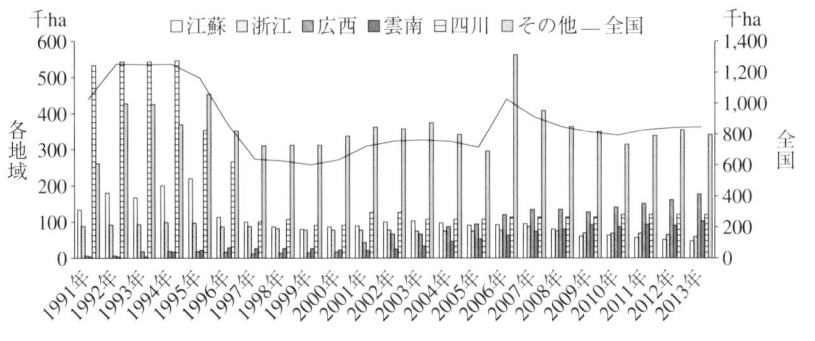

図 2-2　主要養蚕地域の桑園面積変化

(出所) 1991-2005 年及び 2008-10 年データは『蚕業信息』各年版，2006-07 年中国紡績網統計データより，2011 年国家繭糸弁公開資料より作成。2011 年 2012 年データは中華人民共和国商務部 HP より。2013 年データは"中国糸綢網"が公表した『2013 年中国繭糸綢行業運行報告』http://www.oksilk.cn/news/26817548.html

の状況から，従来の桑の葉の生産中心が浙江と江蘇から広西と雲南へ移動したことがわかる。とはいえ，1980 年代に浙江，江蘇と四川の桑園面積が全国の 66％ 以上を占めていたのに対し，2008 年には広西，雲南と四川（重慶を含む）の桑園は全国の約 48％ で，浙江と江蘇を加えても累計 60％ しかない状況から，1990 年代以降，桑園は以前より広い範囲に分布するようになったといえる。

　総じて，全国の桑園面積は 1998 年まで「繭大戦」の影響で大幅に減少したが，1990 年代末から安定して増加しており，2006 年から 2008 年の増加と減少の期間を経て，2009 年以来再び安定した状況となった。1990 年末頃から広西や雲南などの地域における桑園面積の増加が次第に明確になり，代わりに浙江や江蘇などの地域の養蚕面積が若干減少気味になった。とりわけ 2000 年頃から 2010 年頃までの間には，全国の主要な桑の生産地が浙江と江蘇から広西や雲南へ移動し，新たな中心が形成される動向がうかがえる。

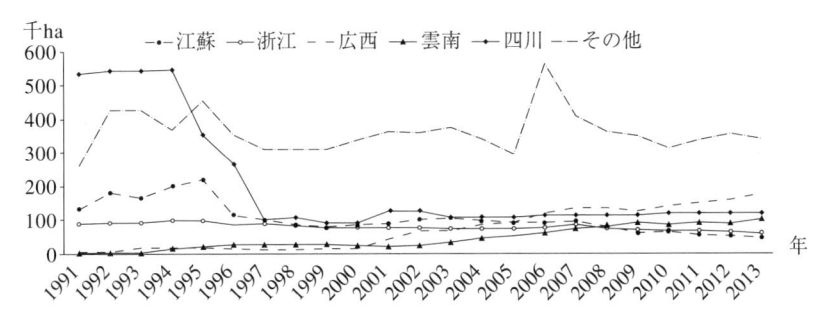

図 2-3　江蘇，浙江，広西，雲南，四川など主要養蚕地域の桑園面積

(出所) 1991-2005 年及び 2008-10 年データは『蚕業信息』各年版，2006-07 年中国紡績網統計データより，2011 年国家繭糸弁公開資料より作成。2011 年 2012 年データは中華人民共和国商務部 HP より。2013 年データは"中国糸綢網"が公表した『2013 年中国繭糸綢行業運行報告』http://www.oksilk.cn/news/26817548.html

第二節　養蚕と繭の産出

　養蚕業の特質から，桑が栽培される地域では養蚕が可能となる。中国の養蚕地域は桑園の分布と重なる傾向がある。

　中国商務部繭糸弁の統計によると，2013 年には中国の 20 の省で繭の生産が確認できる。その内，新疆，甘粛，河北と寧夏は年間千トン未満であり，極めて少ない。貴州，湖南，山西，江西，河南省では 2 千トンから 1 万トン未満のレベルである。陝西，重慶，湖北，山東，安徽，広東，雲南，浙江，江蘇と四川の生産量は 1 万 2 千トンから 7 万トンに達し，中国の主要養蚕地域と言える。とりわけ広西では 2013 年には 27 万 1 千トンの生産量があり，全国総生産量の 42％ に達していた。広西の繭生産量は他の地域と比べ突出して高い。

　ここでは分析のターゲットを生産量の最も多い広西，四川，江蘇，浙江と雲南およびその周辺地域に絞り，繭生産の状況を見ていくことにしよう。

一　蚕種の生産計画と配布

　蚕種の生産と配布については，浙江や江蘇などの伝統的生産地域では1980年代以降，蚕種の自家採取がほぼ廃止されることになったが，筆者の現地調査によれば2007頃まで小規模な家庭内蚕種生産も若干見られていた。第一章でも述べたように，浙江と江蘇では年に3～5回ほどの養蚕が主流であり，蚕種の事前計画式生産が重要である。これと対照的に，新興の広西や雲南では気候条件がよく養蚕期間が長いため，年に11回ほど養蚕を行う農家も少なくない。そのため，浙江や江蘇のような計画的な蚕種生産とは大きく異なる。1980年代以降全国の各養蚕地域にある蚕種場が蚕の卵を生産するようになった。毎年商務部弁公庁と農業部弁公庁から蚕種繭と生糸の生産計画の「通知」[3]が出されている。

　各養蚕地域の独自な状況があるなかで，この生産計画はあくまでも政府の方針を示すものであり，実際の生産状況とは異なる。浙江や江蘇の地域では生産計画と実際の生産，配布状況の統計をとり，蚕種の生産を行っていたが，広西は事前計画ではなく市場の需要に従い蚕種の生産をおこなった。

　まず，全国の蚕種の配布量は1991年の2,030万枚前後から若干の増減を経て2009年に1,428万枚へと微減した（図2-4）。その後徐々に回復し2010年から2013までは1600万枚前後に安定している。前掲の図2-2，図2-3の桑園面積の変化と照らし合わせれば，蚕種生産配布量と桑園面積の変化が連動していることがうかがえる。

　次に，全国主要養蚕地域における蚕種の生産配布状況は，図2-5と図2-6から明らかなように，江蘇，浙江，四川，広西が比較的高い割合を占めている。蚕種の生産量も，江蘇，浙江，四川そして2000年以降急速に発展した広西の4地域で全国の6割以上を占めている。その中で，江蘇，

---

[3]　中国語では『商務部弁公庁，農業部弁公庁関于下達〇〇年度全区桑蚕種桑蚕繭桑蚕糸生産指導性計画的通知』となる。2005年頃からのものは中国商務部のHPから確認できる。http://www.mofcom.gov.cn/aarticle/b/g/201004/20100406892676.html

第二章　養蚕業および製糸業の産地分布と産地移動

図2-4　全国蚕種の生産と配布

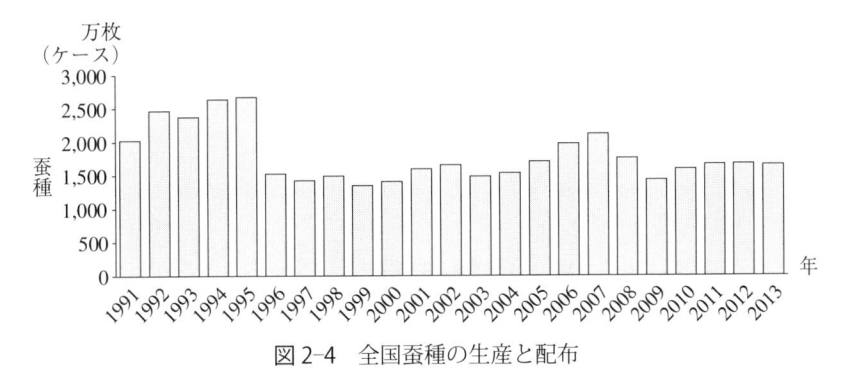

（出所）1991-2005年及び2008-10年データは『蚕業信息』各年版，2006-07年中国紡績網統計データより，2011年国家繭糸弁公開資料より作成。2011年2012年データは中華人民共和国商務部HPより。2013年データは"中国糸網網"が公表した『2013年中国繭糸綢行業運行報告』http://www.oksilk.cn/news/26817548.html

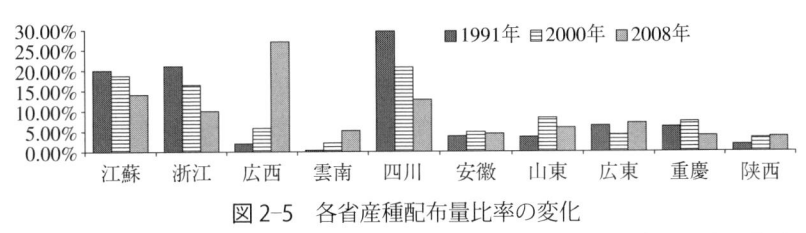

図2-5　各省産種配布量比率の変化

（出所）1991～2005年データは『蚕業信息』年代版，2006～07年データは中国紡績網データベース，その他は『中国糸網年鑑』各年版より作成

浙江，四川では明らかに減少し，対照的に広西と雲南では増加しつつある。とりわけ広西の蚕種生産量の増加は著しい。1991年に広西における蚕種の配布量はわずか42万枚だったが，2001年には125万枚，2013年には659万枚となり，全国の約40％を占めるまでになった。2007年と2008年の若干の減少を除いて，ほぼ一貫して成長し続けてきた。

雲南省はこれらの省と異なる特徴が見られる。雲南の蚕種生産量は全国に占める割合が極めて少なかったが，1990年代以降着実に成長傾向にある。その生産量は隣の広西には及ばず，2013年には120万枚に達したが，いまだ全国の約7％にとどまっている。しかし小規模産地ながら唯一明白

図2-6　全国主要養蚕地域の蚕種生産　　　　単位：万枚

(出所) 2010年データは『蚕業信息』各年版，2006-07年中国紡績網統計データより，2011年国家繭糸綢弁公開資料より作成。2011年2012年データは中華人民共和国商務部HPより。2013年データは"中国糸綢網"が公表した『2013年中国繭糸綢行業運行報告』http://www.oksilk.cn/news/26817548.html

に成長しつつある地域としての特徴を持ち，今後の展開に注目すべきところである。

二　生繭の生産

表2-2は中国国務院繭糸綢弁公室の公表資料をもとに筆者が作成した全国各地の生繭の生産状況である。2013年の数値をもとに並べ替えた20の省（または自治区）における繭の生産量を示している。新疆，甘粛，河北，寧夏，貴州，湖南，山西，江西，河南の各地域では年間1万トン未満，陝西，重慶，湖北，山東，安徽，広東，雲南，浙江，江蘇，四川の各地域では年間10万トン未満のレベルである。

2003年の広西の生産量は7万3千トンだったが，2010年から20万トンを超えるレベルに達している。2013年には27万トンに上り，これは雲南，浙江，江蘇，四川の四つの地域を合計した22万トンよりも高い値である。生産量からみれば，広西は2000年代から急速に成長し，2010年頃からは中国最大の繭生産地域としての性格をほぼ確定したと考えられる。

主要養蚕地域である江蘇，浙江，四川，広西，雲南の5地域の中では，広西，雲南の成長とは対照的に，浙江，江蘇が若干減少している。2003

第二章　養蚕業および製糸業の産地分布と産地移動

表 2-2　中国全国の繭生産　　　　　　　　　　単位：万トン

	2003年	2004年	2005年	2006年	2007年	2008年	2009年	2010年	2011年	2012年	2013年
新疆	—	0.08	0.08	0.05	0.02	0.05	0.05	0.06	0.02	0.02	0.01
甘粛	0.04	0.05	0.05	0.04	0.05	0.04	0.03	0.03	0.03	0.04	0.04
河北	—	—	—	0.04	0.10	0.10	0.12	0.15	0.15	0.03	0.05
寧夏	0.03	0.04	0.04	0.05	0.05	0.05	0.01	0.01	0.01	0.06	0.08
貴州	0.15	0.15	0.26	0.24	0.25	0.36	0.28	0.15	0.14	0.29	0.22
湖南	0.05	0.05	0.37	0.41	0.42	0.43	0.32	0.25	0.26	0.23	0.26
山西	0.38	0.36	0.32	0.61	0.58	0.60	0.40	0.59	0.66	0.60	0.49
江西	0.50	0.65	0.80	1.05	1.24	1.00	0.76	0.70	0.77	0.92	0.91
河南	0.56	0.74	0.86	0.92	1.37	1.16	1.01	0.75	0.83	1.00	0.96
陝西	1.55	1.64	2.03	1.95	2.46	2.38	1.72	1.76	1.80	1.11	1.20
重慶	2.24	2.38	3.10	2.60	2.48	2.21	1.73	1.72	1.85	1.67	1.57
湖北	1.10	1.26	1.18	1.30	1.58	2.12	1.72	1.06	0.66	1.69	1.66
山東	3.85	3.46	3.68	3.97	4.05	3.45	2.39	2.20	2.08	2.20	2.12
安徽	2.41	2.71	3.38	3.50	3.81	3.34	2.48	2.50	2.50	2.38	2.16
広東	2.51	2.70	3.43	6.88	8.11	7.07	5.33	3.93	4.36	7.78	3.65
雲南	1.16	1.85	1.50	2.80	3.66	4.03	3.02	4.00	4.27	4.30	4.46
浙江	7.07	7.60	7.81	9.29	8.39	6.43	4.56	5.70	6.00	4.67	4.53
江蘇	10.50	11.20	9.60	11.78	10.41	9.55	7.32	7.74	7.00	6.65	5.45
四川	7.23	8.25	7.75	8.00	8.37	6.86	7.00	7.10	7.40	7.46	7.60
広西	7.25	9.50	12.13	18.57	20.52	17.09	17.29	21.40	23.10	25.60	27.10
全国	48.60	54.66	58.38	74.04	77.93	68.34	57.53	61.79	63.90	68.78	64.83

（出所）2012までのデータは中国国家繭糸弁公開資料より，2013年データは"中国糸綢網"が公表した『2013年中国繭糸綢行業運行報告』http://www.oksilk.cn/news/26817548.html より，筆者が作成。

年の浙江の繭生産量が7万トン，江蘇が10.5万トンだったのに対し，2013年にはそれぞれ4.53万トンと5.45万トンまで減少した。四川はほぼ横ばいである。図2-7に全国における各主要地域の生産量の割合を示したが，2003年には江蘇，広西，四川，浙江の4地域が全国の約7割を占めており，その中での各地域の割合はほぼ均等に分かれていた。これと対照的に，2013年には広西が突出して高く，広西に一極集中している状況が明らかである。

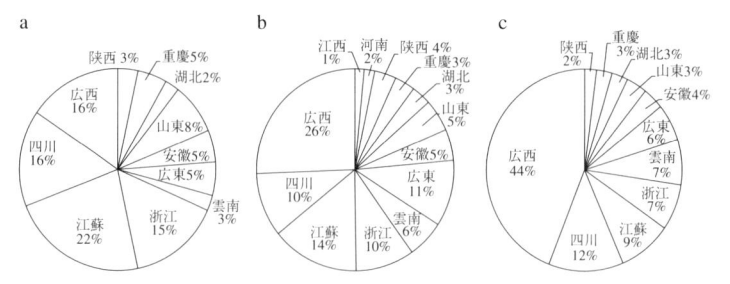

図2-7　全国主要地域繭生産割合。a：2003年，b：2008年，c：2013年

(出所) 表2-2と同じ。

第三節　桑園，蚕種と繭の地域別生産性

　これまで見てきたように，1980年代から現在までの状況としては，蚕種と繭の生産量については広西への一極集中，桑園の分布については浙江，江蘇，四川の3省への集中から各地域へ分散する動向が見て取れる。この状況の背景には，各地の桑園の生産性の違いが考えられる。第一章に述べたように，桑という植物は様々な気候に適応しているが，現在中国では各養蚕地域で栽培されている主要な桑の品種が異なり，各地域の気候状況も異なるため，桑園の生産性には当然差が大きいと考えられる。そこで桑園面積の統計データに基づいて各地域の状況を比較しなければならない。

　以下では，養蚕業の主要産品が生繭であるので，「桑園の単位面積当りの繭の平均産出量」と「蚕種一枚当りの繭の平均産出量」の二つの指標を用いて桑園の生産性と蚕種の生産性を計ることにしよう。

一　主要養蚕地域の桑園単位面積当りの繭産出量

　桑園の単位面積当りの繭生産量から，各地域の桑園の使用率と生産性を計ることができる。表2-3のように主要養蚕地域の中では，江蘇，浙江と広西は1990年代から2010年代まで，桑園1ヘクタール当りの繭生産量が1トン前後に達し，全国平均と比べても高い生産性を保っていたが，2010

表 2-3　1ha 当りの桑園の繭産出　　　　　　単位：ton／ha

	江蘇	浙江	広西	雲南	四川	その他の地域	全国
1991-95年平均	0.79	1.34	1.08	0.67	0.30	0.77	0.61
1996-2000年平均	0.96	1.11	1.06	0.32	0.67	0.73	0.78
2001-05年平均	1.11	1.13	1.25	0.41	0.69	0.75	0.86
2006-10年平均	1.21	0.98	1.44	0.44	0.66	0.55	0.78
2011年	1.17	0.74	1.53	0.36	0.62	0.61	0.80
2012年	1.30	0.94	1.59	0.48	0.62	0.53	0.82
2013年	1.16	0.76	1.53	0.44	0.63	0.46	0.77

（出所）1991-2005年及び2008-10年データは『蚕業信息』各年版，2006-07年中国紡績網統計データより，2011年国家繭糸弁公開資料より作成。2011年2012年データは中華人民共和国商務部HPより。2013年データは"中国糸綢網"が公表した『2013年中国繭糸綢行業運行報告』http://www.oksilk.cn/news/26817548.htmlより，筆者作成。

年代以降は浙江の生産性が低下している。五つの地域の中では広西の生産性が最も高く，雲南と四川は全国平均よりも低いことがわかる。

　江蘇と浙江の養蚕農民は豊富な桑栽培と養蚕の経験を有していることから，桑園の生産性が低下する原因は桑園の利用率の低下，言い換えれば養蚕量自体の減少などによる使用していない桑園や荒廃桑園の存在が考えられる。しかしながら，使用していない桑園の面積については，当局の統計値もなく予測することも難しいため，実態の把握は困難である。新しい生産地域である広西の桑園の生産性が高いことについては，広西亜熱帯地域の気候の利点があるため，他の地域と比べ年間の養蚕回数が多いことが考えられる。

二　蚕種1枚当りの繭生産量

　蚕種1枚当りの繭の生産量からは蚕種の生産性を計ることができる。第一章でも述べたように，国家の規定によって蚕種1枚，または1ケース当りの量はほぼ同等であるので，蚕種からの繭の生産量は蚕種の品質と養蚕技術によって決まる。蚕種に関しては，各地域ともそれぞれに適した品種を採用している。品種の違いによって蚕種の生産性も異なるが，ここでは蚕種の1枚当りの生産量の違いを主に養蚕技術によるものと考えることに

表 2-4　蚕種 1 枚当りの繭産出量　　　　　　単位：kg／枚

	江蘇	浙江	広西	雲南	四川	その他の地域	全国
1991-95 年平均	27.42	31.38	20.01	29.02	20.07	42.09	29.87
1996-2000 年平均	34.54	37.11	25.89	27.52	21.99	48.03	35.88
2001-05 年平均	38.91	40.70	35.94	32.27	28.82	45.13	40.05
2006-10 年平均	39.45	42.86	37.07	37.54	30.33	44.55	38.72
2011 年	34.87	38.03	38.18	31.54	35.24	49.03	39.73
2012 年	37.91	56.15	38.50	35.68	36.57	46.76	41.12
2013 年	36.32	43.56	41.12	37.24	37.07	37.58	39.16

（出所）1991-2005 年及び 2008-10 年データは『蚕業信息』各年版，2006-07 年中国紡績網統計データより，2011 年国家繭糸弁公開資料より作成。2011 年 2012 年データは中華人民共和国商務部 HP より。2013 年データは"中国糸綢網"が公表した『2013 年中国繭糸綢行業運行報告』http://www.oksilk.cn/news/26817548.html より，筆者作成。

する。

　表 2-4 のように，1990 年代から 2000 年代までは主要養蚕地域の浙江，江蘇の値が高いこと読み取れる。とりわけ浙江では 1 枚当り 30kg を超えるレベルに達しており，浙江の農民の熟練した養蚕技術がうかがえる。浙江と江蘇は 2013 年現在まで高い水準を保っている。雲南とその他の地域の数値も高く見えるが，これらの地域においては繭の総産出が極めて少なかったため平均値が高いと考えられる。2000 年以降養蚕量が増加してきた広西では 2005 年頃に初めて平均 30kg のレベルに到達し，以後 2013 まで徐々に増加している。広西の養蚕技術が未熟な状態から徐々に進歩してきたことがうかがえる。とはいえ，浙江の生産性が突出して高いことは明らかであり，これは浙江における桑園の生産性の低さとは対照的である。養蚕をやめる農民が増え，荒廃した桑園が存在するなか，主に熟練した技術をもつ農民によって養蚕が継続されていることが考えられる。

　桑園の生産性と蚕種の生産性から見ても，広西，江蘇，浙江，雲南，四川が中国の主要養蚕地域であることが明らかである。中でも広西が新しい繭生産の中心となり成長を続けているのに対し，伝統的な生産地域である浙江，江蘇ならびに四川は，依然として中国の主要養蚕地域として高い割合を占めつつも，若干衰退気味にも見える。この背後にある各地域の状況

についての詳細な分析は後章に譲る。

　これまでの分析をまとめると，1990年初期には江蘇，浙江，四川が主要な養蚕地域であったが，2000年以降この3省に広西が加わり，中国の主要な養蚕地域となった。1990年代以降の20年間，江蘇，浙江と四川の繭生産量は減少したが，これらの地域の生産量の合計は全国の生産量の大きな部分を占めていることから，主要生産地域としての役割は変わらない。他方，広西は2000年以降急速に発展しはじめ，2008年には全国の繭生産量の約4分の1を占めており，新たな養蚕生産地域として大いに注目される。こうして2000年以前に形成された3省と，2000年以降発達した広西自治区との共存状況が読み取れる。

　それ以外の諸省，例えば，安徽，山東，広東，重慶などでは若干養蚕が行われているが，桑園面積，繭の産出量とも上記諸省のレベルには及ばず，また，この30年間に養蚕に関する顕著な変化も見られなかった。これらの地域は中国において，副次的な養蚕地域であるといえる。以下の分析では，これまでの主要な養蚕地域である江蘇，浙江および新たな生産中心となった広西，四川，雲南に焦点を当てていきたい。

第四節　製糸業およびシルク織物の生産分布

一　各養蚕地域における製糸業の状況

　1995年に起きた第二次「繭大戦」の影響で，全国各地で製糸工業が急増したが，1997年以降，製糸企業に対し，無計画に乱増した製糸能力の調整政策が実施され，製糸企業「准産証」[4]制度という認証制度が打ち出された。この制度の実施によって，小規模製糸企業数が減少し，大規模企業の古い製糸設備が淘汰された結果，統計上，1990年代末頃から製糸企業

4）「准産証」制度は，国務院が製糸および絹紡企業に交布する生産許可である。詳細に関しては第一章二節を参照。

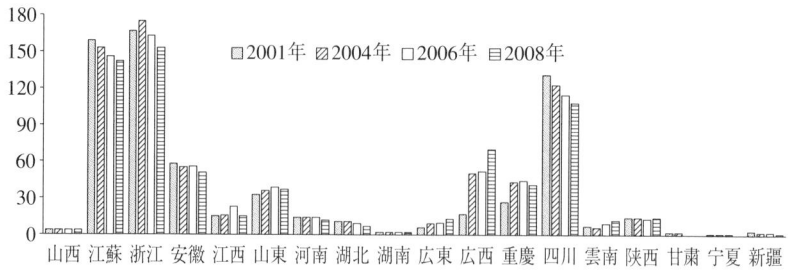

図 2-8　各省准産証を有する企業数変化

(出所) 中国シルク協会の資料により，筆者作成。

および製糸能力が減少していく。2000年以降は，全国の製糸生産は次第に安定に向かっている。

図 2-8 は 2000 年以降の製糸准産証の頒布状況を地域ごとに整理したものである。江蘇，浙江および四川の各省において，製糸企業数の多さが際立っていることがわかる。上記 3 省の製糸企業総数は全国の約 6 割を占めている。しかしながら，2001 年から現在まで上記 3 省の製糸工場数が減りつつあることも明らかである。これと対照的に，2001 年広西の製糸工場数は 17 軒で全国の 2.5% だったが，2008 年には 70 軒と，全国の 10.3% に増加している。准産証を獲得している各地域の状況と比較し，広西は唯一明らかに増加傾向がうかがえる地域である。広西以外では，雲南と広東で微増している様子が読み取れる。

表 2-5 の中国生糸の生産量は 2010 年まで年間 9 千万トンのレベルに止まっていたが，2011 年より生産量が急速に増加してきた。中国の製糸地域のうち，伝統的な生産地域である江蘇は 2003 年の約 2 万 2 千トンから 2013 年には 2 万トンに減少した。浙江の生糸生産量は 2003 年の 2 万 2 千トンから 2013 年には 1 万 4 千トンまで落ちた。1995 年に「繭大戦」の影響で生糸の生産量は一時急増していたが，以後落ち着いた水準に戻りつつある。しかし，2000 年以降四川の生糸生産量構成比が微増しているほか，江蘇と浙江は低下傾向，とりわけ浙江は 1995 年以降減少していることがわかる。広西では生糸の生産量比率も増加している。これは製糸工業の増

表2-5 中国主要養蚕地域における生糸の生産量　　単位：トン

	2003年	2004年	2005年	2006年	2007年	2008年	2009年	2010年	2011年	2012年	2013年
雲南	419	450	1,550	1,335	1,640	2,871	2,237	2,138	2,108	2,777	2,814
浙江	22,898	22,900	20,530	19,051	18,500	17,950	15,000	14,436	15,162	14,467	14,293
江蘇	22,339	22,400	18,580	20,186	22,000	20,450	17,800	16,000	19,506	20,454	20,949
四川	13,407	13,800	17,510	21,914	28,000	16,400	14,900	17,000	28,074	24,788	29,065
広西	2,164	2,800	6,600	8,020	11,000	14,069	16,237	18,164	17,551	25,893	35,425
中国合計	83,763	85,000	87,761	93,105	108,420	98,620	92,455	95,778	103,849	113,495	134,381

(出所) 2004年と2007年の全国合計データは各省の合計値及び前後年度の値より算出したものである。2012までのデータは中国国家繭糸弁公開資料より、2013年データは"中国糸綢網"が公表した『2013年中国繭糸綢行業運行報告』http://www.oksilk.cn/news/26817548.html より、筆者が作成。

加状況と対応していると考えられる。しかしながら，全国に占める割合から見れば，広西は2008年頃でも1割にも満たない状況である。

　生糸の生産量と製糸工場の軒数の変化を比較対照してみると，江蘇，浙江および四川の3省は中国において最も重要な生糸生産地域であることがわかる。これらの地域は2000年以降，若干の減少傾向にあるが，全国に占める割合が以前と同様，極めて大きい。今後しばらくの間，上記3省とりわけ浙江と江蘇は重要な生糸生産地域であり続けると考えられる。

　一方，広西の生糸生産量は急速に増加している傾向がわかる。2003年広西の生産量はわずか2千トンだったが2007年から1万1千トンに，2013年には3万5千トンに達した。

　広西は2000年以降，生糸の生産能力とともに実際の生糸生産量も明らかに増加しているが，全国に占める割合は極めて小さく，広西における繭生産量の急増とは対照的である。広西は製糸業においては2007年までは発展が緩慢であり，主要な生糸の生産地域ではなかったが，2010年以降急速に増加し始めた。広西の製糸業がいかにして急速に発展したかについては後に第五章で詳述する。

　以上，生糸の生産量だけを見ても，江蘇と浙江は中国の主要な製糸産業地域であることがわかった。さらに生糸の品質について見てみよう。生糸の品質は，桑葉の品質，繭の品質，そして製糸過程によって規定されている。まず，良質な桑葉を栽培するには，(1) 優良な桑品種，(2) 桑栽培に

表 2-6　各地域の製糸品質の比較

	江蘇	浙江	広西	雲南	四川	安徽	山東	広東	全国平均
2000 年	3A45	3A88	2A64	2A72	2A47	A61	3A82	2A58	3A33

(出所)『中国糸綢年鑑』2001 年版より，筆者作成。

適した自然気候，(3) 平地で栄養分の高い土壌が基本である。そして (4) 科学的な桑園管理と栽培法，(5) 桑園周辺の他の農産物とも緊密な関係がある。

　そして，繭の品質には，(1) 繭の品種，(2) 繭の採集時期などにかかわる合理的な養蚕技術，(3) 養蚕の環境と設備などが影響する。従来，養蚕業技術が繭の品質を決める主要因だとされていたが，現在では蚕の育種学の発展によって，多くの優良品種が育成され，以前ほど高度な養蚕技術が問われる状況ではなくなってきた。例えば，江蘇省海安県の事例研究によれば，高品質の繭を生産するためには，地理や気候条件，蚕の品種などの要因と比べ，養蚕技術要因は約 3 割前後の寄与度しかない[5]。

　生産量のみならず，生糸の品質も製糸業を評価する重要な指標である。まず，生糸の品質を保証する要因として，(1) 製糸設備，(2) 繭の品質，(3) 製糸女工の製糸技術，(4) 清潔な水源などが主にあげられる。高品質の生糸を生産するには単に高品質の繭だけでは不十分である。製糸女工の技術の熟練度や設備も大きく生糸の品質を左右する[6]。表 2-6 のように[7]，江蘇と浙江の生糸は比較的高品質であることが一目瞭然である。しかし，生産量の多い四川省では，生糸の品質は上記両省より遥かに低く，2A レベルにとどまり，広西と雲南のレベルと同様であることもわかる。

　したがって，生糸の生産量および品質の両面から見れば，江蘇と浙江は

---

5) 江蘇海安県における聞き取り調査資料による (2005 年 7 月)。
6) 雲南保山市に対する調査資料によると (2007 年 8 月)，雲南省保山の新規製糸工場の事例では，生糸の品質を規定する要因として，繭の品質要因が約 6 割，女工の技術や製糸設備などが約 4 割だとされる。
7) 生糸の品質に関して，清潔度や糸の太さなど多様な基準がある。こちらの表 2-2 では，世界共通の清潔度の基準を用いる。A 級の前の数字が大きければ大きいほどレベルが高い。A の後ろの数字も同様である。

表2-7　各地域のシルク織物産品生産量の全国の割合

	江蘇	浙江	広西	雲南	四川	安徽	山東	広東	重慶
1990年	25.97%	25.91%	0.81%	0.28%	7.63%	1.93%	5.05%	4.41%	0.81%
1995年	17.00%	67.80%	0.09%	0.04%	2.23%	1.35%	1.43%	2.47%	—
2000年	37.52%	53.03%	0.16%	0.02%	0.85%	0.73%	0.96%	1.10%	0.26%
2005年	37.47%	58.78%	0	0	1.46%	0.37%	0.57%	0.17%	0.79%
2006年	31.55%	64.09%	0	0	1.68%	0.25%	0.36%	0.24%	0.32%

(出所)「中国糸綢年鑑」年代版より, 筆者作成。

最も良質な生糸を産出する主導生産地域であるといえる。

二　シルク織物産業の状況

養蚕業から製糸そしてシルク織物産業の流れのなかで, 織物とアパレル産業は製糸業より川下の生産過程にある。製糸工業において, 前述したように江蘇と浙江は生産の中心地域である。その川下にあるシルク織物産業は, 表2-7が示すように1995年以降浙江が突出しており, 全体の6割以上を占めている。その次は江蘇であり, 約3割を占めている。両省の生産量割合の合計は1990年に全国の51%であったが, その後増加して1995年には85%になり, 2006年には95%を占めている。養蚕業の状況とは対照的に, 浙江, 江蘇両省は製糸業そして絹織業において中国で最も重要な生産地域となっている。広西の絹織産業は, 2000年以降成長するどころか, 従来の生産量からさらに減少しつつあり, 現在ではほとんど生産がなされていない状況にある。

その他の省では, 四川や広東, 山東にわずかな産出が見られるが, 2000年以降, 生産量が減少する傾向が見られる上, 全国に占める割合は3省の合計でも5%に過ぎない。養蚕業および製糸業の全国的生産分布と大きく異なって, 絹織を含めたシルク織物産業では, 浙江と江蘇へ一極集中する傾向にある。

第五節　産地移動と産地の形成
　　　──浙江，江蘇，広西の産地状況をめぐって

　上述のように，浙江，江蘇と広西という三つの養蚕，製糸および絹織業の主産地を析出することができた。とはいえ，これらの地域では，蚕糸業は異なった発展過程を経ている。ここでは産地の特徴によって，これらの産地を「伝統産地」と「新興産地」という二つのタイプに分類したうえで，それぞれの産地における養蚕業の産地の移動と新産地の形成，そして製糸業および絹織業の展開のプロセスと要因を分析するために，四つの視点を提示したい。

一　伝統産地

　浙江と江蘇は，養蚕生産の歴史が長く，養蚕から製糸そして絹織業までの生産連関が強固に形成されている。桑栽培，蚕の飼育にも長い伝統があるがゆえに，豊富な養蚕，シルク文化も形成されている。成熟した蚕糸業の生産の重心は次第に生産連関の川下へ移動しつつあり，養蚕業の産地は一部の地域に集中してきている。そのためこれらの地域の養蚕量は減少傾向に転じ，衰退の兆しさえ現れている。それでも長年養蚕業を営み，熟練した農民は，養蚕そのものに対する愛情と愛着があり，養蚕を継続する例が少なくない。

　養蚕業は衰退状況にある一方で，これらの伝統産地では，製糸および絹織業が発達しており，多様なシルク製品が産出されている。繭，生糸，生地類，アパレル製品の種類が豊富であり，それに関連する産業，例えば，生糸の精錬工場や，染色プリント工場，そしてアパレルのデザインなどの産業も発展している。

　また，蚕糸業に関連する流通システムも形成されている。域内にある糸綢公司や糸綢貿易公司が活発な貿易活動を展開し，域内で生産されるシルク製品や他産地のシルク産品の対内，対外貿易を行っている。

地域全体の経済発展レベルが高く，工業や他の換金作物生産も発展し，農民の現金収入源も多様である。そのため，現金収入を獲得するための養蚕業の重要性は失われてきている。

養蚕業が衰退し，繭生産量が減少する一方で，製糸業や絹織物業が発達し，対外貿易額が増加する状況で，養蚕業と製糸業の間に繭原料の需給のギャップが発生することになる。このような蚕糸業生産地域を本書では「伝統産地」と呼ぶ。

二　新興産地

伝統産地において域内の繭原料不足と生産需要の増加の間にギャップが生じた結果，伝統産地の製糸工場が他の地域から繭原料を調達せざるをえなくなっていった。それに応じて，養蚕業が発達し，繭生産を増加させている地域を本書では「新興産地」と呼ぶ。

養蚕業は農業生産の中でも高度な栽培および飼育技術と豊富な経験を必要とする上，桑や蚕の生物特性によって気候条件に対する要求も厳しい。したがって，手軽に始められる農業生産ではない。新興産地における養蚕業の発展は偶然の産物ではなく，様々な条件と経緯が重なった結果である。

これらの産地では，近年になって養蚕業が発展したがゆえに，伝統産地のような養蚕からシルク貿易までの完成した生産連関がないことが推測できる。しかし，繭は蚕糸業生産連関の中で初めに位置する産品であり，付加価値も低い。新興産地には製糸業がなく，繭しか産出できないために，伝統産地への繭原料提供地となる傾向を持つが，必ずしもその状況にとどまることなく，独自の生産方式を形成し，製糸業ないし絹織業を発展させ，生産連関を完成させる動きも見出せる。

その際に，伝統産地の長期にわたる発展プロセスと異なって，新興産地では，農民の養蚕業への転換，それを推進する政府部門の政策および技術指導と研究開発部門の形成，そして工業部門における製糸工場，絹織工場の建設といった，多方面にわたり地域社会全体に関わる生産連関形成のプロセスを，短期間でたどる必要がある。

おわりに

　本章は，1980年代以来中国の養蚕業と製糸業のマクロ状況を桑園，蚕種，繭と生糸シルク製品生産といった養蚕業と製糸業のコモディティチェーンの順に分析した。この分析から，本章では（1）中国の養蚕業と製糸業の生産中心が東沿岸部にある浙江と江蘇から，まず養蚕業から，そして製糸業の順に，次第に西南部地域にある広西へ移動したこと，(2) 1990年代の末から2010年代までが産地移動が最も活発化した時期であることが明らかになった。

　本章の分析からも分るように，これらの生産地域ではすでに独自の生産構造が定着しており，中国全体を概観すれば，伝統産地と新興産地の相互関係によって新たな生産構造が形成されつつある状況もうかがえる。その詳細を明らかにするためには，各産地のそれぞれの生産構造とその実態をより詳細に考察しなければならない。

　以後の各章では伝統産地と新興産地それぞれにおける生産構造を，1990年から2010年までの時期に焦点をあてて分析することにしよう。

第三章　産地移動の原因とシルク製品貿易の影響

　前章では 1980 年代から現在までの桑園面積，蚕種と繭の生産量および生糸とシルク製品の生産量の変化を詳しく解析した。その結果，中国の養蚕業の中心が伝統的な生産地域である浙江と江蘇から西南部地域にある広西や雲南などへ次第に移動したことが明らかになった。本章では産地移動が最も活発化した 1990 年代末から 2010 年代までの時期に注目して，この移動の原因を経済学的に分析することにしよう。

　序章で述べたように，中国蚕糸業の立地と産地移動を分析した先行研究では，産地移動の要因が地理と気候環境，地域経済的背景，政府の意向と政策指導，労働力などの視角から説明されていた。本章ではこれらの視角に基づいて，中国式アグリビジネスである龍頭企業による牽引，およびシルク製品の国際国内貿易の構造転換という要因を付け加えたい。ただし前者の龍頭企業についてはその地域性を考慮し，より詳細な分析については後の章に譲る。

第一節　これまでの分析視角

一　中国における養蚕の地理と経済環境

1　地理気候条件

　養蚕業は，蚕糸生産連関の中では最も基礎に位置する産業であり，他の様々な産業と関連する重要な産業でもある。養蚕業を分析するためには，まず地理的，気候的条件に注目しなければならない。なぜなら，養蚕業には桑の栽培と蚕の飼育といった生産過程が含まれるが，桑も蚕も生物であ

る以上，その特徴によって適切な生存，生産環境が要求されるからである。

中国は領土が広いゆえに，地域によって自然環境は多様である。したがって，それぞれの地域が桑の栽培および蚕の飼育に適切かどうかの検討は不可欠である。とはいえ，生物をめぐる現代の技術は発展しており，桑および蚕の育種が進み，それぞれの環境に適した品種の研究，より厳しい環境に対応できる品種の開発も積極的に行われている。栽培，飼育方法も次第に改善され，現在ではより多様な環境の中での養蚕が可能になってきた。ここに新興産地が登場する要因の一つがある。

2 経済環境の背景

養蚕業および製糸業は，現在でも農民にとって重要かつ有効な現金獲得の手段である。とりわけ比較的貧困な地域では，養蚕業を導入することによって農民の収入増加が実現できると期待されている。

上述した伝統産地の浙江と江蘇および新興産地の広西，そして雲南を比較すれば，表3-1が示すように，1984年に農業生産責任制が実施された直後には，江蘇の総生産は浙江の約1.8倍，浙江は広西と雲南の約2.4倍だった。産業構成では，四つの地域とも第一次産業が3割ほどを占めていたが，工業の割合も比較的大きかった。そして広西の養蚕業が急速に発展しはじめた2000年以降，東沿岸部に立地する伝統産地の浙江と江蘇の総生産が急速に増加し，内陸の西南部地域にある広西や雲南との格差も拡大していく[1]。1984年に江蘇と広西の総生産の差額は915億元だったのに対し，2000年には6,532億元となり，2009年には26,698億元まで拡大した[2]。

産業構成では，伝統産地における第一次産業の割合が1984年の30～33％から，2000年には11～12%，2009年には5～7％以下まで減少した。これは1984年の5～6分の1しかない。他方，新興産地の広西でも第一次産業の割合が減少し，2009年でも19％のレベルを維持しているが，1984年に比べると約半分となっている。しかし総生産が増加する中で，農業を中

---

1) 人民元のインフレによる変化は省略する。
2) 人民元のインフレによる変化は省略する。

表3-1 各地域の産業構成変化

	地域	総生産 （億元）	第一次産業 （億元）	第二次産業 （億元）	第三次産業 （億元）	産業構成（総生産ベース）（%） 第一次産業 第二次産業 第三次産業			1人当り平均 （元）
1984年	江 蘇	1,173	351	647	175	29.9	55.2	14.9	1,889
	浙 江	626	205	324	97	32.8	51.7	15.5	1,554
	広 西	259	99	106	54	38.3	40.8	20.9	668
	雲 南	244	83	106	54	34.2	43.6	22.2	716
2000年	江 蘇	8,583	1,031	4,436	3,116	12.0	51.7	36.3	11,773
	浙 江	6,036	664	3,184	2,189	11.0	52.7	36.3	13,461
	広 西	2,050	539	748	764	26.3	36.5	37.2	4,319
	雲 南	1,955	436	843	676	22.3	43.1	34.6	4,637
2005年	江 蘇	18,306	1,462	10,355	6,489	8.0	56.6	35.4	24,560
	浙 江	13,438	893	7,166	5,379	6.6	53.3	40.0	27,730
	広 西	4,076	913	1,511	1,653	22.4	37.1	40.5	8,788
	雲 南	3,473	670	1,433	1,370	19.3	41.3	39.5	10,871
2009年	江 蘇	34,457	2,262	18,566	13,629	6.6	53.9	39.6	44,744
	浙 江	22,990	1,163	11,909	10,518	5.1	51.8	45.8	44,641
	広 西	7,759	1,459	3,382	2,919	18.8	43.6	37.6	16,045
	雲 南	6,170	1,068	2,583	2,520	17.3	41.9	40.8	13,539
2010年	江 蘇	41,425	2,540	21,754	17,131	6.1	52.5	41.4	52,840
	浙 江	27,722	1,361	14,298	12,064	4.9	51.6	43.5	51,711
	広 西	9,570	1,675	4,512	3,383	17.5	47.1	35.4	20,219
	雲 南	7,224	1,108	3,223	2,892	15.3	44.6	40.0	15,752

(出所)『中国統計年鑑』各年代版より，筆者作成。

心とする第一次産業の生産額も大きく伸びている。この農業総生産の増加には養蚕業も貢献していると考えられる。

また，桑園面積が地域の農作物に占める割合の変化から産地移動の要因を捉えることができる。

各地域における食糧農産物の作付面積と桑園面積が農産物の作付面積に占める割合を示した表3-2を見ると，伝統産地では食糧農産物作付面積の割合が減少しつつある。とはいえ，これらの地域で桑園面積の割合が増加しているわけではない。対照的に，新興産地の広西および雲南では食糧農産物の作付面積の割合が若干減少し，桑園面積の割合が微増する傾向がある。桑園の割合の増加からは，これらの地域で養蚕の重要性が増していることがうかがえる。

表 3-2　食糧農産物作付面積の割合と桑園面積の比較

	全国		江蘇		浙江		広西		四川		雲南	
	食糧	桑園	食糧	桑園	食糧	桑園	食糧	桑園	食糧	桑園	食糧	桑園
1991-95 年平均	0.74	0.01	0.75	0.02	0.73	0.02	0.66	0.00	0.78	0.04	0.76	0.00
1996-2000 年平均	0.72	0.00	0.73	0.01	0.70	0.02	0.60	0.00	0.75	0.01	0.73	0.00
2001-05 年平均	0.67	0.00	0.63	0.01	0.54	0.03	0.56	0.01	0.69	0.01	0.71	0.01
2006-10 年平均	0.69	0.01	0.70	0.01	0.51	0.03	0.53	0.02	0.68	0.01	0.68	0.01
2011 年	0.68	0.01	0.69	0.01	0.51	0.03	0.51	0.03	0.67	0.01	0.65	0.01
2012 年	0.68	0.01	0.70	0.01	0.54	0.03	0.50	0.03	0.67	0.01	0.64	0.01
2013 年	0.68	0.01	0.70	0.01	0.54	0.03	0.50	0.03	0.67	0.01	0.63	0.01

(出所)　1991-2005 年及び 2008-10 年データは『蚕業信息』各年版，2006-07 年中国紡績網統計データより，2011 年国家繭糸弁公開資料より作成。2011 年 2012 年データは中華人民共和国商務部 HP より。2013 年データは"中国糸綢網"が公表した『2013 年中国繭糸綢行業運行報告』http://www.oksilk.cn/news/26817548.html より，農産物作付面積と農産物作付け面積は『中国統計年鑑』年代版より，筆者作成。

二　政府関与と政策環境の変化

　中央政府および地方政府の意向と政策指導も，養蚕業と製糸業の地域移動を促す重要な要因の一つである。

　農業生産責任制が実施された 1980 年代以降，養蚕業には大きな変化がもたらされた。中央政府の政策転換とともに，養蚕および製糸生産に関わる農林局や各地域の技術指導站といった政府部門の編成は幾度もの変遷をたどった。その影響で，蚕糸業を統括する中国糸綢公司の権限範囲が変化し，さらに 1980 年代に糸綢公司が廃止され，その後国有企業が民営化されてから，従来統合されていた蚕糸業の政策指導体系と生産体系が分離しはじめた。統一されていた蚕糸業体系が瓦解し，地域ごとに権力が分散され，地方政府主導するようになるまで長年にわたる大規模な体制転換が行われた。糸綢公司の統一管理が失効したことにより，養蚕農民と製糸工業の間の連携もなくなっていった。この状況は後に龍頭企業が形成されるまで改善できなかった。

　このような状況に対して，地方政府が各地域の政策を改訂する動きが生まれ，さらに養蚕業と製糸業がこれに対応した。各地域で養蚕農民，製糸

企業そして地方政府がいかに政策環境の変化をうけとめ，対応していったのかを分析する必要がある。

2000年以降，西部大開発政策が本格的に展開し，新興産地が立地する西南部地域が西部大開発の対象と定められ，その一環として「東桑西移」政策が実施された。

1　西部大開発政策

1999年の中国共産党第15回4中全会で承認された『中共中央関於国有企業改革和発展若干重大問題的決定』では，「国家は西部開発戦略を実施する」という構想が初めて提起された。これによって，国土面積の約70.1％を占める西部地域を開発し，東西の地域間経済格差を縮小し，地域間の調和的発展を実現するためのいわゆる「西部大開発戦略」が実施されることになった。ただし，当初の西部大開発の構想は国有企業の改革を念頭においたものであり，農業に関する詳しい論点は見られなかった。

その後の2001年3月の第9回全国人民代表代大会第4次会議で承認された『中華人民共和国国民経済和社会発展第十五年計画綱要』の中では，西部大開発戦略の具体的な内容が規定された。ここには，「西部」を「陝西，甘粛，寧夏，青海，新疆，四川，重慶，雲南，貴州，チベット，広西，内モンゴルの12省，自治区および直轄市」と規定している。本書でとりあげる広西区や雲南省などの地域も，この西部地域に含まれる[3]（付録地図2　西部大開発地域を参照）。

2　「東桑西移」

さらに，2006年の第十一次五ヶ年計画（いわゆる「十一五」計画）では，「西部大開発」政策の一環として，商務部の『繭糸綢行業'十一五'発展綱要』（商運発〔2006〕704号）が掲げられた。この『綱要』では，「東桑西移」政策の構想と実施を明確に打ち出し，東沿岸部の製糸および絹織の加

---

[3]　新華網ニュース『西部大開発』，http://news.xinhuanet.com/ziliao/200511/02/content_3719691.htm より。アクセス日2011年3月1日。

工工業の発展を利用し,「貿工農」一体化の考えのもとに中部および西部地域の養蚕業,製糸業,絹織業の発展を導引するとしていた。そして,農業生産である養蚕業の生産を,工業生産である製糸や絹織工業,より具体的には龍頭企業が牽引することを促した。

　この『綱要』および「東桑西移」政策については様々な見解がある。例えば,この政策が実施される前に,主要養蚕地域が移動する兆しはすでに明らかであったという見方もある[4]。とりわけ広西の蚕糸業が急速に発展してきた2001年頃から,従来の東沿岸部の生産中心は西南部の広西区や雲南省などの地域へ移動し,西南部地域でもすでに一定の生産基盤が形成されていたことが指摘されている。つまり,すでに蚕糸業の動向が明確になった段階に至って「東桑西移」政策が打ち出されたということである。政策の形成が現実の動きに遅れている状況のもとで,中央政府による本政策の実施は東沿岸部の養蚕業の衰退,中部および西南部地域の製糸業および絹織業の発展に拍車をかけることとなったのである。

　これまでの中国における養蚕地域の移動に注目した研究では,これらの政策が産地移動に大きな影響を与えたと主張した。例えば,2005年に浙江大学の李建琴と顧国達は「広西は『東桑西移』戦略の効果が最も現れた地域である」と指摘した[5]。しかしながら,「東桑西移」という構想が形成されたのは2000年頃からであり,広西の養蚕業成長の兆候は1990年代末にすでにみられていたという事実にも留意したい。これらの政策の実施は,1990年代末の広西の養蚕業発展を牽引した原動力とはいえない(図3-1)。

　一方,これらの政策は雲南省の養蚕業の促進に影響を与えたことは確かである。広西の成長と対照的に,浙江と江蘇では2001年の「西部大開発」政策,そして2006年の「東桑西移」政策が実施されたのちに繭の生産量が減少した事実も明らかである。

　これらをまとめると,「西部大開発」と「東桑西移」政策は産地移動の

---

4) 2005年,2007年および2009年における現地調査によると,このような見解を持つ指導站技術員,製糸工場の経営者などが多数存在している。
5) 李建琴,顧国達「蚕業地域移転」『蚕業科学』2005年31(3),pp.321-327

繭　トン
300,000
250,000
200,000
150,000
100,000
50,000
0

西部大開発

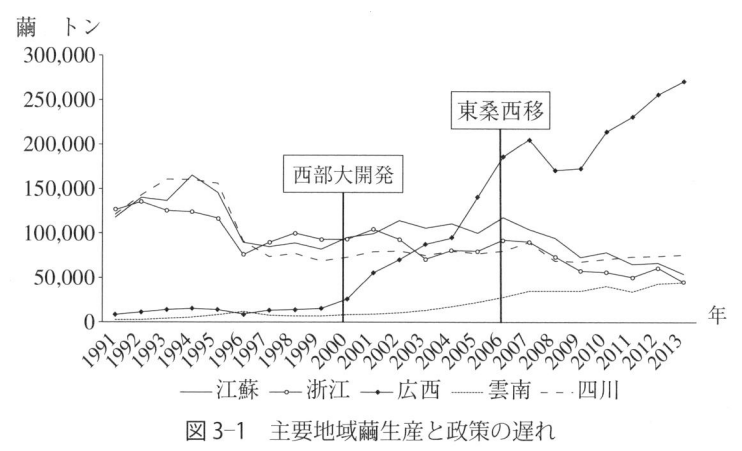

東桑西移

年
1991, 1992, 1993, 1994, 1995, 1996, 1997, 1998, 1999, 2000, 2001, 2002, 2003, 2004, 2005, 2006, 2007, 2008, 2009, 2010, 2011, 2012, 2013

――江蘇　――浙江　―◆―広西　――雲南　---四川

図3-1　主要地域繭生産と政策の遅れ

（出所）1991-2005年及び2008-10年データは『蚕業信息』各年版，2006-07年中国紡績網統計データより，2011年国家繭糸弁公開資料より作成。2011年2012年データは中華人民共和国商務部HPより。2013年データは"中国糸綢網"が公表した『2013年中国繭糸綢行業運行報告』http://www.oksilk.cn/news/26817548.html より，農産物作武家面積と農産物作付け面積は『中国統計年鑑』年代版より，筆者作成。

原因ではなかったが，最も有力な後押しとなったといえるだろう。

三　異なる生産方式の形成と龍頭企業の牽引

新興産地と伝統産地では生産連関が異なり，新興産地は発展の初期から伝統産地の繭原料の生産基地としての役割を与えられていた。そのため新興産地内部においては市場が養蚕および繭にほぼ限られていた。これに対し，伝統産地では，養蚕業の繭産品から，製糸業の生糸，そして絹織業のシルク製品まで複雑な流通市場が形成されていた。このように産地の性格や生産状況が異なるだけでなく，それぞれの生産方式および産品の流通市場もそれに応じて異なっていたといえる。実際には，伝統産地と新興産地の流通市場はそれぞれ別個に形成されてきたことがうかがえる。

そして「貿工農」[6]一体化が実施されると，大規模な農産品加工工業によっ

6）　第一章を参照。

て農業の発展と産業化を牽引する考え方が蚕糸業にも浸透するようになった。とりわけ1990年代後半から，各地方にある地方の糸綢公司が再編され相次いで民営化された結果，旧国有企業を民営化した大規模な製糸工場が数多く創設された。これらの企業は以前からの国有企業としての基盤を持ち，国有企業によって形成されていたネットワークもそのまま継承されているため，所在地域では大きな影響力を持っている。これらの企業は龍頭企業となり，製糸業や絹織業はもちろん，所在地域の養蚕農民も積極的に取り込み，断裂していた農業部門の養蚕業および工業部門の製糸業の間のつながりを再編する役割も果たしている。

しかしながら，民営化した後の企業の多くは利益追求を目的とするようになり，同じく龍頭企業と称されていても，伝統産地と新興産地とでは違った性格を帯びるようになっている。

四　担い手としての農民組織の形成

1980年代以降，農業生産責任制が実施されたのち，養蚕農民の生産は家族を単位とする小規模家内労働となった。数千万の養蚕農民は事実上，各家族で孤立した状態となっている。養蚕業における生産と流通構造が複雑になり，龍頭企業化した大企業の勢力が優位になる中で，養蚕農民は蚕種や繭の価格に対する発言権もなく，ますます弱い立場に置かれている。

こうした状態の中，分散し孤立した養蚕農民が組織化することによって繭站や製糸企業に対抗し，状況を改善しようとする動きがみられるようになっている。例えば，稚蚕共同飼育を通じて連携する動きや，地縁血縁関係を利用した農民協会などの出現である。農民による自発的なものではないが，龍頭企業も様々な形式をとって分散した農民を組織化して管理しようとしている。これらの組織は萌芽的，一時的なものも多く，それほどの影響力を持っているとは思われない。その上，現時点では成熟した典型事例が少なく，分析するには限界がある。しかしながら，養蚕農民が組織化すること自体は，伝統産地でも新興産地でも養蚕業に重要なセクターが形成されることを意味するため，今後も重要な動きとして注目していく必要

があるだろう。

第二節　シルク製品の国際貿易構造の変化による生産地域の移動

　古くから，華麗なシルク製品は有効な外交通商手段として使われていた。例えばシルクロードを通じて運ばれた様々なシルク製品は，高価な商品として貿易を繁栄させた。近代に入っても 19 世紀の開港以来，シルク製品は茶と並んで当時の清政府の最も重要な貿易商品であった[7]。シルク製品のこのような外貨獲得商品としての性格は長い間不動であったといっても過言ではない。

　しかし，現代とりわけ改革開放が始まった 1980 年代以来，中国国内において工業が飛躍的に発展し，比較的低廉な人件費などの優位性に加え，工業製品が多様化し，生産規模も拡大した結果，輸出額，輸出品目ともに急速に増加した。このような状況下で，シルク製品の輸出総量も増加しつつあるにもかかわらず，中国輸出産品の中におけるその比重は減少しつつある。同時に改革開放以来，シルク製品の国内需要の急増もあって，シルク製品の輸出の持つ意味は相対的に低下しているといえる。

一　シルク製品の貿易構造

　ここでは，シルク製品の輸出実績から，各生産地域の状況を分析したい。
　まず，図 3-2-a と図 3-2-b は，1999 年と 2006 年の各省のシルク製品貿易額が全国に占める割合を示している。1999 年では，江蘇，浙江，広東が，シルク製品の主要輸出地域であった。浙江は最も大きく 26% を占めていた。これらは最も付加価値の高いシルクアパレル類の輸出量が多いためであると考えられる。広東は，養蚕や絹織業の主要生産地域ではないが，シルク製品輸出貿易の主要な港を有するため，内陸にある四川や広西と比

---

[7] 李明珠著，徐秀麗訳『中国近代蚕糸業及外銷（1842-1937）』上海社会学院出版社，1996 年，3-4 頁。

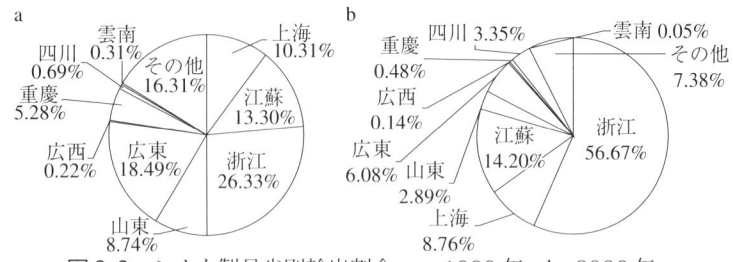

図 3-2 シルク製品省別輸出割合。a：1999 年，b：2006 年。
(出所)『中国糸綢年鑑』,『中国海関統計』各年版より，筆者作成。

べ，輸出量が多くなっていると考えられる。湾岸地域の上海も広東と同じ状況で，シルク製品の生産地域ではないが，輸出量は全国の 10.3% も占めている。

1999 年の状況とは対照的に，2006 年には浙江の輸出量のシェアが急増し，全国輸出総量の 56.7% を占めるに至っている。他方，江蘇と上海の割合は大きく変化せず 14.2% と 8.8% の水準にとどまり，広東はわずか 6.1% に低下している。このように，シルク産品の輸出割合においては，浙江への一極集中構造が形成されている。

表 3-3 は各省の主なシルク産品の 2000 年と 2005 年[8]の輸出状況を比較した表である。

2000 年時点では，貿易総額の中で比較的大きな割合を占めている浙江と江蘇とも，付加価値の高いシルク織物類およびアパレル類の輸出総額が最も多くなっていた。とりわけ，浙江では輸出総額の中のおよそ半分はシルクアパレル類が占めていた。原料産品の繭および生糸に関してもわずかな量の輸出がみられるが，繭と生糸の合計値でも輸出総量の 4% 未満にすぎない。2005 年では繭の輸出がなくなり，生糸，生地類およびアパレルの輸出額が明らかに増加している。とりわけ浙江の貿易額が急増している。浙江の生糸輸出量と金額は 2000 年の約 4 倍に増加し，アパレル類は約 2.7 倍も増加している。前章で全国のシルク製品の輸出状況について確認した

---

8) 輸出総額の割合と各省の輸出構造の年代が対応していないのは，統計データの不一致が原因である。ここでは比較的信頼のできる 2000 年と 2005 年のデータを用いて分析したい。

表3-3 主要産地の2000年,2005年の輸出構造

単位:トン,万ドル

2000年	繭 数量 トン	繭 金額 万ドル	生糸(柞繭糸,絹紡糸を含む) 数量 トン	生糸 金額	生地類(混紡を含む) 数量 万m	生地類 金額	アパレル類 金額	その他(合繊,混紡を含む)	総額
江蘇	0	0	992	2,200	2,625	7,149	10,994	19,956	40,299
浙江	16	12	1,792	4,208	3,081	9,390	43,149	49,473	106,232
四川	0	0	1,975	4,122	1,314	3,162	1,119	3,689	12,092
広西	0	0	164	348	7	34	30	233	645
雲南	0	0	123	248	78	109	26	345	728

2005年	繭 数量 トン	繭 金額 万ドル	生糸 数量 トン	生糸 金額	生地類(混紡を含む) 数量 万m	生地類 金額	アパレル類 金額	その他(合繊,混紡を含む)	総額
江蘇	0	0	5,854	11,792	4,511	11,364	29,123	64,713	116,992
浙江	0	0	7,773	16,260	8,933	23,775	117,596	332,760	490,391
四川	18	14	4,684	10,023	5,974	12,518	3,459	2,249	28,263
広西	0	0	40	92	0	0	41	456	589
雲南	0	0	75	161	115	319	31	80	591

(出所)『中国糸綢年鑑』2001年版と2006年版より,著者作成。

ように,先進国と途上国ではそれぞれ異なる品質の生糸需要があった。これに対応して,アパレル製品と生糸の輸出が増加している状況をここでも確認することができる。

　四川は主な養蚕地域であるが,生糸の輸出金額が最も大きく,生地類とアパレル類の輸出金額は比較的少ない。2005年では,生糸,生地そしてアパレル類も輸出額が増えたが,とりわけ生糸の増加幅が大きい。四川で生産される生糸の品質は平均して2A47のレベルとなるが,これは現在途上国の生糸需要を満たすレベルである。1990年代末頃から,インドなどの途上国の低品質の生糸需要が増加するにつれて,四川の生糸輸出が増加したと考えられる。

　浙江,江蘇および四川の成長状況と反対に,広西と雲南では,2000年と比べ2005年の輸出総額が減少している。広西では2000年に164トンの生糸輸出があったにもかかわらず,2005年には40トンまで減少した。生地類では,2000年にはなお7万メートルほどの輸出量があったが,2005

年には輸出量が0となった。雲南は生糸の輸出が123トンから75トンまで減少したが，生地類の輸出量がやや増加していた。両省ともアパレル類の輸出額に若干の増加がみられるが，他の省と比べれば金額は極めて小さい。

　広西は上述したように，2000年以降養蚕業が急速に成長し，繭生産量が2005年頃にすでに江蘇，浙江の生産量を超えていたが，シルク製品の輸出量の割合は江浙両省と比べ，極めて小さい。江蘇と浙江は繭生産量が減少しつつあるにもかかわらず，シルク製品の輸出額が増加している。繭の輸出量が少ないことから，広西で生産した繭が国外に流失したとは考えにくい。その上，前述したように，広西の生糸およびシルク織物の生産量も少量である。したがって，広西で生産された繭は国内で製糸されたと推測できる。このように，各地域の輸出量から見ても，広西が浙江と江蘇の製糸および絹織業の繭原料提供地であるという性格がうかがえる。

　これまでの分析から明らかなように，養蚕業は2000年以前の生産中心である江蘇，浙江と四川から，次第に広西や雲南へ移動している。しかし製糸業および絹織業では浙江と江蘇の生産量が以前と同様に大きく，生糸そしてアパレルを含めた絹織物の主要な生産地域であることは明白である。さらに，シルク産業の生産連関の川下にあるシルク産品の輸出については浙江に一極集中している。

　つまり，養蚕業の主要生産地域から製糸および絹織物業の生産地域へと変化した点で，浙江と江蘇の両省は状況が類似している。これに対して，広西は新たな養蚕業の主要生産地域として急成長しつつ，浙江や江蘇とは異なる役割を負った展開を遂げている。

　なお四川に関しては，重慶が1997年以降直轄市として独立し四川省から分離されたという行政区域の変化があったため，重慶の桑園や養蚕業のデータも四川とは分けられることになった。そのためデータ上では四川の養蚕業が激しく変化したように見えるが，実際の変化によるものではない。

　四川の養蚕地域の大半は四川盆地に立地しているため，地理条件と気候状況から，浙江や江蘇，広西とは異なる独自の特徴を有している。四川の

養蚕業および製糸業の発展にも上記諸省とは異なる独自の経緯があると予測され，同列に論じることには限界がある。だがいくつかの制約によって筆者の現地調査は四川まで至らなかったことから，本書では四川に対する分析を割愛し，今後の研究課題としたい。

二　シルク製品貿易の政策動向

　前述したように，中国のシルク製品の生産および貿易を管理する役割を担う政府部門は，政策とともに機構についても幾多の変遷をたどった。とりわけ，1980年代から90年代にかけて，中国糸綢公司の設立と廃止，その後の中国糸綢進出口総公司への改編に関連する一連の貿易政令の公布は，シルク貿易政策の変遷にも大きな影響を及ぼしたとみられる。

　中国糸綢公司が1986年12月に廃止され，1987年1月には中国糸綢進出口総公司（以下，英文の略語を用いてCNSIECと表記する）がシルク製品貿易を管理するために設立された[9]。CNSIECは繭から生糸，シルク成分を含む化学繊維の混紡製品に至るまで，シルクに関わるすべての紡績製品の貿易を統括し，シルク製品の輸出入価格の基準の設定，シルク製品の輸出入における貿易許可証の審査と発行などの一連の業務を統合して行っている。

　北京にあるCNSIEC本部の機構および人員は，以前の中国糸綢公司に基づいて再編したため，実質的には中国糸綢公司がCNSIECの前身であるといえる。本社の再編によって，各地域にあった中国糸綢公司の地域支社も「中国糸綢進出口公司◯◯省分公司」と改名するように命じられた。CNSIECの各地域支社の業務に関わる外貨決算などは直接に本社担当部と連携することとなる。しかし，紡績工業部，対外貿易部，商業部の三つの部と，購入販売共同組合本社の一つの社からなるいわゆる「三部一社」という構造を持っていた中国糸綢公司とは異なって，再編後のCNSIECは中国対外経済貿易部に属し，その管理のもとに置かれた。

9）　（86）対外経済貿易部（現在は商務部である）管体字第389号『関於成立中国糸綢進出口総公司的通知』。

従来の中国糸綢公司が養蚕業から製糸およびシルク紡績業，シルク製品貿易に至るまでシルク産業の全般を管轄範囲としていたこととは対照的に，CNSIEC は蚕糸業を管理するよりも，蚕糸およびシルク製品の対外貿易の管理と促進に重点を置いた。さらに，CNSIEC が対外経済貿易部に直属していることと，各地域の支社と中央本社との間における会計採算の緊密な関係から見れば，中国がシルク製品貿易を通じて外貨を獲得するためにシルク産品の貿易を重要視していることがうかがえる。しかしながら，各地域にある支社は独立決算ではないため，各地域におけるシルク貿易の利潤が地方を潤すことはなく，本部との連結によって中央へ還流していることも予測できる。

　1988 年 9 月に国務院の許可を得て，『一九八八年外貿体制改革方案』（国発 1987 年 90 号）が発布された。本方案によって輸出税還元政策が実施され，アパレルは三つの実験業界の一つとして輸出税還元政策の対象となった。さらに，本方案では各対外貿易業界の確実な連携と統一が求められたことに伴い，同年「中国紡績品進出口商会」が設立され，2001 年には糸綢分会の成立をみた。また，1988 年 9 月に国務院によって『国務院関於繭糸収購和出口全部実行統一経営管理的緊急通知』が出されたことにより，繭を含めすべてのシルク繊維製品の貿易について，CNSIEC による統一した管理体制が強化された。さらに翌 10 月には，海関総署の『関於糸綢開徴収出口税的通知』（署字第 1077 号）によって，それまでは関税が免除されていた繭，生糸，シルク生地などの関税が徴収され始めた。その当時，繭や生糸の関税率は 100％，シルク生地などの織物は 80％ となっていた。しかしながら，その後の海関總署の第 1683 号通知によって，計画内輸出のシルク製品に関しては，CNSIEC を通じて関税が返還されることになった。

　これらの一連の政策を通じて，シルク製品の無許可輸出や密輸によって損失を被った国有のシルク製品輸出企業の利益が守られたと同時に，シルク製品の厳格な管理体制が確立することとなった。この体制は 1990 年代初期に輸出割当制度ができるまで維持され，実際に中国のシルク製品貿易

は 1990 年代を通じて，取扱品目の種類や輸出量をそれほど大きく変化させることなく，緩やかに成長を続けた。

1992 年 12 月，対外経済貿易部の『出口商品管理暫行弁法』（第 4 号）の付録に規定された 138 種の商品に対して輸出割当許可制度が始まった。シルク製品の蚕糸類，生地類，関連するシルクアパレル製品類がともに対象となった。他方，シルク製品の一部とされていたプリント生地および人絹と化学繊維との混紡製品は割当制度の対象外となった。

従来，シルク製品に含まれる繭，蚕糸，生地などの輸出量は中央の統一計画に従わなければならないため，建国から 1990 年代初頭まで一定の比率を保っていた。ところが，1992 年に割当制度が開始されて以来，輸出割当を獲得した CNSIEC 地方支社や輸出許可を受けた企業によって，実際の輸出量がある程度自由に決められるようになったため，比較的付加価値の高いアパレル類や生地類の輸出が繭や生糸類と比べ急増する結果をもたらした。輸出割当政策の実施は貿易条件を備えた大企業を念頭においていたと考えられる。これらは，後に発布された一連の政令と一致した面がみられる。

1996 年に「貿工農」一体化が推進されて以降，いわゆる龍頭企業といわれる大規模製糸およびシルク紡績企業が台頭したことによって，一部の企業が自らの製品を輸出する条件が成熟した。これに応じて，従来の対外貿易許可証の獲得基準が緩和された。さらに，2000 年には生地輸出の統一管理体制が解除され，中央による割当の配当権を格下げし，省レベルの対外貿易管理部門でも割当を配当することが可能となった。

輸出税還付率に関しては，政府は数回にわたり調整してきた。1998 年にシルク製品を含めた紡績製品の還付率を 11％ に引き上げた。2007 年 7 月には一度 13％ まで引き上げていた還付税率を再び 11％ まで引き下げた[10]。しかし，2009 年 2 月には繭 5％，生糸類 13％ という還付率を維持する一方で，生地および紡績アパレル製品の還付率は再び 15％ まで引き

---

10) 財税［2007 年］90 号通知により。

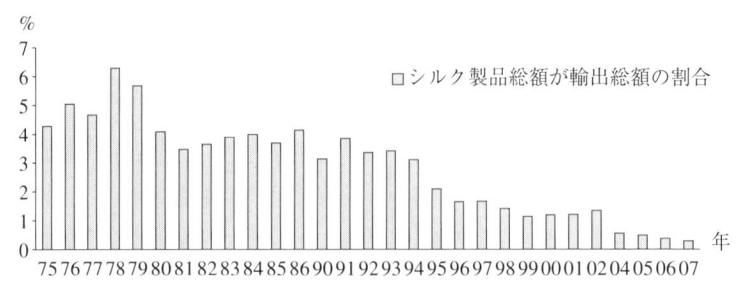

図 3-3 シルク製品輸出額が輸出総額に占める比率の推移

(出所) 1991 年以前データは王『糸綢史記』p.636, 表 12-2 より, 1991～2005 年データは『中華人民共和国海関統計年鑑』各年版, 2006～07 年データは中国紡績網データベース, その他のデータは『中国糸綢年鑑』各年版より, 筆者作成。

上げている[11]。

　割当制度実施から, 輸出税金還付率の調整に至るまで, シルク製品貿易の政策は次第に蚕糸, 糸綢生産企業へと傾斜していることがうかがえる。これは, 蚕糸・シルク産業全般におけるシルク工業, とりわけ大規模シルク紡績部門で大きな影響力を持つ龍頭企業が業界をリードする要因となったためであると考えられる。

三　中国貿易額の中でシルク製品輸出が占める割合が減少

　シルク製品が輸出志向産品であるか否かを判断する重要な指標として, 生産量と輸出量の関係を考察しなければならない。しかし, シルク産品の場合は, 農業から工業への生産連鎖が長い上, 繭や生糸といった各生産段階の半製品でも産品として輸出することができるので, 生産量のうち輸出量を推測することが極めて難しい商品である。

　図 3-3 によれば, シルク製品の輸出総額に占める構成比が減少していることは明らかである。紡績製品貿易のうち, シルク製品に代わって綿や化繊, 合繊などの繊維製品が主役となっている。19 世紀から定着していた,

---

11)　財税 [2009 年] 14 号通知により。

表3-4 中国シルク製品貿易の推移

	シルク製品輸出総額（億ドル）	紡績製品輸出総額（億ドル）	シルク製品が紡績製品総額の割合（％）		シルク製品輸出総額（億ドル）	紡績製品輸出総額（億ドル）	シルク製品が紡績製品総額の割合（％）
1950年	0.21	0.26	80.77	1988年	16.53	102.9	16.06
1955年	0.72	1.63	44.17	1989年	18.43	131.3	14.04
1960年	1.03	5.49	18.76	1990年	19.5	138.2	14.11
1965年	0.84	4.53	18.54	1991年	27.62	167.32	16.51
1970年	1.49	4.93	30.22	1992年	28.51	252.8	11.28
1975年	3.11	13.37	23.26	1993年	31.26	271.32	11.52
1976年	3.45	14.03	24.59	1994年	37.53	355.5	10.56
1977年	3.63	15.22	23.85	1995年	31.18	379.68	8.21
1978年	6.13	21.54	28.46	1996年	24.86	370.94	6.70
1979年	7.73	28.93	26.72	1997年	30.5	455.77	6.69
1980年	7.43	32.36	22.96	1998年	25.86	428.88	6.03
1981年	7.15	34.86	20.51	1999年	22.23	412.99	5.38
1982年	7.96	35.97	22.12	2000年	29.78	531.46	5.60
1983年	8.66	44.22	19.58	2001年	32.07	541.8	5.92
1984年	8.96	41.21	21.75	2002年	43.5	617.69	7.04
1985年	9.57	46.12	20.74	2004年	76.64	952.05	8.05
1986年	11.32	70.8	15.99	2005年	84.99	1150.06	7.39
1987年	13.4	91.6	14.63	2006年	86.44	1440.71	6.00

(出所) 1950-2000年のデータは王庄穆『中国糸綢史記』pp635 表12-1より，2001年以降のデータは『糸綢年鑑』各年版より筆者作成。
(注) 2003年のデータなし。

外貨獲得を目的とする輸出志向産品としてのシルク製品の性格が相対的に弱まってきているといえる。

　シルク製品の輸出額が紡績製品の輸出額に占める割合も減少している。『中国糸綢年鑑』に基づいて整理した表3-4が示しているように，シルク製品の輸出総額は，1960年の1.03億ドルから1994年の37.53億ドルに増加した。しかしながら，前述したように，シルク製品の紡績製品輸出総額に占める相対的割合は，1960年代から1985年まで，20％台で推移しながらも徐々に減少した。さらに1995年から10％を割り，2006年には6％にまで落ち込んでいる。

　シルク製品輸出総額の絶対値が増加する一方で紡績製品輸出総額に占める割合が次第に減少してきたのは，紡績製品の中でも綿製品および化学繊

表 3-5　中国繊維製品の輸入輸出状況　　　　　　　単位：億ドル

品目	2006 輸出	2006 輸入	2007 輸出	2007 輸入
シルク（アパレル以外）	14.24	1.27	13.97	1.11
羊毛及びその他の動物繊維	19.97	21.41	21.25	26.98
棉及びその他の植物繊維	95.38	95.95	99.75	82.19
人絹，合繊，化学繊維など	121.31	66.22	141.57	65.64
その他の繊維	123.07	54.68	159.52	57.95
アパレル紡績製品	1006.97	17.23	1221.97	19.85
紡績製品総額	1380.94	256.77	1658.02	253.72

(出所)『中国統計年鑑』2008年版より，筆者作成。

維の輸出額が急速に増加したためである。『中国統計年鑑』のデータを整理した表3-5と『中国糸綢年鑑』によると，2006年のアパレル紡績製品の輸出額1006.9億ドルのうち，シルクアパレル製品の輸出額は22.78億ドルであるのに対して，シルク以外のアパレル製品は約984.2億ドルにも達している[12]。繊維では，シルク繊維以外の輸出額が359.7億ドルで，紡績製品輸出の総額に占める割合は約26%となっているのに対し，シルク繊維は14.2億ドルで約1%に過ぎなかった。ちなみに，1970年時点では，シルク（生糸を含む）の輸出金額は9,200万ドルであったのに対し，繊維製品の輸出金額は4.93億ドルであり，生糸の輸出額だけでも18%を占めていた。その後の26年間で，シルク繊維が紡績製品に占める割合は次第に減少してきたのである。

四　シルク製品の輸出品目の変化と輸出商品構造の多層化

シルク製品の中では，付加価値の高いシルクアパレルの輸出額が最も多く，原料となる生糸の輸出量も増加している。しかしながら中間製品である生地の輸出額は大きく上下している。図3-4はシルク製品の輸出構造の推移を主要な輸出品目である糸類，生地類とアパレル類とに区分して示している。1950年時点では糸類がシルク製品輸出総額の65%を占め，生地

---

[12]　2006年はWTO加入以降，中国紡績製品が直面した最も大規模なアンチダンピングの年である。

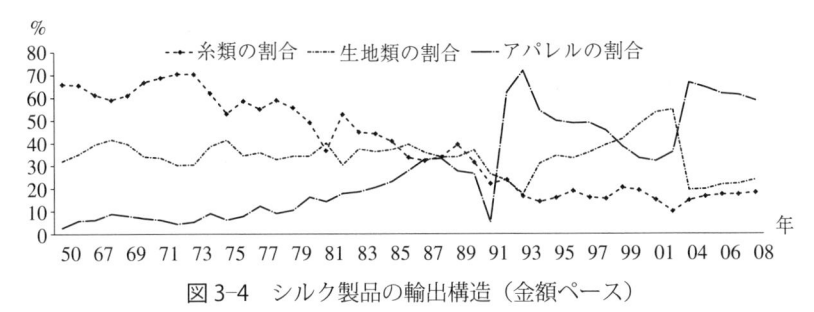

図3-4 シルク製品の輸出構造（金額ベース）

（出所）1991年以前データは王『糸綢史記』p.636, 表12-2より, 1991～2005年データは『中華人民共和国海関統計年鑑』各年版, 2006～07年データは中国紡績網データベース, その他のデータは『中国糸綢年鑑』各年版より, 筆者作成。

は31％, アパレル製品はわずか3％未満の状況であったが, 2008年にはアパレル製品が53％までに拡大し, 生地類は23％, 糸類は18％まで大きく減少した。また, シルク製品輸出総額のうち, 原材料である生糸類の輸出額は1982年までほぼ継続的に50％以上を占め, 輸出の最も重要な品目であった。1990年代以降, アパレル製品の輸出額が次第に増加したが, 繊維製品をめぐる貿易摩擦もあって, 糸類と生地類に比べ不安定な状況がうかがえる。

　60年間のシルク製品の輸出額と輸出構造の変化状況を見ると, 1988年頃まで糸類, 生地, アパレルの3品目とも緩やかな変化をたどったが, 1988年以降は3品目とも激しく変化していることが明らかである。これは, 1987年以前のシルク製品貿易は厳格な国家統一管理のもとにあったが, 1986年12月の中国糸綢公司の廃止を契機にその統一管理体制が崩れたことを意味する。その上, 後述するように, とりわけ衣服などのシルクアパレル製品は紡績製品の貿易摩擦の影響を受け, 1988年以降極めて不安定な輸出状況になった（図3-5）。

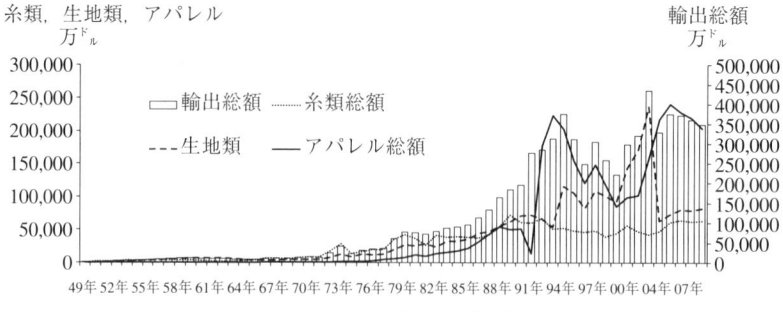

図3-5 シルク製品の輸出額

(出所) 1991年以前データは王『糸綢史記』p.636,表12-2より,1991〜2005年データは『中華人民共和国海関統計年鑑』,2006〜07年データは中国紡績網データベース,その他のデータは『中国糸綢年鑑』各年版より,筆者作成.

五 シルク貿易の品目別変化と輸出先の二元化

1 繭の輸出

(1) 繭の輸出状況

1960年代半ば頃から繭は重要な生産原料とみなされ,輸出よりも国内の製糸工場への供給を優先すべきだとする見方が強まったため,繭の貿易は1968年から1975年頃まで一時停止された。それほど厳格に制限され,管理されていたのである。しかし1975年頃から日本の繭の減産に伴い中国の繭輸出が求められたため,中国国内で再三検討がなされた結果,対日繭輸出が再開されることになった[13]。

繭輸出を再開した大きな理由は,当時日本への繭の輸出は,同量の繭から作った生糸を輸出するよりも外貨獲得の効果が大きかったからである。しかしこれは極めて異例な状況であって,実際に1970年代末から繭の輸出を再開しても,繭の輸出よりも生糸ないしシルク紡績製品の輸出の方が遥かに外貨獲得効果が大きいのは明白であった[14]。1960年代半ばから1970年代半ばまでの繭輸出停止については,現在でも停止すべきではなかった

---

13) 王,前掲書,651-652頁。

表 3-6　繭の輸出状況　　　　　　　　　　　　　　　　　　　単位：トン

	1992年	1993年	1995年	2000年	2001年	2002年	2003年	2004年	2005年	2007年
国内の生産量	692,000	757,000	800,000	548,000	655,000	698,000	667,000	555,000	608,000	789,119
輸出総量	2,181	2,873	2,122	632	435	249	138	114	30	80
日本	1,441	—	1,595	563	397	234	138	109	8	14
韓国	273	482	247	65	15	10	—	2	2	3
香港	468	848	96	—	—	—	—	—	—	—
ドイツ	—	10	9	—	—	—	—	—	—	—
タイ	—	13	67	—	12	—	—	4	20	—

(出所)『中国海関統計』各年版より，筆者作成。

という中央政府の指摘がある[15]。しかし，当時は国内養蚕業も建国後の回復期にあたり，繭の輸出を停止し国内需要を優先することにより国内製糸の回復と育成を促進したという意味では高く評価すべきであろう。

　1980年代以降の繭輸出は，量・金額ともにシルク製品貿易においてごく小さな割合を占めるにすぎなかった。繭の輸出は1998年頃の615トン，570万ドル（シルク製品貿易総額の0.76％）から2007年には80トン，73万ドル（シルク製品貿易総額の0.05％）へと急速に減少し，その上，繭の輸出量は国内総生産量と比べても微小である（表3-6）。1990年代前半では輸出量が総生産量の約0.3％を占めていたが，2000年に約0.1％に減少し，2007年には約0.01％まで落ち込んだ。

　貿易政策の面でも，政府が原料繭の輸出を促進していないことがうかがえる。2009年の輸出税還付率が調整された結果，シルク製品のうち生糸や生地および一部のアパレル製品の輸出税還付率が14％前後に引き上げられたにもかかわらず，繭の輸出還付税率は以前の5％と相当低い水準に据え置かれたままであった。これは，1980年代以降，国内のシルク紡績産業が急速に発展し，繭に対する国内需要量も次第に急増していったためである。

---

14)　同上書，652頁によると1975年に日本へ輸出した繭は20,541/tonドルの価格だった。同量の繭を生糸に換算すると生糸の価格は21,059/ton相当だったが，1975年時の実際の生糸輸出価格は約20,541/tonドルだった。その上，繭を生糸にするとそのための費用がかかった。このように，生糸よりも繭の方が高く売れるという異例の状況であった。

15)　同上書，616-619頁。

繭の輸出減少のもう一つの原因は，繭の輸送問題にある。繭は生物であり，乾燥させた後とはいえ繭の中には蚕のさなぎが残され，非常に腐敗しやすい状態にある。その上，繭は非常に軽いうえに容量が大きいため，わずか数トンの量でも非常にかさばる。このように，乾燥した繭の状態のままでは，保存と輸送が極めて困難であり，多くの場合高額な輸送費用が必要となる。実際に輸送費用が商品自身の価値を上回るケースもあるという[16]。それゆえ，国際貿易においても特殊な用途を除いて，繭ではなく生糸の状態で取引され，輸送される場合が多い。

(2) 繭の輸出先の変化

前掲表3-6で示したように，比較的安定した輸出先として，日本と韓国があげられるが，それ以外の国々はほぼ一時的な需要にすぎなかった。中国繭の輸出総量の減少は日本と韓国への輸出量の減少に左右されてきた。ところが両国とも2000年以降に中国産繭の輸入量を大きく減らした。日本では2004年の109トンの輸入量に対し，翌年の2005年ではわずか8トンへと減少し，その後も回復していない。韓国も同様に，1995年では247トンを輸入したにもかかわらず，2000年には65トン，さらに翌2001年には15トンと減少した。最近の輸入量はわずか数トン程度にとどまっている。日本と韓国では，中国と同様に古くから桑の栽培と繭の飼育が営まれてきた。さらに，伝統的な民族衣装などに繭および絹製品の需要がみられた。しかし，両国ともとりわけ1990年代以降，養蚕の国内生産量が急減する一方で，繭の輸入量もそれほど増加しない状況が続いている[17]。日本と韓国ではそもそもシルク製品の用途がほぼ伝統衣服に限られるため，それらの需要が急速に減少している現在，一時的な需要を除いて，今後も両国による中国産繭原料の輸入が増加する可能性はほとんどないと言える。

以上の2ヶ国以外に，タイやベトナムなど東南アジア諸国へ若干の繭輸

---

16) 2007年および2009年に広西で行った聞き取り調査資料による。
17) FAOが公表した統計データを参照。しかし，FAOのデータは中国国内で公表されたデータと差が大きいので，本書では中国国内で発表されたデータに基づいている。

図 3-6　糸類の輸出額変化

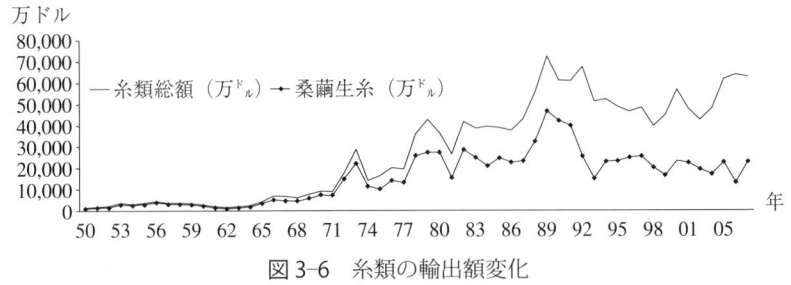

（出所）1991 年以前データは王『糸綢史記』p.636，表 12-2 より，1991〜2005 年データは『中華人民共和国海関統計年鑑』各年版，2006〜07 年データは中国紡績網データベース，その他のデータは『中国糸綢年鑑』各年版より，筆者作成。

出がみられるが，これらの国の輸入量は少なく，需要も恒常的ではない。また，近年は東南アジア諸国とりわけインドやベトナムにおける養蚕業の発展がみられるので，今後これらの国による中国産原料繭の輸入の増加は見込めない。

2　生糸と生地類の輸出

(1) 生糸と生地類の輸出状況[18]

図 3-6 のように，糸類の輸出総額は，1980 年代以降全体的に増加する傾向にある。しかし，紡績用の桑蚕生糸は，1974 年代から 1990 年代の増加期を経て，1990 年代半ば以降は大きな変化もなく安定的に推移している。

アパレル製品の原料となる糸類の輸出額が微増しているにもかかわらず，その割合は一貫して減少してきた。生糸の変化は 1980 年代前後とも比較的ゆるやかであり，生地とアパレルの輸出状況にそれほど大きな影響を受けていないことがわかる。

---

18)　中国海関の統計では，糸類の中に，桑蚕（家蚕）生糸，柞蚕（野蚕）生糸の二種類が紡績用として分類されている。またその他の生糸類として，例えば，絹糸類，廃糸類など紡績用以外の用途の糸類が含まれている。本書では，蚕糸業全体を議論するために，川下にも大きく関わる紡績用の糸類に着目した。その他の糸類に関しては紡績以外にも極めて多様な用途があるため，その詳細に関しては本書では立ち入らないことにする。

貿易総額の金額ベースから見れば，生糸，生地類も含めたアパレル製品の輸出は補完的である。製品形態から見れば，蚕糸業生産連関は，生糸，生地，そしてアパレル製品の順序をたどる。総じて，1950年代以来中国シルク製品貿易においては，原料製品の生糸の輸出割合が次第に減少し，生地やアパレル製品の輸出割合が増加してきた状況を確認することができる。

　しかしながら，現在アパレル製品の輸出状況に関する統計の大部分は金額ベースのみとなっている。その上，アパレル製品から生糸の需要量を遡って推算することは極めて難しく，輸出金額のみの推移から中国のシルク製品貿易が全般的に川下の生地およびアパレル製品へ傾斜しているという結論を出すには限界がある。そこで，生糸の国内生産量と輸出量から，国内で消費される生糸の多寡を推測し，シルク製品貿易の構造変化についての議論を補強したい。

　表3-7に示されるように，国内における生糸の生産量が増加しているにもかかわらず，生糸製品の輸出量は減少してきている。国内消費される生糸の量が急増していることもうかがえる。純生糸製品の輸出量は1980年代まで20％以上を占めていたが，次第に減少し，2006年には2％未満となっている。一方で，中国国内における生糸の生産量は1960年頃の8,300トン余りから2006年には141,000トンまで成長した。これは中国国内にとどまる生糸の量が1960年の約5,970トンから2006年の139,078トンまで急増したことを意味する。したがって，生糸は国内で消費，加工され，さらに加工の進んだ生地およびアパレル製品として輸出されていると考えられる。

(2) 生糸と生地類の輸出先の変化

　中国からの生糸輸出を国別でみると，生糸の輸出先は従来の先進国から，次第に東南アジアなどの発展途上国へ転換していることがわかる。表3-8によると，1990年代に中国産生糸の主要輸出先であった日本，イタリア，ドイツ，および香港地域などで，2000年から2003年にかけて輸出量が減少していることがわかる。これと対照的に，インドへの生糸輸出量が驚く

第三章　産地移動の原因とシルク製品貿易の影響

表3-7　生糸の生産量と輸出量の推移

	生糸の総産量 A（トン）	純生糸の輸出量 B（トン）	A/B（％）
1960年	8,349	2,380	28.50
1970年	16,742	4,284	25.60
1980年	35,484	7,865	22.20
1985年	42,199	10,449	24.80
1990年	56,592	8,746	15.50
1995年	110,461	9,695	8.80
1996年	94,834	11,220	11.80
1997年	82,773	10,141	12.30
1998年	67,669	8,471	12.50
1999年	71,062	7,991	11.20
2000年	74,885	4,892	6.50
2001年	87,314	3,132	3.60
2002年	98,668	1,304	1.30
2003年	111,048	8,885	8.00
2004年	102,560	3,557	3.50
2005年	124,100	3,043	2.50
2006年	141,480	2,402	1.70

（出所）『中国海関統計』各年版より，筆者作成。

表3-8　国別生糸輸出量　　　　　　　　　　　　　　　　単位：kg

	1991	1995	1999	2000	2001	2002	2003	2004	2006	2007
インド	7,455	2,816,955	3,584,331	1,418,223	1,437,823	683,959	422,275	2,142,059	1,903,707	5,428,748
イタリア	54,980	712,084	870,502	870,627	632,084	155,578	65,148	538,333	1,094,740	917,695
日本	679,813	1,378,404	843,692	1,007,419	566,939	227,691	150,624	254,035	349,049	533,359
韓国	—	572,831	741,156	591,824	173,158	57,643	30,106	144,431	197,835	347,047
香港	644,829	2,349,423	1,067,188	244,522	65,672	35,705	8,063	—	3,384	13,473
ドイツ	11,529	575,444	42,728	88,346	—	19,360	11,647	26,518	49,278	72,540
ベトナム	—	19,327	—	15,369	69,089	20,842	16,512	115,349	284,543	409,326
タイ	97,119	110,479	115,962	6,103	—	—	2,679	16,349	2,389	52,896
サウジアラビア	33,991	5,100	173,846	89,646	5,731	3,615	—	82,879	41,666	178,958
トルコ	—	—	15,600	23,979	28,411	—	418	6,161	6,594	44,003
ミャンマー	—	64,506	38,520	16,623	44,951	67,766	78,799	77,711	61,655	58,745
フランス	2,488	44,254	9,600	18,272	5,447	4,242	—	7,900	12,687	19,996
合計	1,807,140	9,693,780	7,991,352	4,892,442	3,131,881	1,304,337	888,472	3,556,588	4,351,841	9,268,698

（出所）『中国海関統計』各年版より，筆者作成。

ほど増加している。1991年の対インド輸出は1トン未満であったが，1995年には2,817トンに達した。対インド輸出量の増加はその後も止まらず，1999年には3,584トンに達した。インド政府による中国産生糸を含めた紡

表3-9 輸出先国別生糸平均価格　　　　単位：万ドル／トン

	1991	1995	1999	2000	2001	2002	2003	2004	2006	2007
平均価格	40.63	23.75	20.32	23.36	22.48	17.62	16.24	19.57	30.11	24.54
インド	34.21	21.62	19.64	22.69	21.94	17.55	14.88	19.12	29.1	23.6
イタリア	41.76	25.52	21.15	23.85	23.81	18.06	17.56	20.38	30.16	26.85
日本	53.3	27.67	21.66	24.61	22.54	18.25	22.95	21.56	34.91	27.83
ドイツ	42.59	26.09	20.24	25.28	—	16.89	16.91	22.21	32.27	29.11
スイス	38.12	25.8	20.99	24.44	23.51	17.05	15.26	19.49	33.3	23.48
フランス	31.75	26.71	25	24.85	25.34	18.39	—	21.27	30.98	26.36
ミャンマー	—	23.25	12.77	21.72	18.82	13.53	12.67	17	26.52	22.78
韓国	—	24.59	21.38	22.92	21.98	17.49	16.84	19.28	29.81	26.01
香港	22.09	23.11	20.68	22.03	22.46	19.77	12.28	—	27.19	24.34
パキスタン	36.71	20.65	19.85	23.87	22	18.9	—	18.8	27.42	23.92
バングラディシュ	—	21.4	18.79	21.61	24.84	19.19	16.04	17.66	27	23.43
ベトナム	—	21.42	—	25.05	21.61	18.47	17.68	20.29	34.01	24.79
タイ	35.7	21.9	19.26	22.12	—	—	14.56	20.67	28.46	26.81
インドネシア	—	23.08	—	24.83	20.9	19.6	—	19.5	28.56	24.55
アラビア	47.66	21.76	20.33	21.45	23.03	19.92	—	18.46	28.82	23.92

(出所)『中国海関統計』各年版より，筆者作成。

績製品に対するアンチダンピング政策の影響で，2002年から生糸の輸出量が若干減少したが，2005年頃から再び急増した。その結果，現在中国の生糸輸出量は対インドだけで全体の半分以上を占めている。インドへの輸出量の増加とともに，サウジアラビア，トルコ，ベトナム，タイおよびミャンマーなどアジア諸国への輸出量も着実に増えている。

　1970年代以降，日本およびヨーロッパ諸国は中国の蚕糸製品の最も重要な輸出先であったが，その状況は2000年以降大きく変化し，インドを筆頭に中央アジア，東南アジア諸国が重要な市場となりつつある。

　しかし，輸出生糸の品質から見れば若干状況が異なる。高品質の生糸は日本やイタリアなどの国への輸出が多く，品質の低い生糸の主要な輸出先は東南アジア諸国となる。浙江や江蘇で生産された高品質な生糸は主に先進国向け，広西や雲南などの地域で生産された生糸は東南アジア市場向け，と生糸の品質によって輸出先の地域が分かれるような状況がみられる。

　生糸輸出単価を「2006年蚕糸類輸出市場統計」によって見ると（表3-9)[19]，

---

19)『中国糸綢年鑑』2007年版，322頁。

最大輸出先であるインド向けの2006年平均輸出単価は1kg当り29.1ドルで，2007年には23.6ドルとなっている。日本向け輸出生糸の平均単価は2006年で34.91ドル，2007年で27.83ドルとなっている。2006年には好調だった生糸の世界相場が，2007年には市況の悪化で急落したが，日本向け生糸の単価がインド向け生糸よりも依然として高い水準であることは明らかである。他の欧州諸国向けとアジア諸国向けの生糸単価を比較しても，同様の結果が得られる。このことから，日本と欧州諸国へ輸出された生糸はアジア諸国へ輸出された生糸より高品質であることが推測できる。実際，日本や欧州諸国向け生糸の品質は平均5A以上であるのに対し，アジア諸国向けは平均で3A以下[20]の品質にとどまっている。インド向け生糸については2Aレベルの品質も少なくない。生糸産品構造を見ても，インドなどアジア諸国への輸出はほとんどが生糸製品であるのに対し，日本や欧州諸国向けには，玉繭糸や絹紡用短繊維糸などの輸出もみられる。これらの糸は他の繊維との混紡に使用されるが，高い精錬技術を持つ日本では再精錬され，生糸の品質を改善するための原料として用いられる。しかし，インドやアジア諸国ではこれらの技術を有しないため，生糸以外の産品の輸入が少ないのだと考えられる。

輸出生糸の量や質，生糸産品構造などを総合的にみれば，インドなどのアジア諸国向けの輸出が増加し，中国の輸出総量に一定のシェアを占めるようになって以来，従来からの主要輸出先だった日本や欧州諸国と並んでそれぞれ特徴のある輸出先グループが形成されてきたといえる。これに伴って，生糸の品質が異なる養蚕地域ごとに，輸出先に対応して高品質生糸を生産する産地と低品質生糸を生産する産地とに分化するといった構造変動が生じている可能性がある。

3 アパレル類の輸出

1980年代末までは，生糸と生地類がシルク製品輸出における主要品目

---

20)「2008年度全国輸出生糸質量分析」，全国繭糸綢業行業産銷形勢分析座談会会議資料による。

であり，加工度の高いアパレル製品の割合が最も小さかったが，1990年代初頭から状況が一転し，アパレル製品と生地類などの加工度の高いシルク産品が主要輸出品目となった。

輸出先をみれば，商品形態別の輸出構造の変化は，日本や欧州諸国など先進諸国でアパレル製品類に対する需要が増加していることに連動しているものと思われる。

一方で，生糸の輸出量は激減したにもかかわらず，中国の生糸の総生産量は継続的に増加した。これは，中国国内で生地やアパレル類に加工される生糸量が急速に増加しているためである。しかしながら，国際市場の変動によって，アパレル類と生地製品の輸出状況は非常に不安定となっている。したがって，国際市場で消化できなかったシルク製品は中国国内にとどまり，国内のシルク製品市場に影響を及ぼすことが予想できる。とりわけ，アパレル製品や生地類など小売商品に関して，シルク製品の内需の変化，国内市場の対応を明らかにする必要がある。

第三節　国内市場における市場の多様化とシルク消費量の増加

一口にシルク製品といっても，蚕糸生産連関の段階ごとに，製品形態は異なる。養蚕業の産品である繭から生糸となり，そしてシルク生地から衣服やネクタイ，スカーフなどのファッション小物，いわゆる最終シルク商品へ変形していく。ここでは繭および蚕糸製品の各製品形態を含めて，シルク製品と総称する。

繭および生糸に関しては，前述したように伝統的な輸出志向製品であったため，すでに生産から貿易までの成熟した流通経路が形成されていた。これとは対照的に，一般消費者向けの衣類や小物などのシルク製品の場合，やはりその多くは輸出されていたものの，特に近年は中国国内での販売が増大している。

建国から改革開放までの間，シルク製品は一般家庭には手の届かない高

級消費財であり、国内における小売はほとんど政府によって統一管理されていたが、1986年に中国糸綢公司が廃止され、貿易不振に直面する中で、1980年代末、シルク製品の内需拡大方針が打ち出された。現在、新たな販売流通経路が出現し、より多様で完備した流通システムが形成されつつある。これらの新たな流通経路も地域性を有している。

一　国内シルク製品流通の規制緩和

シルク製品は通常、定められたいくつかの大都市にあるシルク製品専門店か百貨店を通して販売されていた[21]。1982年に中国糸綢公司が設立されて以降、シルク産業に対する国家の方針が対外貿易中心から貿易と内需拡大の両面を重視した並行路線へ次第に傾斜していった。1986年8月、国家物価局と中国糸綢公司が『関於整頓糸綢価格的通知』を発し、国内市場向けシルク製品の価格を適時調整すべきだと提起した。同月、中国糸綢公司は座談会を開き、シルク製品の国内市場での販売を促進すべきだと主張した。

同時に、1980年代後半からのいわゆる「商品経済」および「市場経済」の発展によって、シルク製品の流通形態が多様化し、販売量と販売額がともに増加の一途をたどっていた。

1986年以前は、各地域のシルク製品の販売とりわけ小売は、主に所在地域にある糸綢公司支社「糸綢分公司」直属の店舗によって行われていた。1986年に中国糸綢公司が廃止されて以降は、シルク製品の国内販売を促進するため、各地域政府主導で流通・販売形式の多様化が進められた。各生産地域とも管理体制が転換され、主として民営によるシルク物流センターが設けられ、政府による従来の「閉鎖的」管理体制下にあった蚕糸業が、比較的「開放的」な市場調整体制へと転換することになった。

こうして、1980年代末から1990年代にかけて、例えば浙江省の杭州、

---

[21]　1958年11月の国務院『関於農副産品、食品、畜産品、糸綢等商品分級管理弁法的規定』、および王（2004）、595頁を参照。当時、国務院が定めた国計民生に関わる重要商品の第一類26品目には糸、綢、人造繊維が含まれていた。

表 3-10　シルク製品の小売販売状況

	シルク産品小売（万 m）	増加率（％）	一人あたり消費量（m／人）
1952 年	3,092	—	0.05
1954 年	4,705	52.14	0.07
1957 年	7,091	50.72	0.1
1959 年	10,478	47.77	0.14
1961 年	6,192	−40.90	0.09
1963 年	9,551	54.25	0.12
1964 年	9,727	1.84	0.14
1966 年	13,594	39.76	0.18
1967 年	21,443	57.74	0.28
1971 年	19,305	−9.97	0.23
1973 年	23,242	20.39	0.26
1976 年	23,703	1.98	0.25
1980 年	41,159	73.64	0.45
1981 年	48,714	18.36	0.49
1985 年	89,759	84.26	0.85
1988 年	98,200	9.40	0.89
1990 年	72,589	−26.08	0.64
1991 年	98,837	36.16	0.68
1992 年	76,320	−22.78	0.66
1998 年	362,455	374.91	2.9
1999 年	487,210	34.42	3.87

（出所）王『新中国糸綢史記』p.600 より，筆者作成。

　呉江，湖州，嘉興などの伝統的生産地域では，シルク製品の卸売から小売までを行う総合市場が大型物流センター「糸綢城」として相次いで建設された[22]。

　表 3-10 は，中国国内におけるシルク製品（とりわけ生地類）の販売状況を示している。建国後から 1999 年頃まで，販売総量はほぼ一貫して増加傾向にあったことがわかる。さらに，1 人あたりの消費量は 1952 年においてはわずか 0.05m だったが，1999 年には 70 倍以上の 3.87m まで成長した。とくに 1980 年代の飛躍的な成長が目立つ。これは，主産地における大型販売センター，総合市場の林立によってシルク製品の販売流通形態が

22)　表 1-11 中，1998 年，1999 年のデータは格別に大きいが，ここでは原データのままにしている。これは，おそらくシルク織物商品の統計方法の変更によるものだと考えられる。

多様化したこと，国民の消費購買力が向上したことによると考えられる。

二　流通形態の多様化と大型販売センターの興隆

以下，いくつかの大型販売センター（総合市場）の事例を見ておこう。

1　中国繭糸綢交易市場（嘉興市場）

　中国対外経済貿易部と中国紡績部の同意に基づき，中国糸綢輸入輸出集団公司と中国糸綢工業総公司が主導し，浙江省，江蘇省，四川省などの主要養蚕地域の糸綢公司と共同する形で，1992年に浙江省嘉興市に「中国繭糸綢交易市場」（以下，嘉興市場と略す。）を立ち上げることになった。店舗販売とネット販売の二つの販売方式を持つ。正式に運営が始まった1994年当時の干繭交易量は年数万トン前後だったが，2006年には先物を含め約19.1万トンに達した。取引商品の産地は浙江，江蘇，四川，山東など全国各地の主要生産地域を含む広範囲にわたっている。干繭の交易量は全国総生産量のおよそ3分の2にも及ぶとみられ，現在まで，嘉興市場は交易量と交易額の両面において中国最大の繭蚕糸製品交易市場である。中央政府のもとにある企業の主導で建設されることによって，嘉興市場は実質的に市場管理的機能を果たしていることがうかがえる。嘉興市場についての詳細は第四章で述べる。

2　中国東方糸綢市場

　江蘇省では1996年10月，呉江市盛澤鎮に「中国東方糸綢市場」（以下，東方市場と略す）が設立された。盛澤鎮は歴史上有名な織物産地である。主に店舗交易が行われている市場であり，当時の店舗面積はすでに30万m²規模に達していた。東方市場は嘉興市場と異なって，干繭など原料の交易はほとんど行われておらず，主に生地専門の交易市場である。シルク生地のみならず，合繊や化繊生地も扱われていた。その後，取扱商品は紡績用品やパーツにまで拡大した。東方市場では各紡績工場やメーカーが直接市場に出店して交易を行う。進出も比較的自由で取扱商品の調整が行わ

れることもなかったため，この市場ではシルク製品が次第に減少し，化繊原料や化繊製品の交易額が増加していった。1999年頃には，東方市場における化繊原料および製品の総交易量は全体の約90％にもおよび，シルク製品は10％未満[23]にまで減少した。

3　杭州中国糸綢城

1980年代半ば頃から，杭州の西健康路付近にはシルク製品小売業の個人店舗が集中し，次第に街全体がシルク製品を販売する専門地域となってきた。1987年には，中国の伝統建築様式で統一した店舗へと改築ないし新築され，シルク製品を専門的に取り扱う「杭州糸綢市場」が形成された。「杭州糸綢城」では，生地をはじめ，衣服やネクタイ，ハンカチなどのシルク商品を中心とした小売，あるいは少量の卸取引が行われている。

観光地として有名な杭州市内に立地しているため，観光客相手の小売の重要性が次第に顕著になってきた。糸綢城を市内の「第十一番目」の観光地にすることをめざして，2000年には杭州市政府によって従来の建造物がさらに改築ないし増築された。現在では，市場全体が中国江南地域の伝統的な建築様式で統一され，中心街である健康路は車輌通行が禁止され，観光客のための歩道に改造された。歩道の両側には蚕糸業の様子を表現した銅像まで設置されている。現在，総面積は2.5万m^2まで拡大され，約600余りの店舗が立地しており，年間の来場者数は500万人にのぼっている[24]。

4　広西大宗繭糸交易市場有限責任公司（広西市場）

広西市場は2005年，広西の南寧市に設立された。上記三つの取引市場

23）『中国糸綢年鑑』2000年版，242頁。
24）呉鉄民等，「糸綢城想当杭州第11景」，『杭州日報』2001年9月13日，杭州在線 http : //www.zjol.com.cn/node2/node2352/node2356/node2394/userobject12ai475407.html，アクセス日2011年5月2日。杭州では西湖の周辺に10ヶ所の有名な観光地があり，「西湖十景」と呼ばれている。2000年頃から杭州市政府は杭州およびその周辺地域の「糸綢文化」を宣伝するために，「糸綢博物館」と杭州糸綢城をともに杭州の「第十一景」とするキャッチフレーズを作り上げた。

と異なって，広西市場には店舗がなく，インターネット取引のみが行われている。取扱商品は広西地域で生産された干繭および生糸に限られ，かなり専門的な市場となっている。2007年頃，広東青果野菜公司による買収によって，改称され，現在の広西市場となった。2008年頃の年間交易量は干繭約8000トンと比較的少ないが，インターネット取引という形式によって，買い手は全国の様々な地域から集まっている。広西市場は2000年以降に養蚕業が急成長した広西地域において唯一の取引市場である。広西では2005年までに養蚕生産基盤が形成されたが，繭や生糸などの製品流通基盤の整備は遅れていた。広西市場の取引が軌道に乗った2007年以降，品質管理，価格形成などの機能が次第に発揮されるようになり，繭，生糸製品の流通基盤もようやく整備されてきている[25]。

　中国において，シルク製品は現在でも贅沢品であり，日常的な消費機会は限られている。伝統養蚕地域の浙江省や江蘇省では，伝統行事向けにごく少量のシルク製品の需要がみられ，商品としての生産，販売は養蚕農家にとって現金収入の源泉となっている。生産地域以外では，伝統服飾や行事礼服など以外にシルク製品は一般家庭でまだそれほど普及していないことに加え，長く中央政府が輸出志向の方針であったため，国内でのシルク製品の販売量は低迷状態が続いた。この状況を改善するため，1980年代半ばから，総合市場が全国各地の大都市で「博覧会」「交流会」などの巡回販売を行い，積極的に営業活動を展開しはじめた。例えば，杭州にある大型販売センター「杭州中国糸綢城」と杭州シルク株式集団公司（杭州糸綢控股集団公司），中国糸綢博物館などが主催した「杭州糸綢販売展覧会」が，1994年から1999年までの間に北京などの大都市で42回も開催された。その結果，現在では合計11.4億元の交易額に達している[26]。

　このように，これらの大型販売センターが全国規模の営業活動を積極的に展開することによって，シルク製品の国内需要の増加が牽引されていっ

---

25) 『中国糸綢年鑑』2006年，2007年版，および2009年広西大宗市場に対する現地調査の資料による。
26) 『中国糸綢年鑑』2000年版，244頁。

た。シルク製品の対外貿易額が大幅に減少した 2008〜2009 年頃にも，大型販売センターは国内販売の増加のため奮闘した[27]。

5 その他の流通経路

1990 年代半ばから，各地域の国有糸綢公司の民営化は進む一方であった。その過程で，国有糸綢公司時代に行われていた国家による全製品の統一的な買付・販売方式，いわゆる「統購統銷」の制度が崩れたため，民営化後の糸綢公司は自ら製品の販売ルートを再整備せざるを得なかった。それらの流通経路は大きく以下の形態に分類することができる。

第一に，シルク製品メーカーが直販店舗を開業する方法である。例えば，浙江省や江蘇省の糸綢公司は上海や北京などの大都市の繁華街に直販店舗を出店し，シルク生地や一部のアパレル製品を販売し始めた。現在でも大都市にある伝統的百貨店の中にはメーカー直販の店舗が営業している。

第二に，糸綢公司やメーカー，あるいは卸業者が，販売店舗を大型物流センターに出店する方法である。改革開放以降，市場経済が浸透し流通経路が多様化するにしたがって，小売や小ロットの卸売が併存する大規模な物流センターが次々に誕生した。紡績製品の物流センターも少なくない[28]。上記の「糸綢城」と異なって，これらの物流センターは綿，化繊，合繊，混紡など多様な繊維商品を扱っており，シルク製品に特化していないのが特徴である。

第三に，インターネットを通じた通信販売である。2000 年以降，中国国内では村，郷鎮レベルまで通信インフラが整備され，インターネットがより広汎に利用されるようになった。とりわけ地方の糸綢公司が 1990 年代末に民営化され，自ら販売経路を開拓せざるを得なくなった際，積極的

---

27) CCTV ネットニュース，杭州糸綢城は販売額を増加させるため，営業時間の延長や，夏の夜間 6 時〜9 時の特別営業時間の設置などの措置をとった（アクセス日：2010 年 12 月）。http://city.cctv.com/html/zhongancaijing/a9714c95df60b4d5d998224bae9e8bf8.html

28) 中国語では「○○城」と称することが多い。「城」は日本のセンターを意味する。例えば，紡績製品を主要に取り扱っているところは「○○軽紡城」や「○○服装城」等の名称が付けられている。

にインターネットを用いて市場拡大を図るなどの戦略をとった。例えば，浙江省淳安県の淳安糸綢公司はホームページを開設し，真綿布団などのインターネット販売も早い段階で開始している。さらに，国内発送だけではなく国際発送にも応じるところが現れている[29]。

　以上のように，中国糸綢公司が廃止され，中央政府ならびに各省政府が生産・販売流通・国際貿易を統一する一括管理方式が崩れていく中で，シルク製品の国内流通の中心は，各主要養蚕地域（主に，東沿岸部の浙江と江蘇）に誕生した大型販売センターなどに移ってきた。これらの大型販売流通センターは，所在する主要養蚕地域だけではなく，全国市場をも対象にした流通系統を形成しつつあることがうかがえる。しかしながら，国内市場の流通の中心は伝統産地である浙江や江蘇などの東沿岸部地域へ偏っているのが現状であり，新興産地である広西などの西南部地域では流通経路が比較的限られ，不完全であることが課題となっている。

おわりに

　本章では養蚕業および製糸業の国内生産構造と対応させながら，蚕糸業生産連関の出口である蚕糸シルク産品の対外貿易構造の変化を概観した。その結果，1980年以降，蚕糸業製品の貿易製品が生糸とアパレル産品の両極に集中し，さらに生糸産品については，高品質生糸に対する先進国需要が低迷する一方で，低品質生糸に対する発展途上国の需要が急増していることがわかった。またこのような貿易構造の変化が国内における蚕糸業の地域移転を促す作用を与えていることも確認することができた。

　最後に，中国国内におけるシルク産品の市場と流通構造がどのように変化しているかをみてきた。ここでは，シルク産品の輸出商品としての性格が弱まり，国内における流通構造の形成と国内消費市場の発展にしたがっ

29）　2009年7月，浙江省淳安県における現地調査による。

て国内消費量が増加してきた状況，またその流通構造にも地域的特徴がみられることが明らかになった。

　以上のような市場および政策をめぐる環境の変化に伴って，従来の東沿岸部の浙江および江蘇，そして中部の四川などの生産地域のみでは需要の増加や変化を満たせない状況が生まれている。マクロ統計から明らかなように，とりわけ2000年以降，広西などの新興生産地域が急成長し，新たな蚕糸業生産構造が形成されつつある。

　それぞれの地域の状況や産地移動の原因については，続く第四章，第五章で詳しく分析することにしよう。

第四章　伝統産地の興衰——江蘇省と浙江省

はじめに

　中国の東沿岸部地域は養蚕および製糸に適した地理的および自然条件を有し，悠久の養蚕の歴史があり，養蚕や製糸に関わる独特の民俗と文化も形成されている。この地域に立地する江蘇省と浙江省（以下江浙両省と略す）は，中国の養蚕業と製糸業およびシルク紡績業の中心地域となってきた。しかしながら，浙江省と江蘇省では，1980年代に農業生産責任制が実施された後，養蚕業の生産規模が縮小し，代わりに製糸業やシルク紡績業などの工業部門が成長してきている。第二章で述べたように，新興産地の成長に伴って，中国の養蚕業および製糸業では，二つのタイプの生産地域が，各々独自の発展をしながら，相互に影響を与えあっている。

　本章では，浙江省の湖州市や海寧市そして江蘇省の海安県などの地域を典型的な伝統産地の事例としてとりあげ，筆者の現地調査資料に基づき[1]，1990年代末から2010年代までの間における伝統産地養蚕業の衰退とその原因，そして製糸業および絹織工業の発展状況を分析し，伝統産地の発展メカニズムを動態的に分析する。

1） 巻末の「現地調査一覧表」を参照。

第一節　江浙両省における蚕糸業生産の概観

一　養蚕業および製糸業の生産状況

1　桑の栽培と桑園
（1）桑の栽培

　江浙両省では，桑栽培の歴史は長く，栽培されている品種も極めて多様である。とりわけ浙江省では，宋の時代に記載されていた品種はすでに十数種もあり，近代では200種を超えた。1950年代から，浙江省農業科学院を中心に桑品種の調査と研究が進められてきた。その後，浙江省農業科学院を中心に多様な品種の選定と新種の育成研究を積極的に行い，2000年以降では，主に11種の新品種が栽培されている[2]。

　多様な品種を同時に栽培することにより，病虫害の発生にともなう大面積の桑園被害というリスクを回避できる。そして，いくつかの品種の桑を同時に栽培することによって異なる成長時期と品質の葉を生産することが可能となり，養蚕の各段階に応じて蚕の成長具合に適した桑葉を提供することも可能となる。『浙江省蚕桑志』によれば，比較的多く栽培されている11種の桑の新種のうち，3月頃に発芽し，4月下旬から5月中旬ごろに桑葉が成熟する「早生」品種が5種で，十数日程度発芽の遅れる「中生」と「晩生」品種は各3種ある。これらの品種は抗病虫害性と葉の品質が異なるのが特徴である。この特徴によって，江浙両省および周辺地域で栽培される桑は，より多様な病虫害に対応でき，桑葉の安定的生産が保障されている。

　桑苗の生産に関していえば，浙江省の海寧市および周辺地域は最も大きな生産地域である。生産量だけではなく桑苗の品種も豊富である。江蘇省などの東沿岸部の養蚕地域ないし新興産地の広西などの地域でも，浙江省

2）　浙江省蚕桑志編纂委員会『浙江省蚕桑志』浙江大学出版社，2004年，71-72頁。

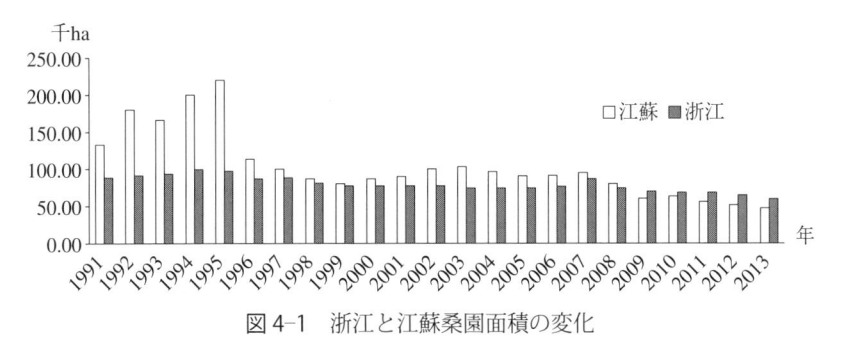

図4-1　浙江と江蘇桑園面積の変化

(出所) 1991-2005年及び2008-10年データは『蚕業信息』各年版, 2006-07年中国紡績網統計データより, 2011年国家繭糸弁公開資料より作成。2011年2012年データは中華人民共和国商務部HPより。2013年データは"中国糸綢網"が公表した『2013年中国繭糸綢行業運行報告』http://www.oksilk.cn/news/26817548.html より, 農産物作武家面積と農産物作付け面積は『中国統計年鑑』年代版より, 筆者作成。

で栽培された桑苗を使用することがある[3]。浙江省は桑苗の栽培だけではなく, 新品種の研究開発の全国的な発信地となっている。

(2) 桑園

図4-1のように, 江蘇省の桑園面積は1995年の「繭大戦」の影響で急拡大したが, 1996年に急減し1990年代以前のレベルまで戻っていった。桑園面積が1995年の2万2千ヘクタールから翌1996年の1万1千ヘクタールまで急減し, その後1990年後半から現在まで微減する傾向である。

浙江省の桑園面積は1990年代以来, 江蘇省のような大幅な増減変化はみられず, 1991年から1996年までの間の微増を経て, 1990年代末の水準が現在まで維持されている。桑園面積が増減する原因は, 前述した「繭大戦」以外に, 気候の変化, 養蚕量の変化, そして周辺の工業化や都市化と他の農産物の生産拡大などに関連すると考えられる。

1980年代に農業生産責任制が実施されて以来, 桑園, 水田を含め農地の使用権が農地の質と面積を基準に, 農民家族単位で均等に分配された[4]。農民は分配された農地について, 農業目的以外への転用を制限されている

---

3) 2005年シルク協会に対する聞き取り調査によると, この場合は桑苗を栽培するのではなく, 接ぎ木法を用いる地域が多くみられるという。

ほかは，原則的に栽培する作物の種類などの決定権を持っている。例えば養蚕農民の場合，分配された耕地を桑園にするか水田にするか，あるいは一定の比率で使い分けるかなどを自由に決めることができることになった。

　生産責任制の実施によって，従来の大隊単位での集団養蚕から家族単位である家族内の小規模養蚕方式に転じた。農業生産責任制の実施に伴って，桑園を分配する際に過剰な平均主義が追求されたため，比較的連続して面積も大きかった連担桑園[5]が小分けされ，養蚕農家に分割された。これによって桑園の零細化と分散化が促されることとなった。

　浙江省湖州市の蚕業史によれば，1983年に湖州市徳清県の桑園面積は7.6万ムーで，5.8万戸の養蚕農家に分配されることになっていた。各農民家族の員数によって耕地が分配された結果，1ムー未満の農家は35％，2ムー以上の農家はわずか20％となった。全湖州市の状況から見れば，徳清県の桑園状況はまだそれほど小規模ではなく，長興県では0.3ムーの事例もあるという。1988年に指導站が実施した，湖州市の重点養蚕地域である高王庙村におけるサンプル調査の結果によれば，養蚕農家1戸当りの平均桑園面積は2.6ムーで，平均で14ヶ所にも分散していたという。同調査によると1戸当り桑園保有面積が0.4ムー未満の農家は養蚕を継続しなかった場合が多かった[6]。しかし一方で，農業生産責任制の実施によって，小規模な農地改造が容易に行われ，農民が保有する水田を桑園に改造する事例も少なくなかった。

　生産責任制の実施に伴う連担桑園の減少も顕著であった。連担桑園は桑の栽培が集中し，周辺の他の作物からの影響が比較的少なく，整備しやすいなどの利点がある。1990年代まで一部の大面積の連担桑園が維持されていたが，1990年代半ば頃から現在にかけて繭価格の変動により養蚕量

4）　中国語では「农业产责任制」となっている。『中国共産党最新資料集』では，農業生産責任制と訳されている。本書ではこの訳語を用いる。
5）　連担桑園は，他の農作物がなく，桑だけ栽培されている広い面積の桑園である。面積は数十ムーから数百ムー程度がみられる。
6）　夏玉如，袁世君主編『湖州市蚕業史』湖州市蚕業管理総站，出版社不明，1997年77頁。

表4-1　江蘇と浙江における桑園単位面積養蚕量比較

	江蘇	浙江	全国平均		江蘇	浙江	全国平均
1991年	2.02	3.25	1.32	2003年	1.68	1.56	1.30
1992年	1.86	3.05	1.31	2004年	1.78	1.69	1.36
1993年	2.01	2.89	1.27	2005年	1.98	1.74	1.59
1994年	1.97	2.53	1.41	2006年	2.19	1.92	1.28
1995年	1.76	2.55	1.53	2007年	2.13	1.70	1.55
1996年	1.47	1.77	1.17	2008年	2.03	1.58	1.38
1997年	1.69	1.92	1.48	2009年	1.92	1.23	1.17
1998年	2.07	2.18	1.59	2010年	1.94	1.23	1.34
1999年	2.03	2.08	1.49	2011年	2.24	1.30	1.34
2000年	2.02	1.99	1.48	2012年	2.28	1.12	1.32
2001年	2.08	2.23	1.47	2013年	2.13	1.17	1.30
2002年	2.00	2.05	1.46				

（出所）1991-2005年及び2008-10年データは『蚕業信息』各年版，2006-07年中国紡績網統計データより，2011年国家繭糸弁公開資料より作成。2011年2012年データは中華人民共和国商務部HPより。2013年データは"中国糸綢網"が公表した『2013年中国繭糸綢行業運行報告』http://www.oksilk.cn/news/26817548.html，筆者作成。

が増減したことなどから，小分けされ他の農産物に転用されたり放棄されたりする事例も少なくない。その結果連担桑園の面積は激減しているという。

　筆者の現地調査によると，伝統産地，とりわけ浙江省の養蚕農民の間では，1990年代半ばから養蚕量を減少させ，ないしは養蚕業をやめ，栽培していた桑園を他の農産物に転作する事例が少なくない。このような転作行為は一時的ではなく，繰り返し，頻繁に行われているという。実際，養蚕量が減少したことが原因で桑園が使用されず放置され，桑の成長が乱れたり病虫害が発生したりすることで桑園の生産性が著しく低下し，もはや養蚕に適応できない状態になっている地域も出現している。桑園の連担率が減少し，零細な分散桑園が増加し，桑園全体の生産性が低下して養蚕業にまで影響を及ぼしていることが推測される。表4-1によれば，1991年に浙江省桑園の1ムー当りの平均養蚕量は3.25枚もあったが，2008年にはそのわずか半分の1.58枚まで減少している。しかしながら上述したよ

うに，1990年代以降，江浙両省において桑の新品種の栽培が進み，桑園改造が行われ，桑園の生産性が増している。したがってこの1ムー当りの平均養蚕量が1.5枚前後にまで減少した背景には，桑園の生産性が低下したことよりも，養蚕量が減少したことによる影響が大きいと考えられる。

図4-2と図4-3は，浙江省と江蘇省の桑園の増加率と1ムー当りの養蚕量の増加率を比較したものである。この二つの図から，江浙両省とも桑園面積の変化と養蚕量の変化は，増減の変動方向の点でも変化時期の点でも一致しておらず，タイムラグが存在していることが読み取れる。両省とも，桑園面積の変化は比較的安定しているが，養蚕量の増減が比較的大きく上下していることが明らかである。言い換えれば，養蚕量が減少する際に，桑園面積は減っていないが，実際にその面積に相当する養蚕が行われておらず，放置桑園となっていると考えられる。しかし，桑園が一旦放置され，養蚕生産に使用されていない状況になれば，除虫，施肥，枝の剪定などの最低限の桑園管理も不十分となる。放置された桑園は生育状態・環境が著しく悪化し，養蚕生産に適用できなくなることがしばしばである。したがって，放置桑園は荒廃桑園ないし荒廃地となることが予測できる。伝統産地の現在の桑園1ムー当り2枚の養蚕量の生産水準で換算すれば，伝統産地全体では約4分の1の桑園は実質的に放置桑園となっている深刻な状況にあるといえる。

その上，前述したように，1980年代に農業の生産責任制が実行された際に，桑園の零細化が進み，桑園の生産性が一層低下することとなった。桑園生産性の低下は養蚕業全体の衰退の重要な一因となる。

2 養蚕生産と繭の流通

(1) 養蚕の時期

伝統産地である江浙両省では，一年を通して春，夏と秋の三つの季節で養蚕が行なわれてきた。表4-2のように，多くの地域では春の時期では4月下旬から6月上旬までの1回のみの養蚕となっている（表4-2）。この地域において1回の養蚕に要する時間は準備時間を除くと約1ヶ月である

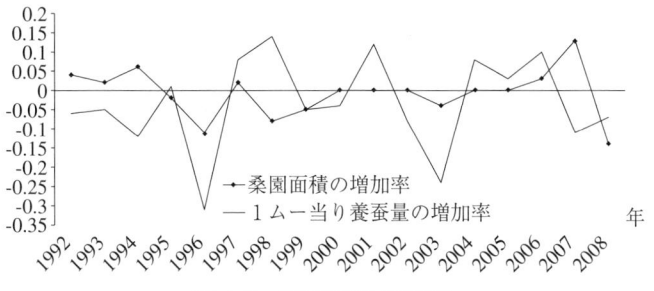

図 4-2　浙江桑園使用情況

（出所）1991-2005 年及び 2008-10 年データは『蚕業信息』各年版，2006-07 年中国紡績網統計データより，2011 年国家繭糸弁公開資料より作成。2011 年 2012 年データは中華人民共和国商務部 HP より。2013 年データは"中国糸綢網"が公表した『2013 年中国繭糸綢行業運行報告』http://www.oksilk.cn/news/26817548.html，筆者作成。

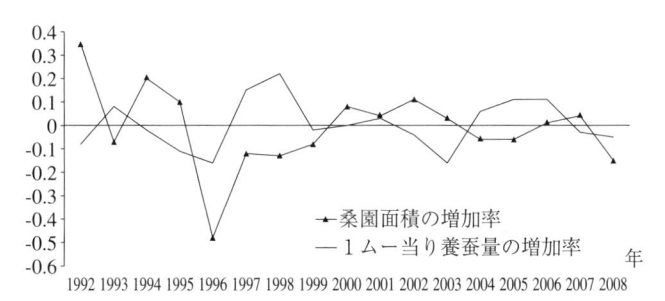

図 4-3　江蘇桑園使用情況

（出所）1991-2005 年及び 2008-10 年データは『蚕業信息』各年版，2006-07 年中国紡績網統計データより，2011 年国家繭糸弁公開資料より作成。2011 年 2012 年データは中華人民共和国商務部 HP より。2013 年データは"中国糸綢網"が公表した『2013 年中国繭糸綢行業運行報告』http://www.oksilk.cn/news/26817548.html，筆者作成。

が，冬期を過ぎても桑園の整備や蚕具の消毒などの養蚕の生産準備はこまめに行われている。さらに，冬期に成長が止まっていた桑園が蚕の飼育に適するまで回復するのに時間がかかるため，結果として，約 2 ヶ月間あっても春には 1 回しか養蚕ができないことになる。筆者の現地調査によると，実際に 2 回ほど養蚕を行う地域も，稀ではあるが存在していた。一方，桑

表4-2　浙江省と江蘇省の養蚕時期

養蚕期	掃立及び繭収穫の時期	飼育の比率 (春蚕を100とする)
春蚕	4月下旬～6月上旬	100%
夏蚕	6月下旬～7月中旬	25～30%
早秋蚕	7月下旬～8月下旬	40～45%
中秋蚕	8月下旬～9月下旬	85～95%
晩秋蚕	9月下旬～10月下旬	10～15%

(出所)《中国糸綢年鑑》2000年創刊版　pp.141表4-18及び
『浙江省蚕桑志』p.139表より筆者作成。

園の成長具合の関係で5月中旬になって養蚕を開始する地域も少なくない。春に産出した繭を「春繭」と呼び、その生産量は年間生産総量の3分の1以上を占めている。春の桑葉は一年を通して最も質が良く、日照が充分で雨が少ない春の天候状況も養蚕に適していると思われ、生産量だけではなく、春繭の品質は年間を通して最も良い。

夏は、この地域では気温が高いため、多くの養蚕農民は養蚕を取りやめている。ごく一部の地域では夏蚕を飼育しているが、「夏繭」の収穫量はわずかであり、その上気候状況の影響で繭の品質も良くない。

秋は3回ほどの養蚕が行われている。秋期は日照が充分で、気温が冷涼であり、養蚕のできる期間も比較的長く、東沿岸部の諸地域では養蚕に適した時期である。実際の生産量も春繭の約1.5倍で、年間の総生産量の半分以上を占めている[7]。

1920年代に、日本人が蚕種の孵化を一時的に止めて保存を実現させた「酸浸法」が成功するまで、伝統産地では春の1回しか養蚕をしない地域が多かった。「酸浸法」が改良され、比較的広汎に使われて、夏と秋の養蚕が徐々に増加するようになったのは1930年代以降のことである。そして、夏繭と秋繭の産出量が春繭を超えたのは1980年代初頭であり、数次の改良によって夏繭と秋繭の品質も高められた。近年、蚕種の育成研究の

---

7)　『浙江省蚕桑志』、139頁。

発達によって，伝統産地では各季節の気候に適した蚕種の新品種も開発されている。

その結果，東沿岸部に立地する伝統産地では，大体5月頃から11月頃までの約7ヶ月間養蚕を行っている。逆に，気候などの状況が適しないため，一年のうち約5ヶ月間は養蚕ができない状況にある。

(2) 蚕種および蚕種生産

現在伝統産地において使われている蚕種は，1980年代末に江浙両省で飼育され，1990年代前後に普及した「菁松×皓月」，「秋豊×白玉」などの品種である。これらの品種の繭は品質が良く，比較的高い耐病性を持つのが特徴である。しかし，高温多湿環境には適しないことが欠点である。そのため，これらの品種は主に春繭の飼育に使用され，気温の高い時期の夏繭を生産するために，特別の夏品種もある。蚕種の育成は蚕桑技術指導站（以下指導站と略す）と大学などの研究教育部門が共同で行っているという。中国農業科学院に直属する蚕業研究所が江蘇省鎮江市に立地していることから，江蘇と浙江では蚕糸業に関する科学研究の面において優れた条件を備えているといえる。

とはいえ，実際に多様な品種の中から蚕種を選定する際に，養蚕農民が自ら決めることは少なく，多くの伝統産地では現地の指導站が決定するか，あるいは所在地域の龍頭企業である製糸公司が決めることになる。これは蚕種生産の工場である蚕種場の所属状況によって決められる。

1990年代後半以降，とりわけ1997年の「貿工農」一体化政策の実施とともに，多くの地域の糸綢公司が民営化された。その後，伝統産地の各地域にある蚕種場が実質政府部門から分離され，独立し，民営化して「蚕種公司」と改称した。例えば，浙江省の海寧市の新興蚕種製造公司は国有で政府の事業部門だったが，2004年頃に株式会社となった。蚕種場も以前は政府の一部であったため，民営化後も指導站とのつながりが強い。そのため蚕種の選定や生産計画についても指導站の指示を受けるなど民営化前の形式が維持されている。しかし政府の組織再編によって指導站の上級部門である農林局の所属関係が変化した際に，指導站との連繋が維持できな

くなった小規模蚕種場が倒産したケースもある。さらに蚕種場の地域分布状況が変化し，蚕種生産の大規模化が進められている。とりわけ養蚕量が激減した無錫市などの地域では蚕種場の数も著しく減少している。その他の蚕種場，例えば以前は糸綱公司の傘下にあった蚕種場は，糸綱公司の民営化後もそのまま新制公司の傘下に継続的に所属し，公司の管理を受け続けている[8]。

　中国の蚕種生産制度の規定に基づき，蚕種場が主に生産している蚕種の種類によって，原種を生産する原種蚕種場と一代交雑種を生産する蚕種場がある。原種は省級の蚕桑指導機関が保有しており，原種を生産する蚕種場は省の認定を受け生産許可証を取得しなければならない。原種蚕種場ではより高度な生産技術と良好な設備が要求される。

　一代交雑種を生産するには，省政府が許可する蚕種生産准産証が必要である[9]。現在蚕種の生産には「定地生産」という生産方式が広く用いられている。これは，蚕種生産地域をあらかじめ設定して生産する方法である。どの蚕種場もだいたい蚕種を生産するための桑園を持っており，周辺農民の中から養蚕経験が豊富で養蚕技術も優れている農家を選定し，蚕を飼育し，蚕種を委託生産する形式がとられている。その際に養蚕農民と蚕種場の間では「契約」が交わされる。例えば，海寧市の新興蚕種場は養蚕農民と「飼育協議書」という生産契約を交わしている。一部の原蚕の蚕種場は「原原種」および「原原母種」の生物資源的な保存と管理を行う役割も果たしているため，さらに慎重に養蚕農民を選定しているが，生産形式は大きく変わらない。蚕種場と契約を結び，養蚕を行う養蚕農民の収入は一般の養蚕農民より安定しているという。飼育している蚕の特殊性から，蚕種場からの綿密な技術指導を受けている。そのため，蚕種生産にかかわる養蚕農民は地域でもより高い技術と生産経験の持ち主である[10]。これらの養蚕農民は自分が習得した技術と経験を周りの養蚕農民と共有することで，

---

8) 2005年7月，江蘇省蚕種場，無錫市指導站に対する聞き取り調査による。
9) 顧国達『蚕業経済管理』139-141頁。
10) 海寧市の新興蚕種製造有限責任公司における現地調査資料。

第四章　伝統産地の興衰

表4-3　浙江省，江蘇省蚕種場と蚕種生産量の変化

単位：軒，万枚

		1990年	1991年	1992年	1993年	1994年	1995年	1996年	1997年	1998年	1999年	2000年	2001年	2002年	2003年	2004年	2005年	2006年
浙江省	蚕種場数	41	41	41	41	41	41	41	41	36	35	35	35	30	—	21	19	21
	蚕種生産量	434	395	542	509	472	505	320	295	315	315	289	320	290	220	220	200	231
	蚕種配布量	—	428	418	404	377	373	230	253	265	241	231	259	239	175	189	195	221
	生産量と配布量差	—	−33	124	105	95	132	90	42	50	74	58	61	51	45	31	5	10
江蘇省	蚕種場数	34	36	38	40	42	44	44	40	38	31	31	31	31	—	25	25	25
	蚕種生産量	445	505	580	555	565	710	303	328	301	282	281	326	351	344	305	260	319
	蚕種配布量	—	403	503	501	590	582	250	253	269	244	263	280	300	260	258	269	300
	生産量と配布量差	—	102	77	54	−25	128	53	75	32	38	18	46	51	84	47	−9	19
全国	蚕種場数	301	309	323	334	333	341	328	272	265	251	258	253	247	—	207	193	197
	蚕種生産量	1,999	2,111	2,777	2,616	2,463	2,743	1,708	1,634	1,615	1,476	1,724	1,838	1,827	1,708	1,646	1,572	1,965

(出所)『中国糸綢年鑑』各年版より，筆者作成。

所在地域の養蚕技術を向上させる役割も果たしていると考えられる。しかし，蚕種場の数の減少，そして小規模蚕種場の合併に伴う蚕種生産地域の縮小などによって，このような役割は次第に薄くなっているとみられる。この状況は伝統産地の養蚕技術の発展に悪影響を及ぼすものと思われる。

表4-3からわかるように，1990年代初期からの浙江省の蚕種場数は1997年まで41軒を維持していたが，1998年から減少し，2006年には21軒にまで急減した。とはいえ，蚕種場の数が減少しながらも蚕種の生産量は微増した時期がある。これは一部の小規模蚕種場が合併され，大規模蚕種場となったからである。次第に蚕種の生産量が減少しはじめたのは2000年以降のことである。江蘇省も同様に1997年に蚕種場の数が減少しはじめ，2000年以降は減少の一途となった。蚕種の生産について明確な減少傾向が読み取れるが，浙江省と異なり，2000年以降の蚕種生産量は300万枚前後，配布量も250万枚以上のレベルを維持できていることから，江蘇省における養蚕量の衰退状況は浙江省よりゆるやかであるといえる。

さらに，表4-3にある蚕種の生産量と配布量の差から，両省とも毎年の蚕種量に余裕があることがわかる。この状況には，2つの原因があると考えられる。第一に，蚕種の生産および蚕種の保存には大きなリスクが伴うため，養蚕の需要量を保障するために，後述するように各蚕種場とも蚕種を予測需要量より約1〜2割ほど増した予備蚕種も生産している。

第二に江浙両省以外の需要があることが考えられる。江蘇蚕種場に対する筆者の調査によると，伝統産地でもある程度の蚕種の流動性があり，産地を越えた蚕種の調達がみられる。一部の地域では蚕種の供給不足が発生した場合，近隣の地域から蚕種を調達し，不足分を補充している。さらに，西南部にある新興産地の発展によって，江浙両省から蚕種を提供することも少なくないという。

　総じて，一部の地域では養蚕状況に応じて蚕種場を新設する場合もあるが[11]，伝統産地における蚕種場の数と蚕種の生産量がともに減少する傾向は明らかである。蚕種生産量の減少も養蚕業の衰退の一側面を表しているといえる。

(3) 蚕種の流通

　伝統産地における蚕種の流通は，市場を通じてではなく，各地域の蚕桑指導站の仲介を通じて，蚕種生産者の蚕種場から最終的な使用者である養蚕農民へと渡っていく。

　生産時期にあわせて，地域ごとに飼育する品種が異なる。どの品種が所在地域の状況に適合しているかを判断するのは指導站である。各地の養蚕農民は，指導站が選定した品種に従って，その時期の養蚕量を決める。

　指導站は所在地域内のすべての養蚕農民の作業の予定を聞き，地域の蚕の飼育総量を集計し，生産計画を作り上げる。蚕種場はこの指導站の計画に従って蚕種を生産する。これは蚕種の「先注文」法といわれる。つまり蚕の飼育期間が始まる前に，あらかじめ蚕種を注文する方法である。蚕種の配布も農民が蚕種場に直接受け取りに行くのではなく，注文を受けた指導站が農民の手元に蚕種を届けている。蚕種の売買において，ほとんどの場合，農民は蚕種場と直接にやり取りせず，指導站を介してやり取りを行う。

　伝統産地では，このような蚕種の注文と配布の仕組みから，蚕種の流通が指導站の所轄地域で区切られている。つまり市や県ごとに蚕種市場が分

---

11) 例えば後述する江蘇省海安県の事例。

割され，閉鎖される構造となっている。省境を越えて伝統産地全体を包括する蚕種市場はなく，自由に売買される蚕種は極めて少量である。

　自由な蚕種市場が形成されていない原因としては，第一に，伝統産地における蚕種の催青の方法が関係している。伝統産地では春と秋の二つの養蚕期間が最も重要であり，ほとんどの養蚕地域では一年を通して常に養蚕を行っているわけではない。しかし，蚕種は生物であるため，生物固有のライフサイクルを有する。蚕種は必要時にすぐに生産できるわけではなく，蚕の成虫の繁殖期に合わせて生産しなければならない。したがって蚕種の保存が避けられない問題となる。現在の酸漬け低温保存法は最も有効な方法であるが，この方法で保存された蚕種を孵化させる際に必要不可欠となるのが催青というプロセスである。催青は一般の養蚕農民にはできない工程であり，高度な専門技術と設備を必要とする。その上，催青のプロセスそのものも10日ほどの時間がかかる[12]。伝統産地では一般的に催青を行うのは指導站である。多くの指導站は，政府資金を受け専門の技術員と先進的設備を導入した催青ステーションを有している。また，一部の地域では蚕種保存倉庫も完備している。養蚕時期が始まる前，指導站が蚕種場から蚕種を受け取り，催青し，そして催青済みで孵化直前にある蚕種を，所在地域の養蚕農民の手元に届けることとなっている。このように，蚕種の生産，保存そして催青のプロセスが必要であるため，蚕種場および指導站が事実上蚕種の流通経路をコントロールすることとなる。

　第二に，計画経済時代から継続してきた蚕種の流通形式にも原因の一つがある。伝統産地の指導站を中心に，農林局などの政府部門は，蚕種が養蚕業の基礎となる重要な一環であると考え，指導站を通じた蚕種の「先注文」の形式を用いた上で，蚕種の生産，売買，催青までさまざまな許可証を下すことで，厳格に管理し，蚕種市場の形成を阻止してきたという側面がある。

　糸綢公司の民営化後，主要養蚕地域である江浙両省の省政府が，蚕種の

---

12) 中国農業科学院蚕業研究所主編『中国養蚕学』上海科学技術出版社，1990年，430-435頁。

経営管理に関する政府規定を改め、蚕種生産部門である蚕種場、そして民営化後の蚕種公司と蚕種計画部門である所在地域の指導站とが共同で蚕種の経営と管理を行うことが明確にされた。

浙江省は1994年に『関於加強蚕種経営管理工作的通知』、そして1997年に『関於進一歩加強蚕種生産経営管理工作的通知』を発令し、明確かつ厳格に個人による蚕種の製造、経営などの行為を禁止している。江蘇省でも1995年に江蘇省糸綢公司が民営化され、江蘇省糸綢集団公司となった際に『江蘇省蚕種管理実施細則』を定め、各市の糸綢公司および蚕種公司の実行を要求した。そして、1996年に江蘇省工商管理局、そして1997年に江蘇省糸綢協調部門、経済計画委員会などの政府部門と共同で『関於加強当面蚕種管理的通知』を発布し、江蘇糸綢集団およびその下にある蚕種公司は蚕種の生産と経営の主要管理部門であることを明確にした[13]。

とはいえ、伝統産地では全体としては地域ごとの閉鎖的蚕種市場が形成されているが、蚕種の域間流通も少ないながらもみられるようになってきている。

蚕種の生産と貯蔵に伴う蚕種損失のリスクを回避し、注文された蚕種量の提供を保証するために、蚕種場はいつも注文された蚕種量より多めに蚕種を生産している。この余分に生産した蚕種を予備蚕種と言い、生産量は蚕種場が自ら決めている。大体の蚕種場は注文された蚕種の総量より1〜2割ほど多く生産している。もし蚕種の生産と配布が順調に行われた場合、予備蚕種は余剰となってしまい、この余剰蚕種の処理は、蚕種場が自ら解決しなければならない。つまり、蚕種場にとって、予備蚕種を生産しなければならないが、余剰蚕種については、蚕種場が損失として負担せざるを得ない。伝統産地では、予備蚕種の一部は指導站に引きとられるが、他の部分は域外に販売されるか、廃棄されることとなる。

前掲表4-3からも明らかなように、伝統産地における蚕種の生産量と配布量の差は大きいがこれらの蚕種は伝統産地の域外へ販売された可能性が

---

13) 王庄穆編 『新中国糸綢史記』、中国紡績出版社、2004年1月、110-111頁。

ある。実際，後章で述べる新興産地の蚕種生産の不足状況と照合すれば，伝統産地で生産された蚕種の少なくない部分が，新興産地で販売されたと考えられる。

蚕種の価格は市場によって決められるものではなく，事実上生産部門である蚕種場あるいは蚕種公司および指導站と物価局などの政府部門によって定められている。蚕種の価格形成にあたって，養蚕農民は発言権がほとんどないと考えられる。

具体的に，蚕種の価格には蚕種生産に必要なコスト以外に，他のいくつかの費用も含まれている。したがって，実際に農民が支払う代金には，蚕種代だけではなく各種の費用も含まれている。

この各種費用の種類と金額も地域によって若干異なるが，大きくは政府が受け取る「蚕桑技術改進費」（以下「改進費」と略す）と蚕種催青の「催青費」，そしてその他諸費用で構成される。例えば，浙江省海寧市の新興蚕種公司所在地域では，2004年頃に蚕種1枚当りの価格は約32元だったが，そのうち，生産コストは25.8元，改進費3元，催青費1～2元，その他の費用は1元前後という内訳になっていた[14]。

諸費用のうち，改進費は1980年代以降徴収が始まった費用であり，実際に養蚕業の技術向上のための財源となる。徴収された費用は省，市そして県（あるいは県レベルの市）の3つの政府部門が一定の比率にしたがって受け取り，管理することとなる。例えば，海寧市の場合は蚕種1枚当り徴収する3元の改進費は，浙江省が1元，海寧市の上級市である嘉興市が1元，そして海寧市の指導站自身が1元ずつ受け取る複雑なシステムとなっている。また，改進費の分配の比率も地域によって異なる。筆者の現地調査によると，実際に，蚕種価格に含まれるその他の諸費用の中に，一部の地域では蚕種の注文費用が含まれる場合もあった。この費用も結局は所在地域指導站が受け取ることとなる。このように，指導站が一定の比率によって受け取る改進費の一部は，実は二重徴収となっている。養蚕農民

---

14) 2005年7月浙江省における現地調査による。

はこれらの費用の負担者となっているわけである。

　上述のように，伝統産地における蚕種の生産と流通には二つのシステムがある。一つは蚕種場あるいは蚕種公司などの実際の蚕種の生産システムであり，蚕種の経営および販売などは行っていない。もう一つのシステムは蚕種の管理と経営を担う農林局にある指導站であり，蚕種の販売や催青などのサービスを行っていて，蚕種の生産は行っていない。蚕種の生産と経営を管理する政策も実は分離している形となっている。つまり，蚕種の生産には「蚕種生産許可証」を与え，販売と経営には「蚕種経営許可証」を与えている。

　現在，伝統産地の蚕種場では「生産」許可と「経営」許可の両方を所持している場合が多いという。そうなると，仮に蚕種場が蚕種経営を始めれば，事実上同地域の「指導站」との競争が不可避な状況になるが，現状では，同じ地域内の蚕種場と指導站がこのような競争を回避するために，話し合いの上で，蚕種の生産および経営の役割を分担している状況にある。例えば，海寧市指導站は蚕種の経営許可を所持していて，海寧市の蚕種場である新興蚕種公司は蚕種の生産許可と同時に経営許可も所持しているという。しかし，実際には，新興公司は蚕種の生産だけに集中し，養蚕農民への販売はしておらず，指導站だけが，蚕種生産を経営している状況となっている。新興公司が蚕種経営許可を持っていても経営を行わない理由は，指導站と新興公司との話し合いの結果，海寧市内の蚕種市場の競争を緩和させるためであるという。言い換えれば，養蚕業の川上にある蚕種市場での蚕種の流通は自由競争ではなく，地域の生産許可や経営権が付与されたことによって，蚕種の生産を牽制しつつ，地域市場をさらに分断しているといえる。

　この状況を維持できるのも伝統的な政府の管理体制が変わっていないからである。多くの伝統産地の蚕種場は，蚕種の生産を行っているが，蚕種は販売していない。しかし，1980年代半ば以来，蚕種の地域的な需要量のギャップが著しく拡大したことによって，一部の蚕種場は深刻な存続問題に直面するようになった。このような蚕種場は以前の閉鎖的な地域市場

を打開し，新たな蚕種の販路を確保しなければならない状況に追い込まれたのである。

　こうして，1990年代半ばからの「貿工農」一体化政策の実施とともに，蚕種場が製糸企業や糸綢公司と連合して経営する新たな生産方式が出現する。そこでは，①蚕種場が完全に糸綢公司の子会社になる，②糸綢公司が蚕種場に出資する，③あるいは糸綢公司と蚕種場がお互いに株を持ち合うという3つの形式がある[15]。蚕種場と糸綢公司の所在地域が必ずしも一致しないので，蚕種場と糸綢公司が連合することになれば，現在のような分割された蚕種の地域的閉鎖市場は事実上消滅していくと予想される。

(4) 技術指導の困難性と養蚕方法の変化

　伝統産地での新養蚕技術の推進策としては，「見本制」という伝授の方法が用いられている。研究開発機関によって，新技術がまず省あるいは市レベルの指導站に紹介される。そして各地域の指導站によって，養蚕地域へと紹介されていく。具体的には，各地域の指導站は「見本」としての役割が果たせるように，いくつかの村を選定し，これらの村の中から養蚕経験のある農家を選び，新技術の試行を行っている。このような村を「示範村」と呼び，農家を「示範戸」という。「示範戸」での新技術の実験の結果を見て，「示範村」へ拡大する応用実験が行われる。その実験の結果を技術開発機関と当地の指導站が研究し，さらに「村」から「郷」，「鎮」レベルまで拡大していく。このような技術の推進方法は養蚕業だけではなく，他の農産物の技術指導にも採用されているという。実際には，近隣地域において，いくつかの「示範村」が同時に存在している。したがって，いくつかの「示範戸」から「示範村」，「郷」，「鎮」の順に新技術が伝達されていくことによって，一種のネットワークが形成されている。このネットワークを利用し，養蚕技術だけではなく，養蚕に関する情報も同時に伝わっていく[16]。

---

15) 蔡志偉等「試述蚕種場在市場経済体制下的経営戦略」『蚕桑通報』第33期，2002年1月，42-44頁。

16) 2005年，2009年浙江省無錫および湖州における現地調査資料による。

1980年代以降，養蚕生産の生産単位は，大隊から個別農家へ移り変わった。養蚕農家の立地も分散するようになり，各農家独自の経営実態もあり，個別農家への技術指導は非常に困難な状況となった。しかしながら，新技術の採用によってもたらされた養蚕生産性の変化は，必ずしも明白ではない。筆者の現地調査によると，例えば，飼育段階にあわせて蚕に桑を与えるタイミングを把握する技術や，新種の蚕薬の使用，そして後述の稚蚕共同飼育技術および方格蔟を使用する上蔟技術等は長期にわたって伝授されてきた新技術であるが，現在でも普及率が高くない技術の事例としてみなされている。

　伝統産地では，新技術に対し一部の養蚕農民は抵抗感を持っているといわれる。養蚕の歴史が長いほど，養蚕農民各自の養蚕経験も豊富である。養蚕農民の固有の養蚕慣行ないし養蚕方法が形成されていて，新技術や新方法への抵抗が強いという。このため，伝統産地での技術指導および新技術の推進は容易ではない。しかし，近年桑および蚕の新品種が相次いで育成され，広汎に飼育されるようになり，これらの新品種に適した飼育方法も変化しつつある。にもかかわらず，新品種に適した養蚕方法を理解できずに養蚕を行う養蚕農民も少なくない。この状況は養蚕のリスクを増大する結果をもたらしている。さらに養蚕労働力の喪失が顕著で，農村部では高齢化が進み，壮年労働力の出稼ぎが増加し，残された老人や女性と子供が養蚕業の主要な担い手となっている。これらの養蚕農民が新しい技術を使いこなすことが困難である点も，伝統産地において新技術が効果的に普及しない要因の一つとなっている[17]。

　技術を伝授する指導站にも原因の一端がある。一部の地域を除いて，伝統産地では直接に養蚕農民と接触し，養蚕農民と対面で養蚕技術を指導する主体は，各地域にある指導站である。1990年代後半以来，糸綢公司の民営化と，「貿工農」一体化の実施によって，指導站の上級部門が再編され，糸綢公司とのつながりが変化したため，指導站指導体制もこれに適応

---

17) 李井海等「郷鎮蚕桑技術推広工作的体会」『蚕桑通報』，第37巻第2期，2006年5月，53頁。

せざるをえない状況となった。従来，指導站は単純に上級部門の農林局が指示した通りに生産・技術指導や新技術の普及をすればよかったのであるが，糸綢公司が民営化されたことによって，従来糸綢公司が分担していた農民に対する一部のサービスを指導站が引き受けることになった。例えば，農民の養蚕状況を把握し，製糸の需要に応じながら，養蚕技術を選定し，伝授するプロセスが必要となっている。さらに，養蚕農民に対し，養蚕技術だけではなく，繭市場の変化への対応などの養蚕経営への助言も要求されるようになっている。繭生産が減少したため，桑および蚕の総合利用への試みも実質指導站が行っている。例えば，湖州市指導站では，果実用桑栽培の実験を行っている[18]。つまり，指導站の養蚕現場における役割が今後ますます重要になっていくことが考えられる[19]。それにもかかわらず，現在最前線にある市，県以下の郷鎮地域の指導站では，組織の再編成を行い，指導人員や専門家が減らされ，指導の経費としての運営費も非常に不足している。とりわけ浙江省の一部の地域では郷鎮の財政状況が悪化し，指導站の運営さえ困難な状況にある[20]。

　伝統産地では，蚕種の孵化，稚蚕の飼育から，上蔟，営繭そして繭の収穫までのすべての過程を一つの養蚕農家が行う伝統的な養蚕方式をとることがあり，伝統産地ではこのような方式を「自育」[21]と呼んでいる。江浙両省および周辺地域を含めた伝統産地は全体的にこの自育の方式を用いる農民が多いとみられる。

　自育とは対照的に，蚕種の孵化から3齢までの稚蚕の飼育を共同で行う「稚蚕の共同飼育」（以下共同飼育と略す）という新たな方式がみられる。共同飼育の推進には三つの背景がある。第一に，前述したように稚蚕の飼育は養蚕段階で最も技術を要するプロセスであるため，失敗が発生しやす

---

18)　馬秀康「改革開放三十年湖州蚕業科技進歩的回顧」『回顧桑通報』，第39巻3期，2008年8月。
19)　王暉「蚕業科技推広体系面臨的挑戦与対策」『蚕桑通報』，2003年3月，第34期，53-54頁。
20)　李井海等前掲論文。
21)　中国語では「自育」という。つまり，共同飼育室などで共同飼育せず，自ら稚蚕を飼育するという意味である。

く，最悪の場合は稚蚕が死んでしまい，養蚕農民に巨大な損失をもたらす。もちろん繭の品質にも大きな影響を与える。第二に，稚蚕が飼育される春先と秋の終わり頃は，気温が低いため，飼育の際に人工的に室温を保たなければならない。伝統産地では，電力で加熱する設備が少なく，多くの場合は炭や柴などの火力で加熱するため，農民の一酸化炭素中毒事件がほぼ毎年発生している。例えば桐郷市では，1982年から2004年までの間に累計40人もの農民が中毒死する重大な事故があった。同時に，一酸化炭素中毒による蚕種の損失も巨額であった[22]。共同飼育によって，設備の電化や作業の省力化が可能になり，一酸化炭素中毒事故もある程度防止できる。養蚕による人身事故，また経済的損失をできるだけ削減するために，稚蚕の共同飼育という方法は有効であると認識されている。第三に，稚蚕の飼育には労働力を含む多大な投入が必要となる。1990年代以降，伝統産地の養蚕量が減少し，従来の養蚕農民とりわけ若年で養蚕技術のある農民の出稼ぎが増え，労働力の流失が多くなっていた。稚蚕の飼育ができなくなったため，養蚕を止める農民が続出した。共同飼育は飼育用具と労働力を集約し，同時に稚蚕飼育のできない養蚕農民に稚蚕を提供することもできる。このような理由で，1990年代初期から伝統産地において共同飼育が進められることになったのである[23]。

　稚蚕の共同飼育には，大きく二つの形態がある。一つは村や郷鎮政府が主な出資者となる比較的大規模で良質な設備を備えている共同飼育形態である。もう一つは所在地域にある，比較的養蚕量の多い，技術の優れた養蚕農家，あるいは「養蚕協会」などの農民組織が運営する共同飼育室である。後者は前者より規模が小さく，設備はそれほど先進的ではない場合が多い[24]。上の二種類以外にも特殊なケースもある。例えば，一部の地域に

---

22)　姚麗娟「推進集約化飼養小蚕，提昇桐郷市蚕桑産業」『蚕桑通報』，第37巻3期，pp.53-55，2006年8月。
23)　呉純清「倡導小蚕集約化管理，提高社会化服務水準」『蚕桑通報』，第39巻4期，2008年11月，45-47頁。
24)　王夏英等「小蚕共同飼育技術的推広応用」『蚕桑通報』，第33巻1期，2002年1月，57-59頁。

写真5　浙江省鎮江養蚕用籠，2005年7月

写真6　浙江省鎮江養蚕道具，2005年7月

限って，数十戸か数百戸前後の養蚕農家という単位で，養蚕技術の研究という一種の実験目的で稚蚕の共同飼育が行われる場合もある。

共同飼育が行われる形式も地域によって多様であるが，呉純清は，大体三つの典型的方式があるとしている[25]。

①託児型稚蚕飼育

数戸の養蚕農民が共同で稚蚕の飼育を行う方式である。飼育に必要な場所，設備，蚕具などはすべて周辺農民からの借用であり，桑園も使う分だけの桑葉を借りることができる。稚蚕を行う飼育員は，経験と技術を持つ人望のある農民（家族）が担当する。託児所のように，養蚕農民が自分の蚕種を飼育室に送り，飼育後，稚蚕を引き取る。稚蚕を引き取る時に，実際に飼育員が使用した蚕具や蚕薬，桑葉などの実費と蚕種を託した農民が稚蚕量に応じて分担する形となっている。

②連合式共同飼育

この方式は託児型と同様に，養蚕農民が地縁関係などの既存関係に基づいて自発的に行う共同飼育の方式であるため，養蚕農民にとって身近であり，利用しやすい方法となっている。託児式と異なっているのは，飼育に必要な道具や桑葉は，農民が各自持ち込んでいるものを使用しているので，

---

25) 呉純清「倡導小蚕集約化管理，提高社会化服務水準」『蚕桑通報』，第39巻4期，2008年11月，45-47頁。

稚蚕を受け取るときに飼育費の名目で謝礼を渡すこととなる[26]。

上記の二つの方法は，当初稚蚕共同飼育の技術を普及し始めた際に，指導站と村の幹部達が共同養蚕農民にすすめたものだという。嘉興市などの地域は，1990年代初め頃からこれらの方法を用いて稚蚕共同飼育の普及を試みた[27]。これらの方法は，初期投資が少なく，より簡単に始められる方法であり，農民に好まれたという。しかし，指導站の技術指導を一般の養蚕農民より多く受けられるとはいえ，一方で資金が少なく，規模が小さいため設備や技術の限界があり，稚蚕飼育事故も発生しやすい。さまざまな面において，稚蚕飼育の担い手はかなり大きな負担を抱えてしまうことが考えられる。筆者の現地調査では，このような小規模養蚕農民による自発的な稚蚕共同飼育室では，成功と失敗の事例が両極端に分立していた。多くの場合は養蚕事故がなくても，長くは続けられないという。

③専業管理

専門的な稚蚕飼育場のある技術と設備レベルの高い専業的飼育施設で行う方式である。政府や企業から多額の投資を受け，専業飼育員と専用の稚蚕飼育用桑園を備えている。このような飼育場では，飼育量が多く，飼育状況が比較的安定していて，稚蚕の品質も良い。

稚蚕の共同飼育の生産方式は，養蚕技術を高め，養蚕リスクを低減し損失を回避する役割を果たしている。一方で，共同飼育による生産様式の普及に伴って，従来の連続した養蚕過程が，「稚蚕」と「壮蚕」という1つずつの過程に分離されることになった。この分離によって，従来は一つの養蚕農家が行っていた稚蚕飼育と壮蚕飼育の連続的な生産過程を複数の農家が分担する同時進行型の生産過程へと分離，再編することが可能となった。このように，2つの生産過程を同時に行うならば，壮蚕の飼育時間は稚蚕よりも短いため，稚蚕に対する需要も増加する。それに対応し，桑園と養蚕人員も，稚蚕を専業とする農家と壮蚕飼育を専業とする農家に分業

---

26) 2009年7月浙江省における調査資料による。
27) 呉培良等「発展小蚕共育専業戸提高蚕桑経済社会効益」『蚕桑通報』，第31巻3期，2000年3月，49-50頁。

化することになる。これによって，稚蚕部門においても蚕種のように独立した広汎な市場が形成される可能性も生まれる。

　伝統産地では，養蚕農民の間で桑苗や桑葉などの売買関係が若干みられるが，蚕の飼育過程では，そのような売買はまれである。しかし，稚蚕共同飼育の普及を通して，農民間でも稚蚕売買関係が成立し，従来の伝統産地における養蚕農民間の地縁・血縁関係が次第に経済的関係に変化しているところもある。

　このように稚蚕共同飼育が一定程度発展すれば，伝統生産における養蚕業の方式にも大きな変化が生まれ，養蚕業ないし製糸業にも影響を与えると考えられる。

　筆者が現地調査で入手した資料によると，湖州市には自ら「稚蚕公司」と称し，稚蚕のみ飼育し，専門的に周辺の養蚕農民に稚蚕を提供する稚蚕販売店の性質を持つ稚蚕共同飼育室が出現しているが，あくまでも所在地周辺の地縁・血縁関係を有する極少数の養蚕農民に対して稚蚕をサービス的に提供するものであり，利益も少ないという。しかし，このような「稚蚕公司」が成長すれば，伝統産地における稚蚕市場の形成を促すことが不可能ではないといえよう。

　とはいえ，独自の稚蚕市場が形成されるには稚蚕の共同飼育が自育より広汎に採用され，一般的な養蚕方式として普及している必要がある。しかしながら，現在のところ伝統産地では，稚蚕の自育が大半を占めている。共同飼育率の高い地域でも，農民の自発的な小規模共同飼育方式の飼育室が多い。龍頭企業によって建てられた大規模で長く維持できる共同飼育室は確かに存在するが，数が少ない上，企業管理のもとにあるため，企業内で半強制的に共同飼育が行われている状況であり，稚蚕が商品として企業の外へ流通することは難しい状況である。

　例えば，2008年の稚蚕共同飼育普及率は約22％[28]に達し，稚蚕飼育量の多い浙江省桐郷市の稚蚕飼育室の状況を見ると，2005年から2008年の

28）飼育される蚕種枚数をベースに計算した結果である。

表 4-4　桐郷市の稚蚕飼育規模状況

	10 枚以上飼育室(軒)	飼育量(枚)	平均飼育量(枚)	飼育室増減数(枚／軒)
2005 年	2,370	61,503	26	—
2006 年	4,198	80,254	19	1,828
2007 年	3,462	82,577	24	−736
2008 年	4,932	90,269	18	1,470

(出所) 呉純清「倡導小蚕集約化管理,提高社会化服務水準」『蚕桑通報』第 39 巻 4 期 2008 年 11 月,pp.45-47 より,筆者作成。

4 年間に,稚蚕共同飼育室の軒数は 4,000 軒前後にも達したが,平均飼育量は 20 枚前後の小規模な水準にとどまっており,小規模な飼育室が極めて多いことがわかる(表 4-4)。さらに,飼育室の軒数増減の幅が大きいことからも,小規模飼育室が安定的に稚蚕飼育を継続することの困難性をうかがい知ることができる。2008 年頃まで,桐郷市には 500 枚以上の大規模稚蚕飼育室はわずか 5 軒にすぎず,100 枚以上の規模でも 30 軒ほどに過ぎないという[29]。

二　養蚕業および製糸業の生産と流通状況

1　繭の流通

　第二章で述べたように,繭の流通のあり方は養蚕地域によって大きく異なっている。伝統産地では,繭という農産品の特質に規定されて,繭の流通は「生繭」と「干繭」の二つの流通段階に分かれている。

　生繭は蚕が 5 齢を過ぎ,営繭した産物であり,生繭の中のさなぎが活きたままの状態にある産品である。養蚕農民が収穫したばかりの繭は生繭である。生繭の中のさなぎは数日で羽化してしまうが,養蚕農民は生繭を各自で乾燥することができない。そのため,生繭は大体 1 週間以内に繭站に販売し,乾燥しなければならない。この生繭を乾燥したものが干繭である。干繭は貯蔵と長距離運輸が可能であり,実際に 2000 年以降,干繭の流通は浙江省,江蘇省の省域内のみならず,省際,あるいは新興産地である西

---

29)　呉純清前掲論文。

南部地域間の広域流通もみられる[30]。

　生繭の売買に関していえば、中国政府が毎年発布している繭収購価格と管理の通知を見る限り、中国政府が生繭市場を厳しく取り締まっている状況がうかがえる。中国政府は、2001年6月『関与深化蚕繭流通体制改革的意見』[31]を発布し、「鮮繭収購資格認定」[32]という生繭の買い取り資格認定制度を開始した。この認定制度は、各省政府が独自に詳細を定めることとし、各省が生繭を売買する経営主体に許可証を与えることを定めている。生繭収購資格認定は2年に1回の再審査が求められている。この許可証には買い取り資格のみならず、繭の産地の範囲まで明確に示すことが要求されている。

　一方で、干繭市場に関しては、中国政府が2001年6月に発布した「意見」によって、一定程度、市場を開放することが認められた。特に地域間の繭流通に関して、「干繭の取引制限を取り消すべきであり、正常な、繭の流通、取引に対し、いかなる障碍も設けてはいけない」[33]とした。

　1980年代以前、伝統産地の蚕糸業は糸綢公司によって管理されていた。当時、生産大隊は、生産した生繭を繭站に持ち込んで乾燥し、そして干繭は糸綢公司の生産計画によって統一的に調達され、所在地域の各製糸工場へ分配されていた。

　1980年代の農業生産責任制の実施後、養蚕農民は各自で産出した生繭を所在地域にある繭站に持ち込んで、販売していた。繭站で繭を売り出し、繭と引き換えに現金を得ることとなる。そして繭站は生繭を乾燥し、製糸企業に送る。繭站が生繭を買い取るために「生繭収購許可書」が必要となる。同時に、干繭を売買する際にも「干繭収購許可書」が必要となる。

　養蚕農民の状態や繭站の性格によって、伝統産地の繭の流通はだいたい四種類に分類することができる。

---

30) 本章では特別な注釈のない限り、繭は「干繭」のことを指す。
31) 『中国糸綢年鑑』2002年。
32) 中国語原文では「鮮茧収購资格认定」または「鮮茧収購资格证书」となっている。
33) 国発［2001］44号、「関於深化蚕繭流通体制改革的意見」において、中国語原文は「应当取消对于干茧经营的限制、对于正常流通、经营、不得设置障碍」となっている。

第一に,「合作社」という一種の農民組織を通じて, 1戸の農民ではなくいくつかの農家を組み合わせて, 生繭を繭站あるいは製糸企業に直接販売している。これは, 大正期日本の群馬県の養蚕組合方式に類似している。このような合作社がいくつかの農家をグループ化し, 養蚕段階から共同作業を行うため, 繭の品質が均一となり, かつ繭の量が一定のロットに達すると, 生糸の品質も安定化する[34]。さらに, 生糸の品質が高ければ, その利潤の一部を再分配して合作社に返還することになる。同時に, 合作社は単一の養蚕農民に比べ, 製糸企業に対する対抗力と交渉力が強い。しかし, 現状では, 自発的な農民組織は, 農民間の結合力が弱く, 一時的な組織も多いため, 組織としての機能を発揮できていない。さらに, 実際に繭から製糸そして二次的利益が農民に返還されるまではかなり長期の過程が必要であり, 多くの場合は利益還元が実現できなくなるという。このような流通方式は伝統産地ではごく少数の地域にかぎられていて, 規模も非常に小さいという[35]。

　第二に,「蚕繭公司」(以下繭公司と略す)を通じた流通方式がある。繭公司は生繭収購許可を所持している繭站である。1990年代半ばから, 糸綢公司の民営化に伴って, 一部の繭站は糸綢公司から独立し, 独自に運営し始めた。周辺の繭站や小規模な繭買い取りの窓口などを吸収し, 拡大したのが繭公司である。このような繭公司は, 養蚕農民から買い取った生繭の価額と製糸企業に販売する干繭の価額との差額を利潤としている。また, 養蚕農民から, 繭を買い取るだけでなく, 所在地域周辺の農民に蔟具などの物資やサービスも提供している。さらに, 一部の繭公司は生繭を確保するために, 一定の繭の買取価格を約束した「繭売買契約」を周辺の養蚕農民と交わす事例もある。このような「繭公司」を通じた繭の流通方式は, 伝統産地に多く存在しているという[36]。しかし, このような繭公司は利益

---

34) 清川雪彦「村の経済構造から見た組合製糸の意義――大正期の群馬県の事例を中心に」『社会経済史学』59巻5号, 1994年1月。
35) 呉大洋等「我国現行蚕繭流通体制的分析評価与改革構想」『糸綢』, 2006年5月。
36) 同上論文。

追求を目的としているため，繭の品質向上にはそれほど関心を持たない傾向にある。繭生産量の少ない年には，未熟で低品質の生繭を無理に買い取ってしまうこともあるため，低品質の繭が繭価格の下落をもたらす原因にもなっている。さらに，価格の「双軌制」が実施されて以降，伝統産地の繭価格は指導価格を基準に上下変動することも可能となり，繭公司が繭価格をある程度定めることが可能となった。繭公司が繭の流通チャネルに入り，流通の環節が増加したことによって流通費用が増加し，農民からの生繭の買い取り価格が低く抑えられている。しかし，生繭の買い取り価格が安く抑えられたことによる損失は，最後には養蚕農民が負担しなければならない結果となる。

　第三に，製糸企業である糸綢公司が，養蚕農民から繭を直接買い取る。糸綢公司が繭站を所有しているケースが一般的であり，養蚕農民は何らかの形で糸綢公司と契約し，繭を糸綢公司に売り出すことになる。産地の状況から，養蚕農民と糸綢公司の間では養蚕の生産契約あるいは繭の販売契約を交わす場合がよくみられる。繭の生産者である養蚕農民は繭を必要とする糸綢公司と直接連携することによって流通費用を減らし，農民にとって最も有利な繭価格で繭を売り出すことが可能となる。さらに，糸綢公司が，製糸後の利潤を直接再分配する形で養蚕農民に還元することもある。しかし，この場合，個別農家が糸綢公司と直接交渉しなければならないため，農民は劣勢になりがちであり，繭価格に対する発言権もなく，公司が決定権を握ることになる。農民と糸綢公司の間で契約が交わされても，契約を守れない状況もよくある。農民は自分の繭を契約で示された繭站にではなく，販売繭価のより高い他のところに，あるいは繭を買い取る仲買人に売ることも少なくないという。糸綢公司の繭站も，周辺の農民の繭を契約農民であるかどうかを問わず，一括して優待価格で買い取ることもあり，契約農民でなくとも，養蚕の技術指導やサービスを一律で提供することもある。農民と糸綢公司との間の契約も，名ばかりという状況になりがちである。

　江蘇省の海安県，東台県，浙江省の淳安県など，多くの糸綢公司は，原

表4-5 江蘇省生繭集荷許可証授与状況　　　　　　　　単位：軒

	企業総数 T=C+Co	繭站総数 TS=CS+CoS	公司総数 及び割合 C	C/T	公司所属繭站数 及び割合 CS	CS/TS	合作社等の 総数及び割合 Co	Co/T	合作社等に所属 繭站数及び割合 CoS	CoS/TS
2007年	195	903	148	76%	786	87%	47	24%	117	13%
2010年	174	687	138	79%	637	93%	36	21%	50	7%

(出所) 2007年及び2010年江蘇省生繭収購資格認定企業名簿より，筆者作成。

国有糸綢公司が民営化した新しい公司である。所有形態が変わっても，国有企業時代の政府部門との関係や，販路，取引権限などはほぼそのまま新生公司に移されている。したがって，このような糸綢公司は，繭の流通チャネルのみならず，生糸，紡績製品ないし養蚕業の関連産品まで全般的に把握している。これらの公司は，一つの養蚕地域に立地し，地域内の蚕糸業をコントロールし，多くは地方保護主義へと発展する傾向がある。このように，伝統産地内の個別地域においては，繭流通は公司によって制御されているだけではなく，繭生産領域も公司によって分断されている。伝統産地全体では，糸綢公司によって繭市場が分割され，統一した開放的な繭市場の形成は非常に困難な状況にある。

　表4-5に示した生繭収購許可状況から，江蘇省の2007年の生繭売買許可の授与状況をみると，授与された経営主体（T）の195軒のうち，生糸ないし絹を生産している糸綢公司（C）は148軒で76％も占めている。これとは対照的に，繭を原料としての生糸などの生産を行わず，繭の生産や売買を主に行っている繭公司や農民の合作社（Co）などは約47軒で4分の1未満の状況である。繭站数（TS）から見れば，糸綢公司に所属する繭站は総数（CS）の87％も占めているのに対し，合作社などの繭站（CoS）はわずか1割にとどまっている。この状況から，伝統産地における繭の流通は，実質的に糸綢公司によって支配されていることがわかる。さらに，表4-5から，糸綢公司1軒当りの所属繭站数（CS/C）は6軒であるのに対して，合作社や繭公司（CoS/Co）の場合は約2.5軒であることがわかる。糸綢公司は合作社と比べ，より多くの繭站を擁しており，糸綢公司の経営

規模が合作社などより大きいことは明らかである。

　2010年の許可証授与状況を2007年と比較すると，公司所属繭站数よりも合作社等所属繭站数の減少幅が大きく，とりわけ公司に属している繭站の数は総数の93％までのぼり，糸綢公司を通じた一つの流通チャネルに収束する傾向がうかがえる。江蘇省繭站の性質の変化からも公司が繭站をつうじて，所在地域の繭産出を独占している状況が明らかとなる（表4-5）。

　一方，伝統産地の繭站は繭の買い取りだけではなく，繭の乾燥，干繭の貯蔵という機能も同時に果たしている。さらに，多くの繭站は養蚕道具や蚕薬などの養蚕物資の販売も行っている。繭站は繭の売買を行う以外にも重要な役割を担っているのである。

　とはいえ，伝統産地の繭站は繭生産の春と秋の時期に合わせて開業しているものが多い。春と秋の養蚕時期は，繭站が最も忙しい時期であり，従業員数も多いが，それ以外の時期では，1人か2人ほどの管理人しか常駐していない状態である。伝統産地の繭站には経営周期があり，経営体制も常に変化しているため，繭站の運営と管理は難しい。その上，年に2回ほどの繭の買い取りピークに備え，資金準備が必要不可欠である。以上のような伝統産地の繭站経営の特徴からは，繭站のみ，あるいは繭站経営を中心とする比較的小規模な合作社や繭公司は，経営主体が糸綢公司となっている繭站に比べ，経営や資金調達の面において困難があることが浮かび上がる。ここに，合作社や繭公司が，繭站経営を維持できない原因があると推測できる。

　第四に，以上三つの方式と異なって，筆者の現地調査によると，繭の仲買人などを通じたインフォーマルな流通方式が存在する。この場合，養蚕農民は直接繭を繭站に送り出すのではなく，仲買人に販売する。中国語では，このような仲買人を「繭販子」と呼ぶ。当然，仲買人は「生繭買収許可」を所持していない。仲買人は通常，農家の玄関先を訪れ，繭をその場で買い取り，ある程度集めてから近辺にある繭站に販売する。仲買人が農民から購入する価格は繭站のそれよりも若干低く設定され，この差額が仲買人の利潤となる。例えば湖州の仲買人は，1斤当りに1元前後の差額を

付けるのが一般的である[37]。

　仲買人は「繭大戦」の後，厳しい取り締まりを受けて激減していたが，この数年は再び増加しているという。これには以下のような理由が考えられる。まず，糸綢公司の民営化後，従来の繭站は運営体制を持っていなかったため，あまり収益性のよくない繭站は，閉鎖されるか糸綢公司の傘下に入れられるかのどちらかしかない。糸綢公司は経営再編のため，養蚕量の減少した地域の繭站を他地域の繭站と合併させ，人員を減らし，小規模な繭站を閉鎖したりした。その結果，繭站の数が減少し，従来は政府のサービス部門であったため交通の不便な農村地域まで繭站の買い取り窓口が設置されていたが，そのような窓口も閉鎖されることになった。結果として一つの鎮や郷にわずか3～4軒の繭站しか残っていない状況さえあるという。養蚕農民にとっては繭站までの距離が遠くなり，養蚕労働力が高齢化もしくは低年齢化している上，繭の運搬手段は人力車や自転車などで効率も低いため，繭を売り出す際の運搬の問題が深刻になった。この状況下で仲買人が養蚕農家の玄関先まで買い取りに来ると，養蚕農民にとっては繭の運搬問題の解決ともなったわけである。

　また多くの場合，仲買人自身も養蚕農民であり，活動範囲も地元および周辺地域が多く，対象とする農家も顔見知りの養蚕農民が多いという。そもそも一部の仲買人は専業ではなく，車やバイクなどを所持している養蚕農民が自分の繭を繭站へ運び，ついでに周りの農民の繭も一緒に運ぶこともあるそうだ。代わりに多少の運搬費や燃料代を受け取ったことが仲買人の始まりという。したがって養蚕農民にとっては，仲買人が繭站や糸綢公司より身近で信頼のできる存在であることがうかがえる。

　仲買人に対する評価は賛否が分かれる。一方には，2回も発生した「繭大戦」の際に仲買人が繭流通に多数入り込んで価格を釣り上げた経験を踏まえ，仲買人を厳しく取り締まるべきだという意見がある。他方，現在の伝統産地の養蚕現場において仲買人の出現は一定の必然性を持ち，多くの

37）　1斤当り数角から1元程度の費用は，繭站が出している平均7～10元程度の繭価格の約1割である。

農民の運搬問題を解決し，流通系統の補完的存在となっているため容認してもいいという意見もある。先述のようにそもそも一部の仲買人は養蚕農民でもあり，養蚕農民の仲買的行動と専業的仲買人の区別をすることは難しい[38]。

以上の四つの流通方式とも，繭の対価は現金で渡される場合が多いが，一部の繭站では一時的な資金不足などによって，養蚕農民は現金を得ることができず，所謂「白条」という繭が買収された証明となる半券をもらい，後日現金と引き換えることもある。近年，一部の地域では，繭の対価を現金ではなく，養蚕農民が信用社[39]などの農村金融機関に登録した口座へ振り込む方法もある。例えば浙江省淳安県では，2006年から淳安の養蚕農民の「農村信用聯社」の口座に振り込むという方式をとっている。養蚕農民は現金の代わりに繭站から明細書をもらうことになる。振り込みのサービスはスムーズであり，通常は生繭を売り出した当日か翌日には現金を引き出すことが可能であるという。安全性の面などからも淳安の農民は現金よりも振り込み方式に賛同している。調査によると，「農村信用聯社」は淳安の繭站を管理する淳安糸綢公司と直接契約し，やり取りを行っているという。しかし，淳安糸綢公司と農村信用聯社の相互関係の実態は明らかになってはいない[40]

2　繭価格と繭品質ギャップ

伝統産地における生繭の価格は，各省の政府が毎年発布する『蚕繭収購価格収購管理工作的通知』に示された基準価格に基づいて，地域ごとに設定されている。

具体的には，春と秋の2回の養蚕時期に，養蚕農民あるいは合作社，指

---

38) 例えば，王（前掲書）pp.146-151には，繭の流通ルートは政府関与によって，専売権等の導入を検討し，厳格に管理すべきであると指摘している。また，筆者の指導站や糸綢公司のリーダー達に対する聞き取り調査からも同様な考えがみられる。しかしながら，養蚕農民に対する聞き取り調査では仲買人の必要性を指摘する声もあった。
39) 信用社は農村部にある金融機関である。信用聯社ともいう。銀行などの金融機関が農村部に設置する支店を信用社と呼ぶ場合もある。
40) 2009年，淳安県における筆者の現地調査による。

導站，繭站，糸綢公司などの蚕糸業生産部門をはじめ，所在地の物価局も出席する「繭定価座談会」が開催され，繭価格をめぐって話し合いの場を設けている。この座談会では，所在地域の生産状況に基づき，当期繭の収購価格の変動範囲を予測したうえで，生繭の基準価格から干繭の基準価格を推定して，各省の農林局の養蚕上級部門に報告する。実際に取引される干繭の価格は，この基準価格を参考にし，繭の品質や量によって，10％以内の価格幅で変動することが許されている。そして，各省の農林局は，その地域の当期の繭収購価格の範囲を定めるという仕組みである。このような価格決定の仕方は，生産された繭のコストと品質を考慮した上で，繭の需給双方の利益を均衡させた繭価格を設定することを企図している。だが，実際は，座談会に参加する部門のうち，養蚕農民，繭站と糸綢公司は直接繭価格決定に関わるが，現在多くの繭站が糸綢公司の傘下にあり，残った繭站も小規模であるか数が少ない。糸綢公司と養蚕農民とは互いに繭の需給の当事者であるため，結局，養蚕農民と繭站が糸綢公司と対立する結果になる。しかし，養蚕農民は公司に対して弱い立場であり，繭価をめぐる発言力は弱い。その際に指導站と物価局は，政府部門として仲介役的な役割を果たしている。

地域ごとの基準価格が決まれば，繭価格は通常，繭の品質によって，数段階に分けて設定することになる。繭の品質の分類基準は非常に複雑である。1989年7月から実施された国家基準第GB9111-88号と国家基準第GB9176-88号の『桑蚕繭（干繭）分級と検験方法』等によって，繭の清潔度，含水率，解舒糸長，繭層の厚さなどを基準に，19段階のレベルが設定されている。しかし，これらの基準にしたがって正確に繭の品質を測定するには，専門的な設備と専門の技術員が必要となる。その上，判定にかかる時間が長い。この品質判定のプロセスは，繭站における繭買い取りの際の窓口業務では実施することができない。

そのため，実際には繭站ではかなり簡潔化したレベル設定基準を用いることになる。ごく一部の糸綢公司所属の大規模繭站を除いて，多くの繭站は簡単な設備と比較的経験のある繭站の従業員の判断で繭の品質のレベル

を決める。繭站が用いる繭品質による価格基準は，上，中，下，その他の四つのレベルに分かれ，さらにそれぞれ3段階前後を設定している。品質による価格差は 50 キロ当りで 10 元前後しかないという。一部の地域では品質の差を現金ではなく現物で支給することもあるという。例えば，上質繭は 50 キロあたり 1000 元で受け取るが，中レベルでは 52 キロで 1,000 元という形となる。だが，この方法は養蚕農民の間で不満を招いている[41]。

繭の品質に関して，国家基準では詳細に設定されているものの，その実現には限界がある。実際に，繭站が買い取る際に繭品質の分別は行っているが，品質による繭価格の設定上の問題があるため，良質な繭であってもそれを反映できる「優質優価」の繭価格が実現していないのが現状である。その結果，養蚕農民は良質の繭を生産していても相応の報酬がないため，品質を高める意欲がなくなり，伝統産地の繭の品質は悪化し，川下にある生糸生産まで影響が及ぶこととなる。製糸工場が属する糸綢公司は繭品質を保証するために，蚕種の品質を規定する方格蔟の提供や，独自に高繭価格を設定するなどさまざまな手段を論じている。しかし，糸綢公司の能力の限界もあり，これらの努力は糸綢公司所在地域周辺の養蚕農民にしか及ばず，公司による指導を受けていない農民との違いは繭の品質の差に反映されている。また，高品質の繭を獲得するため，伝統産地の自由流通市場が規制され，地域を分断する地方保護主義の台頭を助長することにもなっている。

3 製糸工場の繭原料調達

干繭の流通は，繭站の形態によって異なる。農民合作社や繭公司に所属する繭站は，干繭を糸綢公司に販売することがある。糸綢公司が所有する繭站からの干繭は，製糸企業において直接生糸の生産原料となる。伝統産地でも生繭売買の許可を有しておらず，繭站を持っていない製糸企業がある。これらの製糸工場は，売買許可のある糸綢公司から干繭を調達しなけ

---

41) 2005 年，湖州市における筆者の現地調査による。

ればならない。その際，干繭の価格はもちろん，調達の量および品質まで糸綱公司によって決められる場合があるという。とりわけ伝統産地の繭生産量が減少し，繭原料不足状況が次第に深刻化して以来，生繭の売買許可を持っていない比較的小規模な製糸工場は，原料不足で倒産する例も少なくない。これらの製糸企業は生産規模を縮小するなどの対策をとることもあるが，製糸の生産准産証の基準を満たさなければならないという制約もあり，結果として板挟み状態になり，生産の維持ができなくなるのである。繭調達の側面でも，伝統産地の生産状況は徐々に一定規模以上の糸綱公司に集中していることがうかがえる。

　一方，製糸企業の繭調達状況は，伝統産地の養蚕生産の季節性によって大きく影響されている。

　前述のように，伝統産地では春と秋が一年で最も重要な養蚕時期となる。したがって，繭を収穫する時期は6～7月と10～11月に集中している。糸綱公司（製糸企業）はこの繭の収穫時期にあわせて製糸工場の運営と生産を計画している。例えば，繭原料を調達するための資金の準備が必要である。多くの製糸工場では，半年間の生産需要を保障できるほどの繭を貯蔵しなければならない。しかし，繭を保存するのに十分な倉庫面積，倉庫の保存設備，人件費，さらに繭価格の変動リスクなどに対応するのは，製糸工場にとってはかなりの負担になる。これらの状況を考慮しながら，製糸工場は繭の調達を行っている。

　繭が製糸工場で製糸され，生糸産品となるまでには約3ヶ月前後の時間がかかるという。現在，国際市場において生産の多くは現物だけではなく先物として取引されている。したがって，実際に生糸取引が行われるまでにさらに数ヶ月間のタイムラグが発生する。伝統産地において，繭生産量が減少し，繭価格に加え生糸価格が変動するなかで，糸綱公司は二重のリスクを負うことは避けられない。そのリスクは結局，糸綱公司の生繭価格への発言力を通じて生繭価格として反映され，養蚕農民に皺寄せされることとなる。

表 4-6　江蘇省と浙江省製糸機械推移

単位：台

	全国合計	江蘇省	浙江省	両省合計の割合
1990 年	101,331	28,347	24,242	51.90%
1991 年	119,364	33,143	27,595	50.90%
1992 年	130,228	36,626	28,466	50.00%
1993 年	154,870	41,169	29,580	45.70%
1994 年	187,574	55,006	31,693	46.20%
1995 年	212,831	55,574	41,988	45.80%
1996 年	208,691	50,411	41,988	44.30%
1997 年	163,880	37,755	40,608	47.80%
1998 年	151,299	34,500	39,604	49.00%
1999 年	185,219	51,269	32,302	45.10%

（出所）『糸綢年鑑』2000 年版より，筆者作成。

表 4-7　江浙両省の製糸及びシルク紡績の概況　　単位：緒

	2004 年			2006 年			2008 年		
	企業数	総生産能力	平均生産力	企業数	総生産能力	平均生産力	企業数	総生産能力	平均生産力
江蘇	153	500,680	3,272	146	399,400	2,736	142	366,240	2,579
浙江	175	444,868	2,542	163	408,680	2,507	153	368,080	2,406
全国合計	716	2,302,162	3,215	702	2,131,286	3,036	682	2,087,618	3,061
製糸の全国割合	45.80%	41.10%	—	44.00%	37.90%	—	43.30%	35.20%	—
繭産量の全国割合		34.00%	—	—	28.00%	—	—	25.00%	—
生糸生産の割合	—	57.00%	—	—	55.00%	—	—	—	—

（出所）『糸綢年鑑』各年版，糸綢協会及び商務部の公表データより作成。
（注）2003 年のデータは 2004 年の 2003 年に対する増加率よりの算出値である。

4　伝統産地の製糸業生産

　表 4-6 が示すように，江浙両省の製糸能力は 1990 年代前半に急増し，1997 年以降，すなわち製糸企業に対する生糸生産の「准産証」制度以降は，生産調整の結果減少した。とはいえ，江浙両省の製糸能力は全国の約半分を占めている。この高い割合は 1990 年代末まで維持されていた。

　さらに，表 4-7 から，2008 年まででは，江浙両省の生産能力は依然として全国の 40％ 前後を占めていることが確認できる。だが，生糸の生産量が全国の半分以上を占めているのとは対照的に，浙江省と江蘇省の繭の生産量は 2004 年の約 3 割から 2008 年には 4 分の 1 ほどへと減少したこと

に留意しておきたい。

　伝統産地は養蚕業において衰退傾向にあるが，製糸業および絹織業においては中国で重要な位置を占め続けている。第三章でも述べたように，糸綢産品の貿易においても伝統産地の生産額は極めて高い割合を占めている。繭生産量が減少する一方で，製糸業および絹織業は生産能力調節で生産能力が若干減少したとはいえ，生産量はむしろ増加している状況である（表4-7）。

　表4-7が示すように，全国においてわずか3割の繭生産量しかないのに，5割以上の生糸生産の需要を域内で満足させることは不可能である。したがって，伝統産地である江浙両省は省内で生産される繭のみでは製糸業ないし絹織業の需要を満たすことができず，江浙両省以外の地域から繭を調達していることに注目しなければならない。

　浙江省と江蘇省の製糸工場とも，所在地域からの繭原料不足問題に直面し，地域外，省外から原料繭を調達している。例えば，浙江省海寧市の海寧中三製糸工場は，生産需要分の4割から6割ほどを海寧市周辺から調達し，3割ほどは海寧糸綢公司を通じて，その他の地域から調達している。域外から供給される3割の繭原料のうち，1割は浙江省南部からの優質繭であり，残りの2割は浙江省以外の地域から調達しているという[42]。

　浙江省では，隣接する江蘇省に比べ養蚕業がより衰退している状況にあり，繭原料の不足状況は深刻である。浙江省の製糸工場は江蘇省から繭原料を獲得することが多い。他の地域と比べ，江蘇省の繭の品質が高いからである。江蘇以外では四川省や山東省から繭を調達することもある。しかし四川省は省内においても製糸企業が林立しているため，他地域へ繭原料を提供することには限界がある。その上，四川のような湿度の高い地域で生産されている繭の質には問題がある。2000年以降は新興産地である広西の養蚕業が急成長し，広西から調達する工場が増加している。しかし，浙江と江蘇と比べ，広西の繭の品質は低いのが現状である。2001年以降，

---

42) 2009年，浙江省における筆者の現地調査による。

図4-4 伝統産地の生産構造

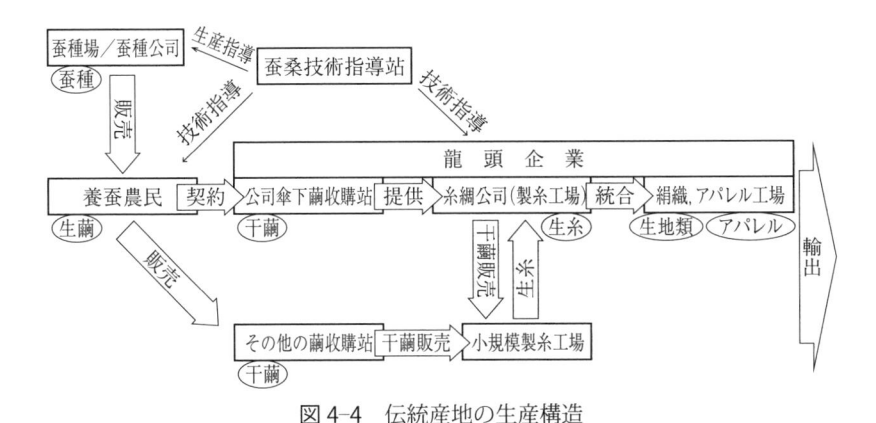

(出所) 2005年と2009年に浙江、江蘇に対する現地調査資料より、筆者作成。

省際の干繭流通の制限が緩和されて以来、江浙両省の製糸工場が広西などの新興地域で繭を調達する動きが活発になった。一部の製糸工場は高い品質の繭を入手するため、自ら人員を派遣して繭を選別するだけでなく、現地での養蚕の技術指導まで行っている。浙江省と江蘇省にとって、広西が重要な繭原料生産地として位置づけられてきたことがうかがえる(図4-4)。

第二節 伝統産地における養蚕減少の要因分析

一 環境汚染による影響

1 養蚕以外の農産物による汚染問題

伝統産地の桑園の周辺は、商業的農業の発展によって、次第に他の農産物、例えば稲や果樹などの農作物に囲まれる状況になっている。とくに稲栽は江浙両省において伝統的かつ重要な農産物であり、広汎に栽培されている。養蚕農民が養蚕およびコメの栽培の双方に従事するのも一般的な農業生産パターンである。したがって桑園を水田に改造し、水田を桑園に改造することは珍しくない。桑園の零細化と分散化が進んだため、稲と隣接

したり，交差するような農地利用が増えている。

　稲などの作物には大量の殺虫剤が散布される。その際に風向き等によって周辺にある桑園の桑葉が農薬に汚染されると，養蚕業への農薬中毒被害が発生する。このような中毒被害は養蚕地域に広く及ぶことが多く，巨大な損失をもたらすことがしばしばである。蚕種が中毒を起こすと孵化率が低くなり，成年蚕が中毒を起こすと即死するか慢性症状におちいり，成熟まで育てても営繭ができなくなる[43]。症状はさまざまであるが，ごく一部の軽い症状の場合を除いて，多くの場合は回復できない。例えば，浙江省桐郷市で2006年の秋に8万枚ほどの蚕種が中毒被害に遭った。これは当時，地域の蚕種配布量の28％も占めていた[44]。浙江省臨安市では毎年農薬による蚕の中毒が養蚕総量の5％にも及ぶという。連続で数年間も農薬による蚕の中毒被害に遭い，他の農産物に転換した養蚕農家も少なくない。このような農薬汚染の発生には人為的な要因もあるが，風向きや風力，あるいは二次汚染などの要因も考えられる。実際に現場では，明確に原因を究明することが困難なこともあり，農民の間でお互いを疑って関係が悪化し，養蚕地域の農村の不安定化の要因にもなっている[45]。

　一度農薬中毒の被害に遭った養蚕農家は，損失が余りにも大きいため回復は難しく，有効な補助も得られないことが多い。養蚕の多い春と秋に政府部門から，養蚕だけでなく稲作や他の農産物の生産指導站に対しても蚕の農薬中毒に注意するよう通知されているが，根本的に問題を改善するには至っていない。

2　工業化に伴う環境汚染の影響

　養蚕業にとって大きな脅威となっているのは，工場の廃棄物による汚染問題である。

---

43)　李有江等「農薬中毒影響蚕種産量的調査」『蚕桑通報』，第38巻4期，2007年11月，27–28頁。
44)　同上
45)　程鉄民等「養蚕'救険互助会'的探討」『蚕桑通報』，第38巻3期，2007年8月。

湖州では近年，家具加工業，レザー加工業，特にレンガやコンクリートなどの建築材料製造工場の発展が目立つ。このような工業の廃棄物にはフッ素が多く含まれている。このフッ素汚染は養蚕業に大きな被害を与えている。

　1982 年 5 月に湖州および周辺の海寧，桐郷，徳清の約 2,400km^2 の範囲で，蚕に深刻なフッ素中毒症状が起きた。このフッ素中毒事故により，湖州市区だけで蚕の 60% 以上が被害に遭い，繭生産量は 210 トンも減少した[46]。この中毒事故によって，レンガ工場やガラス工場によるフッ素の汚染問題は湖州および周辺地域の政府部門で重視されるようになり，翌年の養蚕時期には工場に 1 ヶ月の火止めが要求されるようになった。

　ところが，1986 年 5 月に第二次フッ素中毒事件が起きた。第二次中毒事件では，中毒と誘発蚕病を合わせると，繭生産量の損失は 2,940 トンに達した[47]。当時湖州では小規模のレンガ工場が増え続けていたが，政府の要求はあくまでも一部の大規模工場までしか伝えられず，重要な汚染源となる分散立地型の小規模工場までは規制が行き届かなかった。そのため汚染状況は続き，養蚕業の被害が繰り返されていったのである。

　湖州以外の地域でも，例えば嘉興市にある工場の排気ガスによって中毒事件が頻発している[48]。1985 年に重大なフッ素中毒事件が発生し，全市の 698 村が被害を受けた。影響を受けた 16 万枚の蚕種は当期の飼育量の 45％も占めていた。嘉興市政府により，工場に対して養蚕期間の火止め命令などの措置がとられ，フッ素汚染による被害は回復している。しかし，排気ガスによる汚染は範囲が広く，汚染物は残留する特徴もあり，仮にほとんどの工場が火止め命令を守っても完全に中毒事故を回避することは難しいと考えられる。その上，伝統産地では工業の発展によって汚染源となる工場の数が増加している。例えば嘉興市では 1990 年代末頃まで，300 を

---

46)　例えばこのような湖州市の事例がある。夏玉如，袁世君主編・前掲書，163-164 頁。
47)　夏玉如，袁世君主編前掲書，163 頁，および『浙江省蚕桑志』編纂委員会編『浙江省蚕桑志』浙江大学出版社，2004 年 8 月，37 頁。
48)　例えば，嘉興市の事例。『嘉興市蚕桑志』，203-209 頁。

図4-5 繭価格の変化

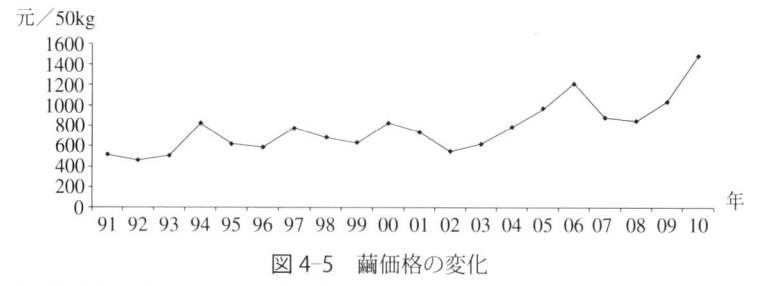

(出所) 参考資料，データ出所『全国農産品成本収益資料匯編』2000年版～2010年版より筆者作成．

超えるレンガやセメント工場などの排気ガス源が林立していた。2000年以降，ガラス工場，化学繊維工場や建材工場なども急速に発展し，数も規模も拡大しつつある。このような状況で，養蚕業に対する排気ガスの影響は長期化するものと思われる。

二　養蚕収益上の影響

1　繭生産の収益性

1980年代，農業に生産責任制が導入される以前は，伝統産地の養蚕農民にとって養蚕は唯一といえる現金収入源だった。しかし1990年代に入り，繭価格は国際市場における生糸価格の乱高下の影響を受け[49]，幾度も大変動非常に不安定な状況に陥った（図4-5）。この20年間，最も下落した1992年には5キロ当たりの繭の平均価格が459元を記録したが，ピーク年にあたる2007年の価格は1200元を超え，1992年の約3倍となった。1990年代以降，繭価の平均変化は年度単位で20%を超えていた[50]。中でも，1993年と1994年の間には最大増加幅60%，2006年から2007年にかけては最大減少幅27%にも達した。その一方で，繭の生産コストはそれ

---

49) 董瑞華，曹天倫，馬漢良「海寧市の養蚕経済収益状況の調査分析」『蚕桑通報』第40巻，第2期2009年5月，33-35頁．李瑞「中国蚕糸業50年的回顧と展望」『中国蚕業』，2000年増刊号，4-10頁．例えば，1993年頃から生糸価格が下落し，1994年には1990年の40%しかなかった．
50) 『中国農産品成本年鑑』より，減少値の絶対値と増加値の合計を年数で割った結果である．

表 4-8　繭価格と繭コストの比較　　　　　　　　　　　　　　　　単位：元

	1991 年	1992 年	1993 年	1994 年	1995 年	1996 年	1997 年	1998 年	1999 年
繭 50㎏当たり平均価格	513	459.88	508.69	817.3	622.9	586.17	778.09	680.29	625.85
価格の増減率(前年比)	—	−10.40%	10.60%	60.70%	−23.80%	−5.90%	32.70%	−12.60%	−8.00%
50㎏の平均生産コスト	342.49	360.68	374.16	450.28	543.22	617.11	614.77	556.77	525.76
コストの増減率(前年比)	—	5.30%	3.70%	20.30%	20.60%	13.60%	−0.40%	−9.40%	−5.60%

	2000 年	2001 年	2002 年	2003 年	2004 年	2005 年	2006 年	2007 年	2008 年
繭 50㎏当たり平均価格	827.32	740.48	549.39	625.05	787.58	962.12	1216.12	883.74	846.07
価格の増減率(前年比)	32.20%	−10.50%	−25.80%	13.80%	26.00%	22.20%	26.40%	−27.30%	4.30%
50㎏の平均生産コスト	571.29	518.21	535.18	526.47	546.51	629.29	653.51	695.37	782.48
コストの増減率(前年比)	8.70%	−9.30%	3.30%	−1.60%	3.80%	15.10%	3.80%	6.40%	12.50%

(出所)『全国農産品成本収益資料匯編』2000〜09 年の各年版より、筆者作成。

ほど大きく変化していない。表 4-8 のように、増減の最大幅は 1993 年と 1994 年の間の 20％ 前後にとどまっている。その他の年を見ても 10％ を超えてはいない。繭の生産コストの変化は、ほぼ人件費と物件費の変化によるものと考えられる。このように生産コストが比較的安定している場合には、繭価格の変化によって農民の養蚕収入が決定されることになる。一方農民は繭価格の変動に対応して養蚕量を調整することができるが、桑園面積の調節は容易ではない。桑園はそのまま維持すれば多額な維持費用がかかり、いったん他用途に転換すれば、再び養蚕に戻ることは困難である。

表 4-8 からは、繭価格の変化とコストの増減が一致しない年が 1990 年代以降増えていることが確認できる。例えば 1992 年には、繭価格が 10％ 減少したのに対し、コストは逆に 5％ 増加した。2007 年には価格が 27％ も下落したのに対し、コストは 6％ 増加した。2008 年も同じ状況だった。とりわけ伝統産地では、繭価格とコストの変化の趨勢が逆になる状況が頻発している。これは、桑園のコストの変化が重要な原因であると捉えられている[51]。伝統産地の養蚕業がいったん減少すると回復できない理由はここにあると考えられる。

特に、1994 年と 1995 年の間に繭価格が 23％ も下落したにもかかわらず、生産コストは逆に 20％ 増加した背景には、桑園 1 ムー当たりの人件

---

51) 顧国達等「浙江省繭生産成本分析」『蚕桑通報』、第 32 巻第 4 期、41-44 頁。

費が468元から627元に上がったことが指摘されている。このことが打撃となり，伝統産地の養蚕業が急速に減少し始めた。

　繭50kg当たりの収益性が安定し，養蚕量を増やせば収入も増加すると考えられるが，実際には養蚕量は増加していない。それは後から述べる労働力要因のほかに，養蚕農民による，換金作物の多様化があると考えられている。

　生産責任制以降，農民は耕地の使途に関して決定権を持つようになり，耕地を果物や野菜の栽培に転用するなど，現金収入を得る選択肢は多様化してきた。1980年代以後，インフラ整備が進み，交通の利便性が高まるとともに，青果物などの農産品をより遠隔地まで輸送することができるようになった。その上，上海周辺に立地する伝統産地の浙江省と江蘇省でも都市化が進み，野菜や果物，食肉の需要が急増した。養蚕地域では，梨，桃やメロンなどの果物や園芸野菜，花卉の栽培が急速に発展してきた。江蘇南部地域では，従来の郷鎮企業の経験に基づいて，食品加工業も発展した。これらの企業の一部は周辺農民と契約栽培を行い，地域の青果物の栽培拡大に拍車をかけた。

　現金収入を比較すると，養蚕の単位面積当り収益は高い水準にある。2004年浙江省物価局の調査によると，19種の主要栽培農産品の中で，1ムー当たりの収益では，桑繭は貝母[52]，みかん，園芸トマト，白勺[53]，園芸キュウリに続いて，6位となっている[54]。現在浙江省では1戸に2ムーの桑園と年間4枚前後の養蚕量がある場合，大体3,000元前後の収入が得られる。これを超える収入は，作物の転換によって可能となる。例えば，湖州では一部の養蚕農民がブドウの栽培に転換した事例がある。ブドウでは1ムー当たり約5,000元の収入が得られ，大規模化すれば収入を更に増やすことも可能だという[55]。

---

52)　漢方薬材の一種である。
53)　漢方薬材の一種である。
54)　周勤「浙江蚕桑生産布局現状和発展研究」『蚕桑通報』，第38巻第1期，2007年2月，1-5頁。
55)　2005年と2009年，湖州指導站に対する聞き取り調査資料による。

伝統産地では，養蚕生産は1年のうち秋と春のわずか数ヶ月しか生産できない。季節性が強く，短期間に集中的な重労働を必要とする。しかも，不均等な労働生産周期を特徴とし，現段階では大規模化が困難で，家庭内生産方式にとどまる小規模生産が一般的である。さらに繭価格の激しい変化という要素を加えれば，他の農産物と比べ，養蚕生産が安定的に維持される条件は徐々に厳しくなっているといえる。

2　蚕糸業産品の多角化

　養蚕業において，桑を栽培し，蚕を飼育する過程での産出品は繭だけではない。とりわけ，繭の収益が不安定になるなかで，養蚕生産と桑生産の副産品を利用した多角化が活発に行われている。

　桑の葉を生薬やお茶として使用することは，すでに長い歴史を有している。桑の果実を果物として食用にするのも伝統的である。さらに，近年広汎に応用されている枝ごと蚕に桑を与える「枝式給桑飼育法」では，大量の桑の枝が残されてしまう。この枝を利用してキノコなどの栽培や，紙を製造する原料に加工する技術もすでに成熟している。特に，枝をチップ状にして食用菌類の菌床に利用する方法は，伝統産地においても新興産地においてもみられる。こうして栽培したキノコを原料とする食品加工工場も一部の地域にみられる。

　繭や生糸を用いた新製品の研究成果も多様である。例えば，浙江省海寧市糸綢公司と中奇バイオ製薬公司が共同で，蚕の蛹を利用した一種の抗ガン剤を研究している[56]。さらに，生糸の糸素を抽出し，添加物として化粧品などを生産する化学工場も伝統産地に立地しているという。伝統産地において，桑栽培から養蚕までの産品，副産品の総合的開発利用，そしてこれらの成果の産業化研究が積極的に行われている。

　このように，蚕糸業内部における産品の多角化によって，繭ないし桑の用途が多様になっている。しかし，繭から生糸を生産するのは蚕糸業の最

---

56)　倪卉「カイコから何ができるのか」『資本と地域』第3号，2006年10月，46-48頁。

も重要な点であり，繭は同時に生糸を生産する唯一の原料であるため，他の産品の繭需要が増加すれば，製糸生産に影響を与えることが考えられる。

三　労働力不足による影響

1　養蚕生産の労働力不足

　養蚕の過程には，蚕に桑葉を与え，営繭させるなど，養蚕農民家庭内におけるきめ細かく繁雑な手作業に加え，桑園の整備や桑葉の運搬など畑仕事のような重労働も含まれる。したがって，養蚕には桑園における重労働に適する若年男性労働力，そしてきめ細かい手作業に適する女性などの労働力も要求される。

　しかし，現在の伝統産地では，桑園整備が不十分であるため，桑園が分散しており，桑園の管理や桑葉の運搬等の重労働が増加している。そのため若年層，とりわけ若年男性の出稼ぎに伴う労働力流失の影響が深刻化している[57]。留守を預かる女性や老人が実際の養蚕の主たる労働力となり，一部の地域では，子供たちも養蚕労働に加えられている。例えば湖州では，30〜40代の男性がほとんど出稼ぎに行ってしまい，養蚕を行う中心労働力は50〜60代の高齢者がほとんどで，70代以上の農民も少なくない[58]。

　さらに伝統産地における郷鎮企業などの発展によって，多くの若年女性が工場で働き始め，地元に留まりつつも実際はほとんど養蚕労働に加わらない，あるいは平日の夜や週末にしか養蚕に従事できない「週末養蚕」のような状況になっている。こうした「離土不離郷」現象は養蚕業においても深刻であることが現地調査で確認することができた[59]。

---

57)　姚麗娟「桐郷市蚕桑産業的現状与発展措施」『蚕桑通報』第39巻1期，41-42頁，2008年2月。
58)　なぜ50〜60代の農民が養蚕をやめないのか。湖州や無錫での調査からは50〜60代の農民にとって，すでに養蚕は日課的な存在であり，一種の生活習慣となっている。したがって，繭価が下落しても，養蚕量を減らし，蚕を飼い続けている農民が少なくない。現在60才前後の農民は1949年中国が解放された頃に生まれ，両親は解放前から養蚕を続けている人が多いという。彼らは，中国解放以降わずかの間だが，家族経営の養蚕方式を経験した両親に教わり，家族内における小規模養蚕を知っていたからである。
59)　例えば，2005年と2009年，浙江省湖州市に対する現地調査によると，若年労働力は地元にある工場等で働き始め，養蚕ないし農耕をやめることとなった。

そして，農業から工業への労働力の流失も大きな問題である。農業と比べ工場では労働環境が清潔で，労働期間も規則的であり，週末などの休日も保証されている。その上，工場での労賃が養蚕より高いことが労働力流失の主要な原因となっている。例えば，上海周辺の地域では，毎月1,500～2,000元の高い賃金水準となっているが，養蚕労働の年収は1家族あたり多くても10,000元前後の水準にとどまっている。収入が少ない上，養蚕労働には高温多湿な作業環境での細かな手作業が多く，1日24時間対応しなければならない。とりわけ若年層が工場で働くことを選んで養蚕離れを起こしており，養蚕業における労働力不足問題が深刻化している。

さらに，工場が誘引する他地域の労働力は養蚕地域で生活の場を持つようになるが，言葉や生活習慣などの原因で同郷集団を結成する傾向があり，在来住民とうまく融和できないことが養蚕地域の社会にも否定的影響を与えている[60]。

このように，伝統産地の養蚕労働力は量的にも質的にも弱体化していることは明らかである。伝統産地の家内養蚕業における若年労働力不在の状況は，蓄積された経験と技術の伝承という観点からも大きな問題であるといえる。

労働力不足時の対策としては，臨時労働力を雇用する方法がある。しかし現実には二つの問題が起こっている。第一に，臨時労働力は養蚕技術に未熟練の場合が多く，繭の生産量や品質が保障できない。第二に臨時労働力の賃金相場は年々上昇し，養蚕生産コストの上昇を引き起こしている。

2　技術指導人員の不足

農業生産責任制が実施されて以来，「集団養蚕」時代よりも養蚕農戸は分散し，各地域の養蚕および桑栽培に関する技術指導の負担が重くなっている。それにもかかわらず，実際には技術人員の数は減る一方である。例

---

60) 2005年および2009年の現地調査によれば，無錫や湖州などの地域では，外来労働力と在来住民の間のトラブルがしばしば発生する問題を抱えており，十数年が経った現在でもこの状況がみられるという。

えば，浙江省の指導站人員の変化を見ると，1984年から2000年までの15年間で指導人員は約30％も減少している。この状況では，技術員一人あたりの指導任務が当然大きくなる。浙江省桐郷市指導站では，2008年の所属技術人員（郷，鎮，街道を含む）は34人，実質的に農民に技術指導を行う人員は16人あまりであった。それに対して2008年の桐郷市の養蚕農民は十数万戸である[61]。つまり指導員ないし技術員一人あたり約6,000戸の養蚕農民を指導しなければならない。この結果，人員不足のため技術指導が満足にできず，繭の品質が悪化し，養蚕業のさらなる衰退につながることが懸念されている。

技術指導員を育成する養蚕業の専門学校などの教育機関も，養蚕生産の減少とともに，他の学校，他の専攻と合併されたりして，実質的に減少しつつある。例えば，中国で全国的に有名な蚕糸業の専門教育機関である浙江省農学院は1998年に浙江大学と合併し，浙江大学の農学系となっている。さらに，旧浙江省農学院も今後移転されることとなり，以前から使われ続けている実験用桑園や養蚕室，蚕糸業実験室を備えている旧浙江農学院が今後移転される予定となっており，農学院で長年勤めてきた教員も移動することになるが，実験用桑園や養蚕室は移動が難しいため，なくなる恐れもあるという[62]。

四　龍頭企業の影響

前述したように，伝統産地では，生繭，干繭，そして蚕種など養蚕生産用物資も含め，域間で自由に流通することができないという限界がある。とりわけ生繭と干繭に関しては，所在地域の龍頭企業がコントロールしている状況にある。例えば江蘇省海安県にある鑫縁公司の事例があげられる。

1990年代後半から，従来の伝統産地の蚕糸業生産を管理する糸綢公司が相次いで民営化し，農林局や技術指導站などの政府部門も幾度かの変遷を経て，養蚕業に対する拘束力は弱化した。このような状況で，「政府＋

---

61) 姚麗絹前掲論文。
62) 2009年，杭州市における現地調査資料による。

糸綢公司＋蚕糸市場」のような管理メカニズムが維持できなくなり，「貿＋工＋農」一体化という新たな管理体制の試みが始まったのである。中でも期待されたのは龍頭企業であった。龍頭企業の発展によって，従来の政府による調節から，市場を通じた企業による調節へ転換していくとも考えられた。しかし龍頭企業は期待ほどの「波及効果」をあげられなかった。

　従来市場とほとんど無縁である養蚕農民たちを市場リスクから保護するための責任も，政府から企業へとシフトするはずだったが，そこで矛盾が生じたのである。計画経済時代の企業はそもそも国有企業であり，経済利益を追求するよりも，現地への貢献そして管理部門としての役割があったが，市場経済のもとにある民営企業にとっては企業自身の利益が最も重要になる。一つの企業としてコントロールできる地域には限界があり，企業の能力の届かない地域の養蚕農民は当然，企業からの恩恵を受けることができない。次第に，龍頭企業が所在している地域だけで蚕糸業が発展する状況となり，逆に企業の勢力が届かない地域，あるいはいくつかの企業が同時に存在する地域では衰退する傾向さえみられるようになる。例えば，海安県の事例では，糸綢公司と契約している県内の養蚕農民の収入は確かに増加したが，県外の養蚕農民は企業の恩恵を受けることができず，収入が非常に不安定な状況にある例がしばしばみられる。これによって，海安県とその周辺地域の養蚕農民の間に養蚕収入の格差が生じている[63]。龍頭企業の影響に加え，蚕種生産経営許可や繭売買許可によって，自由流通のできない市場状況の下で，伝統産地では企業の立地によって明確な割拠状態が生まれている。それが伝統産地の養蚕業発展を阻害する一因となっているのである。

五　政府の政策的影響

　上述した諸要因以外に，2000 年以降の「西部大開発」の展開に伴って提唱された「東桑西移」構想の影響がある。2006 年には国務院が「東桑

---

63)　2005 年，海安県における現地調査資料による。

西移」政策として具体的な政府方案を発布し，この構想は一層急速に展開されることになった。この政策は，東沿岸部地域，つまり伝統産地の養蚕業ないし製糸業を，人為的に西南部地域にある広西や雲南などの新興産地へ移出しようとするものである。この政策の実施によって伝統産地の蚕糸業の衰退が加速したと考えられる。

おわりに

　本章では，第二章で提示した四つの分析視点を用いて，伝統産地である浙江と江蘇の養蚕業，製糸業そして絹織業の発展メカニズムを明らかにした。

　伝統産地で形成される閉鎖的な流通市場，そして政府部門および生産部門間で形成された複雑な関係などが，蚕糸業とりわけ養蚕業の発展にとって障害となっていることが明らかとなった。他方，国有企業の民営化によって，巨大製糸メーカーが形成され，後に龍頭企業となった。これらの龍頭企業は養蚕農民と政府そして製糸企業の間にあり，これらの利害関係を調節する役割を果たしている一方で，自ら利益を追求する側面もあり，その目的の下に所在地域周辺の養蚕および製糸をコントロールし，さらに養蚕農民を包摂しようとする動きも見られた。

　同時に，伝統産地が立地する東沿岸部地域では，都市化が進んで耕地が減少し，都市の需要に応じて園芸野菜や果実類など農業が多様化し，養蚕業の主要換金作物としての位置づけが弱くなってきた。さらに，工業が発展するにつれて，農業からの労働力流失も深刻な状況となっている。これらの錯綜する原因によって，伝統産地の養蚕業は衰退する一方である。しかしながら，伝統産地においては蚕糸生産連関の中心が製糸業および絹織業へ移動することによって，繭原料への需要が増加しつつある。このような状況のもと，製糸工場が伝統産地外から繭を調達する傾向が強まりつつあり，このことが新興産地の出現とその急速な発展の要因であると考えられる。とはいえ，養蚕業が新たな産業として新たな地域で発展してい

とは，決してこれだけの理由によるものではない。

第五章　伝統産地の躊躇と養蚕地域間の葛藤
　　　――インタビューの内容から見た浙江省湖州，
　　　海寧と江蘇省海安の事例

第一節　湖州市と湖州市指導站

　中国の最も重要な養蚕地として知られている「杭・嘉・湖」地域の「湖」は湖州市[1]のことである。湖州市は浙江省の北側，太湖の南側に位置し，太湖流域の一部である。西は杭州市，東は嘉興市と接し，水陸交通は便利である（付録地図：湖州の位置参照）。1958年に，湖州城の南約3.5kmにある銭山漾地方で4,700年前の絹織物の破片が発見された。この絹織物の断片は中国国内だけではなく世界最古の絹織物でもある[2]。

　現在の湖州市は，徳清県，安吉県，長興県および南潯区と呉興区からなり，総面積は約5,819km^{2}である。湖州の気候は四季がはっきりとしており，桑の栽培には良好な自然条件を備えているため，養蚕業の発展は製糸業より早かった。

　湖州の農業構造は，食料作物の栽培と養蚕が中心となっている。2003年時点では，林業，家畜と家禽，漁業，野菜と果樹など多様な農林漁業生産を展開している。

　1949年の解放以来，1996年に「繭大戦」の影響で桑園面積が急増したとき以外は，湖州の桑園面積は緩やかに推移してきたが，1983年の「請負」政策の施行後，養蚕業および製糸業の状況は大きく変わった。養蚕業は従来の村の大隊単位での「集団養蚕」から戸単位の「個人養蚕」へ移行

1）　昔は，現在の「呉興区」に当たる呉興地域を湖州市（県級）と呼んでいたが，行政制度が何度も変わり，現在は「三県二区」を湖州市（地級）と呼んでいる。本文では，現在の行政区分に基づき，一律に湖州市と呼ぶ。
2）　夏玉如，袁世君，前掲書，6頁。

第五章　伝統産地の躊躇と養蚕地域間の葛藤

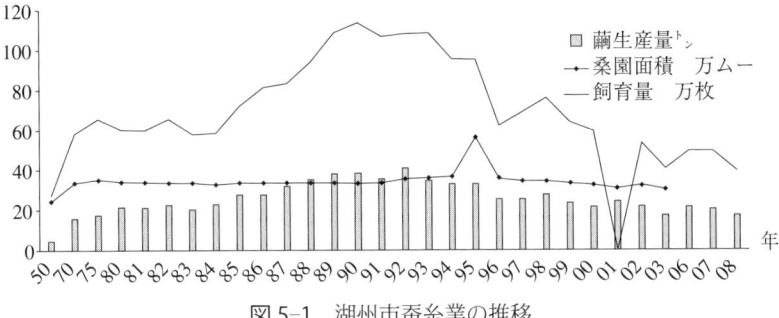

図 5-1　湖州市蚕糸業の推移

（出所）1949年～90年のデータは湖州市蚕業管理総站『湖州市蚕業史』1996.10の表8-1から表8-4までに参考し，2000以降のデータは湖州市指導站提供資料より筆者作成。

したのである[3]。

2003年の耕地面積は328.4万ムーであり，そのうち桑園面積は30.1万ムーで，耕地面積の約10分の1を占める。同年の農戸[4]は約49万戸，農業人口は195万人であり，2005年には約22.4万戸の農戸が養蚕業に従事していた[5]。養蚕農戸は湖州の農戸全体の46％を占めている。現在の桑園面積は最大限に達していると考えられ，ほぼ横ばいで推移しているが，1ムー当りの平均生産量が増加しているため，繭の産出量は増加傾向にある。（図5-1）

湖州は，桑の栽培から蚕の飼育，製糸，絹織，染色加工まで蚕糸業と絹織業の製造全過程にわたる技術と経験を備え，過去から現在に至るまで中国の蚕糸業において重要な位置を占めてきた。今日でも養蚕業は，湖州市の農民にとって重要な現金収入源となっている。

3）「請負」政策が施行される前は，桑園は当時の生産大隊の単位で管理されていたので，養蚕労働も生産大隊を単位として展開していた。大隊から養蚕技術に熟練した隊員を集めて，大隊の桑園状況に基づき，共同で養蚕労働をしていた。このような養蚕方式は「集団養蚕」と呼ばれる。これに対し，1983年以降，「請負」政策が施行され，元生産大隊の耕地とりわけ桑園を大隊隊員に戸の単位で均等に分配した。このように，「集団養蚕」と異なって，各農戸は分配された桑園の状況にしたがって，共同ではなく自ら養蚕を営むようになっている。このような養蚕方式は「個人養蚕」と呼ばれる。

4）「農戸」は，中国語の一家を表す言葉であり，本書ではこの中国語の表記を用いた。

5）湖州市農業統計局『湖州市2003年度農業統計資料』，出版社不明，2004年6月。

163

筆者は 2005 年 7 月と 2009 年 8 月に湖州指導站を 2 回訪問し，2 回とも当時の指導站の站長，副站長，そして指導員 1 名に対し，インタビューを行った。湖州の養蚕状況を聞き，統計資料を収集した。指導站は政府部門の中で，養蚕農民に最も近い存在である。とりわけ 90 年代末ごろから，地方政府の財政改革によって，湖州指導站は収入源の一部を湖州政府の交付から自己創出に頼らざる得ない状況になった。その結果，指導站は政府部門から離脱し，農民と政府の間にある"半政府半民間"となった。湖州指導站は深刻な財源問題を抱えながら，一方では農薬や工場からの汚染の被害を防ぐため糧食指導站や工業部門との話し合いを行い，もう一方では養蚕技術の開発と農民指導をし，養蚕農民との親密な関係を保っている。例えば，指導站の技術員たちはそれぞれ担当地域が決められ，担当地域の養蚕状況は詳細に把握している。しかしながら，インタビュー内容からは，人員と資金不足問題を抱える指導站が，必ずしも養蚕農民，蚕種場，製糸工場の間を斡旋しきれていない様子もうかがえる。

　伝統産地湖州の指導站では，浙江省のマクロレベルから各農家のミクロレベルまで，現在における養蚕状況の全体像をうかがうことができた。

　ここでは，湖州指導站に対する 2 回のインタビュー資料をもとに，湖州養蚕の概況，養蚕衰退の原因，繭価格の問題，養蚕規模，製糸工場との関わり，農民組織などのテーマで整理し，現地の養蚕を営む人々の目で見た 2005 年から 2009 年までの 4 年間の変化をよりダイナミックに描きたい。

一　養蚕減少の状況——2005 年インタビュー

1　湖州市の養蚕状況

　桑園面積は 30 万ムーで養蚕農家数は 22.4 万戸である。2003 年に配布された蚕種は 45 万枚，最も多かった 92 年には 110 万枚であり，その間 10 年あまりで養蚕量は半分以下になっている。

　数年前まで，湖州市の養蚕業産出額は農業産出総額の約 28〜30％ を占めており，外貨獲得の 50％ を占めていた。税金のうち 40％ は養蚕業によるものである。しかし現在では，農業総産出額の約 15％ までに減少した。

第五章　伝統産地の躊躇と養蚕地域間の葛藤

写真7　湖州桑園と高速道路建設 2005年7月

写真8　湖州蚕農家にある蚕花娘娘の置物 2005年7月

写真9　湖州指導站 2005年7月

写真10　湖州養蚕農民の娘と蚕花 2005年7月

とはいえ現在でも，農民にとって養蚕業は良い現金収入源となっている。

2　湖州の養蚕量が減少した原因について

　最も大きい原因はやはり工業の発展だと考えられる。直接的には環境汚染，主に二酸化硫黄とフッ素の汚染問題が深刻である。そして，若年労働力は工業へ移転しつつあり，養蚕業にとどまる農民は高齢化している。現在養蚕に従事しているのはほとんどが60代以上の高齢者と女性だけとなり，労働力の質が低下している。

　工業発展で繭価格も一層不安定になった[6]。さらに，養蚕業以外の換金作物の生産が発展してきた。例えば水産物，茶などである。水産物の場合，

一人の労働力で約 100 ムーの養殖水面積を担当できるが，養蚕業では桑園わずか 2～3 ムー[7]である。このように，他の農産物と比べ，養蚕業は一人あたりの産出額が小さい。養蚕業は小規模労働力集中型であり，桑の摘葉から繭の収集まで今なお手作業を中心としている。一方，水産業や食糧作物などは機械化がかなり進んでいる。

3　指導站が取り組んでいること

指導站として繭の品質レベルを維持できるように努力している。主な仕事は，蚕種の計画，生産，配布と新品種の研究開発である。そして養蚕農民に対する生産指導も行っている。指導站としては，農民自身は蚕種の決定などの能力がないと考えている。新しい品種は，農民自身が飼ってみないとその品種がいいかどうか判断できない状況である。

現在の蚕種の選定には，以下の三つを常に考慮している。(1) 主にフッ素の汚染に強い品種であるかどうか。(2) 製糸工場が重視する繭と生糸の品質の保証できる品種かどうか。(3) 蚕種場が重視する蚕種の生産コストに見合うかどうか。選定した品種の生産コストが高かったら，蚕種場は損を負う可能性がある。このように蚕種だけでも，指導站は養蚕農民，製糸工場，糸綢公司，蚕種場といった各方面の利害関係を考慮しなければならない。桑の品種も同じ状況にある。

技術の研究開発に関しては，大学や研究機構の協力を得ることができ，新技術の開発も進めている。例えば，蘇州大学，浙江大学農学院との共同研究プロジェクトがある。

二　繭価の上下問題──2005 年インタビュー

参考となる基準の繭価を決める方法がある。毎年繭収購の前に，物価局が養蚕農民，製糸企業，糸綢公司など関係のある部門と一緒に繭の価格会

---

6) おそらく工業の発展によって，養蚕に従事する農民数がしばしば変動し，毎年繭市場に供給される繭の量も変化が激しくなる。その結果，繭の市場価格も変わりやすくなっている。
7) 湖州の場合平均的に，5 ムーの桑園は 2～3 人の労働力がいる。

議を開く。その内容は，まず養蚕農民から当年度の養蚕コストを聞き，農民の希望価格も聞く。そして製糸企業，糸綢公司から，生糸の生産コスト，生産状況や，輸出市場状況などの様子を聞き取る。最後に以前の価格と比較しながら，物価局が「指導価格」を設定する。

この「指導価格」を標準として，各地域はまたそれぞれの状況に応じてその地域の繭の収購価格を設定する。地域間の収購価格にある程度差があっても許される。実際に収購価格を設定するときには，湖州市内だけではなく周辺の杭州や嘉興とも意見交換がされている[8]。

繭の基準価格が高すぎると，製糸工場のコストが上昇する。低すぎると，養蚕農民が売りたがらないため収購量が減る。

例えば，湖州の2005年の春繭では，1020～1050元／50kgである。質の非常に良い繭は高価格で1100元／50kgもあるという。

湖州地域では繭不足の状況は長く続いているという。湖州の加工企業は比較的多く，広西などで製糸工場を建てることもあるという。そして，他地域の生糸製品を湖州に持ち帰って，川下加工を行う。

湖州では現在，養蚕量は毎年減少しつつある。これ以上養蚕量を拡大することはとても難しいという。しかし，繭を湖州に運搬するには高い運輸費用もかかる。現在，製糸工場はだいたい広西，四川省，雲南省に製糸工場を建てている。外地で製糸して生糸だけを運ぶのは干し繭より簡単で，運輸費も比較的安い。

現在，通信科学の発展のおかげで，繭価格の情報交換が過去には不可能だった遠隔地の間でも可能になり，価格の地域差はますます減少した。例えば，湖州や浙江省の繭価格が1050元とすると，四川省の繭は質が浙江省より悪いので1000元，山東省は繭の質がよければ1100元というように定められるかもしれない。このように以前に比べ地域間の繭価格はだんだん接近している[9]。

しかし，いくら地域間の競争が激しくなっているといっても，繭価格が

---

8) 養蚕業内部では地域間の連携がかなり緊密である。ここからも，繭の流通が比較的広範囲であることが推測できる。

製糸工場の製糸コストと養蚕農民の生産コスト，それぞれの利益に規定されていることは変わらない。

三　養蚕減少がもたらした市場の変化——2009年インタビュー

2005年と比べると，2009年では養蚕衰退状況がさらに深刻になった。湖州の地産繭は30～50％の需要しか満たしていない。現地の製糸工場は広西，安徽，雲南などの地域から繭原料を調達せざるを得ない状況になった。

1　湖州の生繭流通に変化があった

2007年時点で，湖州には60数軒の繭站がある。以前はZW公司が域内の繭の調達を一括して管理したが，企業の民営化に伴って，繭站の一部が公司から離脱して私営になった。さらに繭站の人員編成が変わり，人員削減が目立った。そして，郷鎮地域にあった繭站が減少し，養蚕農民の繭の運搬への支障が避けられなくなった。これは繭販子などインフォーマルな販売流通ルートが再び活発になってきた一因である。やはり養蚕農民にとって，繭販子が繭を繭站まで運んでくれるのは便利な面があるという。

2　養蚕業の副業化問題

これは多くの伝統産地が抱える問題でもある。以前養蚕業は主要な現金収入源であった。現在はだんだん副業化している。副業化の原因は，養蚕業自体の衰退による養蚕からの現金収入の減少や，多様な産業，出稼ぎ労働機会の増加と農業の多様化が考えられる。養蚕離れの原因の一つは，やはり収益性が他の換金作物より低いからだろう。伝統産地では養蚕を一年中行うことはできず，一般的に，春，夏(実際に養蚕を行う地域はすくない)，秋，中秋，晩秋の数回に限られている。さらに現在の生産条件では秋養蚕

---

9)　全国養蚕地の繭価格はまだ浙江省と江蘇省を基準にしているのがここで分かった。おそらく，製糸などの加工業においてまだこの二省が先頭に立っているのが原因だろう。他地域の繭は最終的にこの二省に流入している。

のリスクが大きくなっている。

　出稼ぎ労働には魅力がある。若年農業労働層（30〜40代）には月給生活への憧れがある。養蚕と比べ出稼ぎ労働は高収入で，湖州では地元の工場での月給はすでに1,600〜1,700元前後まで上がっている。これは一日あたり50〜60元に相当する。一方，養蚕業の日雇い労働者の日給は30〜40元レベルにとどまっている。

　また，養蚕労働は複雑で非常に細かい作業も多く，体力の必要な重労働もある。労働環境も悪く，汚く，高温高湿の環境が多い。これも若者の養蚕離れの原因であると考えられる。

3　「東桑西移」の影響

　2000年以降全国レベルでは繭の生産量が急増した。しかし，繭原料の増加は繭価格の下落をもたらし，価格が下落すると伝統産地の衰退状況はますます深刻になる一方である。

　広西などの亜熱帯地域と異なり，自然条件が限られている湖州では一年のうち春と秋しか養蚕ができない。

　さらに，現在では秋養蚕のリスクが高いため，春しか養蚕しない地域が増えているという。

　「東桑西移」から受けた繭価格の打撃も大きい。規制の少ない繭の自由流通ができる広西市場は成熟し，他の地域の繭市場にもその影響はだんだん明らかになっている。しかし，伝統産地の市場は依然として閉鎖的である。養蚕から繭製品まで，養蚕業の産出品の自由流通は禁じられている。以前は仮に国際市場の繭価格が大幅に下落しても，国内市場への影響はある程度遮断されている状況だった。しかし，広西市場の存在感が強くなってきて状況が一転した。現在，伝統産地である江浙両省は，市場の繭価格変動に大きく影響される状況にある。

　2008年の世界的経済危機のあと，シルク製品の輸出が減少し，国際市場における繭及びシルク製品の価格も大幅に下落した。その結果，中国国内市場の繭価格も大きく下落し，伝統産地である湖州は養蚕量が大きく減

少した。

　2008年に養蚕量の最も減ったのは織里鎮というところである。例年同期の状況と比べ，50％も減少した。今年も例年より30〜40％ほどの減少が見られ，それほど回復できていない。2009年7月現在，まだ秋繭の価格を予想するのがむずかしいが，09年春養蚕の繭価格の予測を見れば，08年よりある程度回復しているかもしれない。

　実は2008年の春繭価格は400〜500元／50kgで，17年間の最低記録だった。これによって同年の秋養蚕はすぐに大幅の減少が見られた。

四　湖州指導站から見た農民組織と大規模交易市場
　　──2009年インタビュー

1　合作社という農民組織をどう見ているのか

　養蚕農民には商業的な「合作協会」という組織がある。現在湖州には111軒ほどある。主な役割は技術サービスの提供，技術指導などだと思う。指導站として，養蚕技術指導というのは農業局の元にある指導站が行うべきだと考える。とはいえ，農業局の指導力もかなり弱くなって，指導站運営のための必要資金すら不足しているなどと問題が多い。農業局指導站が技術サービスを提供できなくなって，自然に民間セクターに移行したのではないかと考えられる。しかしながら，これが政府の職能の弱化という問題に繋がるかどうか，指導站はまだ断言できない。

2　湖州近辺の繭生糸の卸交易市場について

　繭などの先物取引を行なっているところだ。繭も生糸もあって，江浙両省，広西などの新産地まで，取引に大きく影響を受けているだろう。

　例えば，嘉興市場の先物取引問題について，一時期「内部取引」だ，そして「投機」だと疑われたことがある。その後，嘉興市場の管理層が大きく変わった。現在の管理層にいるのが誰かは，江浙両省の蚕糸業関係の皆さんは互いに知らないようである。

五　湖州市の養蚕農民——朱氏

　湖州市における養蚕業の状況を，南潯区練市鎮朱家兜村の朱氏一家（以下朱家とする）の事例からみてみたい。湖州指導站の紹介で，湖州地域では典型的な養蚕家族である朱家を訪問することができた。筆者の調査の際には，指導站の技術指導員の方が道案内をし，インタビュー中には農民の訛りと方言を標準語に訳す通訳にもなってくれた。同行した指導員は担当している養蚕農家の家に入るとまるで自分の家のように椅子と机を並べ，農家の奥さんと一緒にお茶を出したりしていた。聞き取りの中でも，農民自身も覚えていない一昨年前の養蚕量や収入などを指導員が答えるなど，農民との親しい関係がうかがえた。

　朱氏に対するインタビューは2005年と2009年に2度おこなわれた。とりわけ2009年に再度訪問を果たした際，朱氏家族および湖州市周辺の状況は大きく変化していた。ここではインタビュー内容を引用しながら，詳細に述べてみたい。

1　2005年ごろの状況

　2005年当時51歳であった朱氏は，41歳の妻と19歳および11歳の娘2人の一家4人で暮らしている。長女は高校卒業後，出稼ぎで湖州市内にある工場で働き，農業労働には従事していない。次女は小学校4年生で，軽い農作業を手伝っている。朱氏と妻の2人がこの一家の農業労働力となっている。朱氏の家を訪問した際に，下の娘が養蚕の場所，うさぎ小屋など家の周りを案内してくれた。舗装された道路は村の外までしかなく，朱さんの家まではレンガで敷かれた道路を歩いて入る。家の庭には赤いレンガや木材が置かれていて，数本の桑の木が植えられていた。家のそばには小川が流れていた。

　2005年当時，朱氏一家が住む建物は平屋であり，83年に建てられたものである。部屋は全部で3つしかない。養蚕時期になると，リビングも寝室も養蚕室になる。養蚕の忙しい季節には家の玄関も含め全部養蚕に使う。

訪問した時には，養蚕の場所が足りないため玄関先の壁を借りてプレハブが増築されていた。プレハブの蚕具はまだ片付けられていなかった。古い自転車一台が置かれていた。

　数羽の鶏がプレハブを自由に出入りして，一匹の犬がインタビュー中に静かに地面に座っていた。インタビューはこのプレハブで，湖州市指導站の技術指導員が立ち会って行われた。

　朱氏は長年にわたって養蚕業に従事し続けてきた。彼の両親は，「集団養蚕」の時代は大隊で養蚕労働をしていたため，養蚕経験は豊富である。

　朱家は1983年からおよそ3ムーの桑園および約4ムーの水田を営んでいる。水田で生産しているコメは一家4人の食糧を保障し，毎年，余剰分を親戚に配ったり，販売したりしている。4～5年前までは家の周りの空き地に菜園を作っていたが，近年地域外からの転入人口の急増[10]により野菜が収穫直前に盗まれることが多くなったので，数年前から一家の野菜や果物はすべて市場から購入するようになった。飼っている10羽の鶏および鴨はすべて自家消費用だという。2年前まで，朱家では現金収入源のほとんどを養蚕に頼っていたが，最近は毛皮の取れるウサギの飼育も試みている。2005年7月の時点では約100羽のウサギを飼育している。

　湖州市政府による数回にわたる桑園整備の結果，数十ヶ所にも分散していた朱家の3ムーの桑園は9ヶ所に統合された。朱家から最も離れている桑園は，居宅から約500メートルの距離にある。朱氏は自転車の両側に付けた2個の大きな竹網籠に桑葉を入れて桑園から運んでいるという。

　2005年夏の時点で，村では3～4ムー程度の桑園が40ヶ所に分かれているようなところがまだ多いという[11]。面積の最も小さな桑園では，2本の桑しかない。このように，桑園はまだ零細で分散しているため，桑葉採りの作業は大変な労力を要する。この状況を改善するために，湖州市政府は公的資金を投入して土地整備を続けている[12]。

---

10)　朱家がある朱家兜村の委員会の蚕桑生産の責任者である施氏の話によると，2005年に朱家兜村に住んでいる約1,600人のうち，外地からの人口は約400人以上にのぼるという。
11)　2005年7月，朱家兜村での聞き取り調査による。

2005 年の養蚕状況については，朱さんは春繭と，桑の葉の余分で夏繭も飼養した。秋繭の注文は 7 月 10 日に完了した。これから 8 月 28，29 日に秋繭に向けて桑園の整備などをやっている。詳しくは，春繭は 5 枚，夏に 2 枚，早秋 5 枚，中秋 5 枚の年間 17 枚ほど計画したそうだ。

写真 11　湖州養蚕農民朱氏が繭運搬用のカゴ 2005 年 7 月

　桑園以外の 4 ムーの水田は一家 4 人の食糧には十分という。毎年の食糧の余裕を売り出す。現在は，農村を巡回し，各農家から余糧を買い取る専門商人がいるという。去年は 1.86 元だったが，今年は 1.8 元／kg で 50kg を売り出したという。今年水田の収穫は 1500kg でちょっと少なかった。普通は 500kg／ムー以上である。水田の間や周辺に桑の苗も栽培している。桑の苗は約 1 ムーもある。冬に苗を売り出す。自分で売り出して，売れない部分を村に委託販売する。

　桑の品種については，以前は多品種が混雑していたが，近年ではすべて「農桑 14」という品種を栽培している。これは 1998 年以降の桑種改良の際に，湖州市の指導站が推奨した品種である。この品種の最大の特徴は，抗汚染，特に工業のフッ素汚染に強いことである。

　なぜ指導站が推奨した品種にしたのかを尋ねたところ，どうも朱さんのような養蚕経験の豊富な農民でも桑の品種を見分けることができず，指導站のアドバイスが必要不可欠であるという。

　湖州指導站は，この十数年，湖州市における工業汚染の深刻化に対処するために，桑と蚕の品種改良に力を入れてきた。養蚕の伝統がある湖州の養蚕農民の多くは養蚕経験をかなり豊富にもっているが，新技術を導入した桑および蚕の改良問題については未だ認識が足りないため，指導站の技術指導は大変重要なものとなっている。

---

12)　2005 年 7 月，湖州市「指導站」の柳氏に対する聞き取り調査による。

3ムーの桑園を所有する朱家の2005年の養蚕状況は，春に5枚，夏に2枚である。早秋と中秋には5枚ずつの予定となっている。年間では約17枚の養蚕量となっている。朱家では，夫婦2人で5枚の養蚕しかできないため，桑の葉は毎年余ってしまうという。このため，稚蚕飼育段階で，若葉を桑葉の足りない養蚕農戸に低価格で売っている。しかし，養蚕農戸の間には桑葉の需給状況に関する情報は少ないうえ，養蚕時期の相違などがあるため，朱家のように余剰桑葉を販売する農戸は少ない。

　以前，この地域では，一年間で約4回養蚕をする農戸が多かったが，近年夏が暑いため，夏の養蚕をやめ，3回しか養蚕しない農戸が増えてきた。2005年の春繭価格は例年よりやや高めの1,020元／担[13]で，同年の養蚕量は例年より多いという。

　蚕種は主に「菁松×皓月」[14]である。湖州地域のフッ素汚染状況を受け，指導站の技術指導の下で，春で飼育する品種を秋に飼育する「春蚕秋養」[15]という湖州特有の飼育方法を採用している。

　指導站によって先進的技術の指導は行われているが，個々の農戸の養蚕経験の影響力が最も強い。言い換えれば，農民自身の生産経験が豊かであればあるほど，農民は新技術を受け入れ難くなる。

　例えば，桑園の化学肥料の使用について，指導站は1年で春，夏各1回，桑の成長が止まっているように見える冬にも追加で1回化学肥料を撒けば十分であると指導していた。しかし，朱家のある村の農民の多くは，春2回，夏にも2回程度化学肥料を使用し，冬には撒かないことになっている。しかも化学肥料を単に土の表面に撒くだけなので，降水の多い夏ごろには化学肥料の地表流失現象が多いという。その結果，化学肥料の費用が増加し養蚕コストが上昇する一方，施肥の増量にもかかわらず結局繭の生産量の増加および品質の改善には結びついていないのである。

---

13) 「担」は，中国で使われている重量を測る単位である。1担は約50kgである。
14) 蚕種の名称である。品種「菁松」と品種「皓月」の交雑種である。
15) 湖州市「指導站」の柳氏の話によると，これは春の品種の抗フッ素の特徴を利用し，秋養蚕の産出量を上昇させるためである。

朱氏は1980年代以前，村の養蚕の様子をこのように話した。

　解放以降は集体養蚕で，技術も良くなく，養蚕量もとても少なかった。一つの生産小隊には約20戸の農民でわずか12～20枚ほど飼っていた。大隊は170戸であった。

　文化大革命期には桑園面積は小さかった。化学肥料と農薬の供給も足りない。養蚕室も少なかった。農薬がないので秋には養蚕しなかった。有機肥料は大体醗酵した人と家畜の排泄物である。煙草の葉や枝根の部分などの煮汁を農薬の代わりに使っていた。肥料が足りない時は，船で上海まで生ゴミや海魚の死体をもらいに行って，肥料代わりに使っていた。当時のやり方は魚を塩漬けし，出てきた汁を肥料として使う。当時は効果があったけれど，土壌に塩分が高くなり，現在耕地のアルカリ土壌化問題となっている。あのとき船で上海までは60時間もかかった。杭州までは24時間ほどだった。

　私は15歳（1968年ごろ）の時上海まで行ったことがある。旧正月の四日に出発し，早ければ九日には帰れるという。旧正月には生ゴミを探しにいく人が少ないからである。しかし人が多い時には三，四日間探してもただの一担しか手に入れられない時もあった。上海や杭州など大都市周辺の農村部でも肥料が不足しているから，みなよく大都市の生活生ゴミを肥料に使っていた。あの頃のゴミにはプラスチック製の袋もなく，金属類やガラス製品も少なかった。生ゴミもなくなると，甘蔗の葉や小さい蟹の殻まで肥料として使っていた。

2　2009年に朱氏を再訪問した時の変化

2009年に再訪問した時には，村の道路は整備され，朱さんの家まで車が入れるようになっていた。古い平屋がなくなり，外壁が白いタイルで貼られた三階建ての新居に変わっていた。新居は2007年に建てられ，費用の17万元のうち，9万元ほどは養蚕収入によるものである。1階には広い蚕室がある。2階3階は居室となっているが部屋の数が多いので，一部は

蚕室となっている。2009年には上の娘がすでに結婚して、下の娘が湖州市内の全寮制の学校に入り、家にはいないという。朱さん夫婦2人が養蚕と農作業を営んでいる。

耕地面積は7ムーで、3ムーの桑苗、3ムー桑園と1ムーの水田となっている。水田1ムーの収穫はほぼ夫婦2人の食糧であり、米の出荷

写真12　湖州朱さんとトラック新築した蚕室2009年7月

はしていないという。

　3ムーの桑園のうち0.7ムーほどは果実の採れる果桑という新品種で、春には桑葉、秋には果実が収穫できるという。年に約1トンの果実が収穫でき、近くにある加工工場に出荷し、4000元ほどの収入になる。養蚕よりリスクが低いという。

　朱さんの運搬手段にも大きな変化があった。朱さんが周辺農民の繭を軽トラックで買い集めて、知り合いの製糸工場へ売り出すことを始めている。

　なぜ近辺の繭站ではなく、トラックを買ってまで知り合いの工場に繭を出荷しているのかについて、朱さんはこのように話した。

　知り合いの製糸工場へ売り出すと、近辺の繭站へ売るより、10元／50kgの差額が出るという。さらに、近辺の繭站は繭の質量に関してややうるさいが、製糸工場はそれほどではない。

　この取引が成立する重要な条件は、朱氏と製糸工場の所有者が知り合いだということである。このような関係がなければ無理であろう。

　このように、現在、朱氏を含め、周辺の農民はほとんど繭站ではなく、朱氏を通じて製糸工場へ繭を売っている。売り上げから朱氏が一部取っても、繭站に売るより収入は少し多くなる。

　農民は繭を売る前に、大体周辺の繭站の繭価格状況を確認している。方法は多様であるが、電話で直接連絡することもある。一部ではあるが、所在地域のみならず、桐郷などの周辺地域の繭価を確認する農民もいる。

またここには，旧国有企業の大規模製糸工場に比べ，比較的小さい製糸工場が原料を獲得しにくいという問題もある。

第二節　海寧市と無錫

一　海寧概況

海寧市[16]は，浙江省嘉興市の一県級市[17]である。海寧市は「杭・嘉・湖」平原地域の南側に位置し，銭塘江の北岸にある。上海市および杭州市と高速道路や鉄道で連絡している。上海市まで，高速列車では1時間半，車で高速道路を使えば約1時間40分ほどの距離である。

養蚕の伝統産地である海寧市では製糸業が早くから発展していた。最初の製糸工場は，1913年に海寧の長安鎮に設立された[18]。1926年に建てられた中糸三敞をはじめ，続々と建てられた製糸工場は海寧の機械製糸時代の幕を開いた。その後も，海寧市の養蚕業と製糸業はともに展開してきた。

1994年の第二次「繭大戦」直前に，繭の価格が急上昇し，海寧市の中小製糸工場，さらには国営大企業の一部までが，原料繭の高騰に耐えきれず，他の伝統産地と同様に倒産した。この結果，「繭大戦」後に繭価格は暴落し，海寧市の養蚕業は打撃を受け，安定した生産状況を回復することができなくなった。

二　海寧市指導站と蚕種場

2005年7月に海寧市蚕桑指導站と原種蚕種の生産場を訪ねた。指導站では当時の責任者の一人である董さんにインタビューすることを行った。

---

16)　1949年以前に，海寧市は硤石鎮と呼ばれたが，建国後海寧県となり，1986年からは再び海寧市となった。
17)　呼び方は「県」と「市」とで区別するが，「県級市」は，行政上，県と同じレベルである「市」を指す。
18)　海寧市糸綢公司編『海寧糸綢工業史』出版社不明，1991年10月，131頁。

インタビュー内容から，同じ伝統産地ではあるが，湖州市の指導站は農民寄り，海寧市の指導站は政府寄りという性格がうかがえる。

1 指導站が養蚕業に果たす役割などについて

主に，養蚕技術提供である。海寧の養蚕業生産状況を監督している。養蚕農民との関係が緊密であり，農民に直接の技術指導を行う。しかし繭シルクの交易市場などとは直接の関係がない。養蚕技術というのは，蚕種催青，蚕種の注文と配布，養蚕技術の指導がある。数多くの養蚕農民に対し，各郷鎮，村，農家まで指導を行う。そして，養蚕の物資，消耗品の確保の調達などもやっている。蚕種の注文や配布などは指導站にとって経営的な活動であり，それによって収入がある。養蚕用の生産資料と蚕薬も実際に経営活動である。

現在指導站の従業員は14人だけである。さらにこの14人には運転手や電工さん，技術員，会計も含まれている。

指導站の催青室は全自動化を実現できており，コンピュータで温度と湿度をコントロールできる。この設備は91年から使用しているもので，当時はコンピュータ会社に委託し，開発してもらった。現在も新たな開発が進んでいるという。この全自動化の設備の使用については，海寧市が最も早い。

繭は原則的に，養蚕農民の居住地から近い繭站に出荷するが，現在流動性が高く，地域間の繭収購も許容されている。とはいえ，海寧は比較的強い地域性を持っている。農民がどこの繭站に繭を売り出すかは農民の自由である。指導站は指図をしていない。

繭站や収烘站の活動にも指導站は介入しない。指導站の仕事の範囲は蚕の上簇までであると考えていて，これからも参加することはないだろう。

海寧市では方格簇を使用している農家が多く繭の質が高い。しかし現在の問題は，繭価の判断基準として「優質優価」が実現できていないことだ。したがって，方格簇の使用や新技術を農民に紹介しても，結局収益面ではメリットが見えないため，養蚕農民は新技術に消極的である。

指導站としては，繭の出荷や乾燥，価格の設定にも参加しない。指導站は「優質優価」の原則をまもるべきと，省レベルの会合にまで呼びかけたことはあるが，全然改善できていない。指導站の権限は限られているし，行政も常に変化している。

2 「農民＋企業」という生産方式に対する指導站の考え

97年より前には，指導站は政府農林部門に所属し，一つの政府機関として機能を果たしていた。97年8月，「繭・糸・綢一体化」[19]を唱える政策が各地域の糸綢公司にも適用され，指導站も政府機関ではなくなって，糸綢公司という"企業"の一部になった。しかし，2003年に糸綢公司が改制し，指導站はまた農林部門に戻り，再び政府機関となったのである。

97年には養蚕業「一体化」の方針にしたがったが，結局名実の伴わない一体化だった。養蚕業と各部門も十分に融合できなかった。その原因にはやはりそれぞれの利害関係である。各部門の利害関係のバランスが取れない。一体化が推進された間も，指導站の権限は蚕の上簇までだった。たまに，収購の時に一人か二人を派遣しただけだった。

三 無錫指導站——伝統産地から見た養蚕業の減少と「東桑西移」

無錫指導站にインタビューができたのは2005年7月だった。インタビューに応じてくれたのは農民指導を担当する副站長と主任指導員である。無錫は伝統地域の中でも養蚕量が深刻に減少している地域である。しかし無錫にとって，養蚕と製糸は歴史的意義のある伝統産業でもある。指導站は昔ながらの養蚕技術を守り，蚕種や繭の流通をすべて政府が規制する伝統的な運営システムを望んでいる。指導站の方へのインタビュー内容からは，養蚕の衰退を引き止められない無力感も感じられたが，独自な存続の道を探る努力もうかがうことができた。

---

19) 「貿・工・農一体化」の蚕糸業の表現である。

1 無錫指導站と無錫養蚕業の概況

無錫指導站は 81 年に指導站が成立した。そのときはまだ，蘇州市の下にあった。無錫市は 83 年に蘇州市から独立し，独立統計となった。無錫市の生産量のピークは 85 年頃だった。その後，政府の管理部門が体制改革を繰り返し，無錫市の糸綢公司が政府の管理部門として，農業部の直属となっている。現在は省の経済貿易委員会の下である。農業産業化の頃，農業から工業，貿易まで一貫となる「貿工農」モデルを試したが，蚕糸業の「農，工，貿」の連鎖にある各セクターはそれぞれ独立して，とても複雑である。産業内部でも多種多様な組織があり，利益を均等に分配することはほとんど不可能だった。次第に産業内部においていろんな問題が生じた。結局対外貿易部門以外，すべて計画経済のように，計画に従って生産する方法に戻った。

93 年までには完全に計画生産であったため，省から生産計画が下り，各市や県などは計画通りに生産し，期末に省から計画通りに繭が収穫される。そして利益も政府部門の統一管理で，資金を分配したり，養蚕の基金を立てたりしていった。養蚕，繭収購や生産と経営の秩序も良かった。

大体 94 年から，計画経済と市場経済との双軌道制という状況下で，繭の経営規制が緩和された。この際，糸綢集団公司は経営許可を持ち，市場に入り込み，市場経済の道を歩み始めたのである。そして，繭の経営許可を県レベルでも取得し，各地域へと散らばった。経営以外の大切な仕事，指導站が行う管理や新技術の研究開発などは重視されなくなった。その結果，繭の品質は落ち，繭の価格も転落し，生糸や織物製品の輸出量が減少し，価格水準もその影響を受けてしまった。

江蘇省の養蚕業の流れのなかで，川上の養蚕農民の利益は川下の輸出の状況によって決まる。繭の品質が悪くても量が減少しても，輸出の重要があれば，当然市場価格が高くなる。このように，繭の価格はその品質によって決まるのではなく，単純に市場の変化によって決まってしまう。繭の品質が悪くても市場価格が高い場合があり，繭の品質が良くても相場の値下がり時には農民は利益を得られない。養蚕農民の市場に対する理解はまだ

乏しく，結局，農民は市場の変化に巻き込まれるままである。

品質の良い繭でも利益にならない場合は，農民が養蚕をやめ，桑園を他の作物に転作し，「廃桑離蚕」になることが多い。養蚕業，特に桑園はいったん破壊されたら，回復するには3年間も掛かる。

無錫地域では郷鎮企業の発展が目立つ。養蚕業のような労働集中型の農業からは労働力が流出しやすい。近年は特に労働力は工業に流出してしまう。

農村の養蚕はかなりの重労働で，収入も不安定である。特に投資から現金収入を得るまでのプロセスが長い。農村部において耕地整備の無計画性は蚕業移転のもう一つの原因である。農村ではよく桑園から水田へ，水田から桑園へ変化している。

2 養蚕地域の変化と「東桑西移」の見解

江蘇省の全体から見ると，立地移転の明確な変化は大体94年，95年から目につくようになった。江蘇の南部，「蘇南」地域の養蚕業は衰退し，代わりに中部の「蘇中」では養蚕の発展が目立った。「蘇中」では養蚕業の技術，例えば収烘站の乾燥設備，乾燥の技術は大体無錫からの指導であるという。とりわけ95年以後，「蘇中」地域の発展は著しく早くなっている。

とはいえ，95年以来，「蘇南」の製糸工場の製糸能力は大きく変わっていない。製糸技術の向上につれて，製糸業の原料需要は増加する傾向もあった。繭供給を満足させるため，「蘇中」養蚕業の発展は必然であったといえる。

今後の予測では，「蘇中」の養蚕業は「蘇北」へ移動するだろう。もしくは，江蘇省以外に移出し，「東桑西移」政策に応じるだろう。

蚕糸業の発展傾向は中国と日本も似ている。将来，中国の養蚕業の広西省，雲南省への移転は必然である。この西部地域は，経済発展がまだあまり進んでいない地域である。「東桑西移」政策が打ち出された頃，養蚕業

の西への移出はすでに現実となっていた。いくら政策といっても，客観的条件に従わなければならない。その点，国家の「東桑西移」は合理性の高い政策だと考えられる。

第三節　伝統産地にみられる新たな養蚕製糸の生産方式
　　　　――いわゆる「海安スタイル」の形成

　第三節で分析したように，伝統産地において，養蚕業の衰退傾向は明らかである。しかし，同じ伝統産地に立地していても，新たな経営形態による新たな経営主体，つまり製糸業龍頭企業の出現によって，地域の養蚕業と製糸業が発展し，養蚕地域の生産構造が変化する動きもみられる。本節では，伝統産地の地域内で，蚕糸業龍頭企業が主導する生産地域の形成とその発展のプロセスを，海安県の事例を通じて明らかにしよう。

一　海安県の地理条件および養蚕状況

　海安県は江蘇省の中部[20]，長江の北岸に位置し，蘇中地域の三大都市の南通市，塩城市および泰州市と境界を接する。同時に，海安は国道204号と328号の交差点であり，交通の要所でもある。総面積は約166.2万ムー，沿岸線は約8.5kmである。県内の耕地面積は84万ムーあり，県内の農業人口は62.6万人で，総人口の約64.4％を占めている[21]。

　臨海に位置する海安県では，河川が交錯しているため，水資源が豊かで，漁業が発達し，コメの産地および家禽の飼育地としても有名である。特に，家禽の総生産額は農業総生産額の約30％を占めている（表5-1）。

　同県では，建国前および建国初期の蘇南地域，つまり長江の南側の地域と比べると，養蚕業はそれほど盛んではなかった。海安県の繭生産量は，

---

20) 江蘇省の長江の南側は通常「蘇南」，長江の北側は「蘇中」および「蘇北」と呼ばれている。
21) 海安年鑑編纂委員会編『海安年鑑』2003年版，方志出版社。

表5-1　海安県家禽類産出額の推移

	農業総産出 （万元）	家禽類産出		養蚕業産出	
		産出額 （万元）	総産出に占める割合 （％）	産出額 （万元）	総産出に占める割合 （％）
1999年	332,445	101,688	30.59	21,408	6.43
2000年	338,213	103,160	30.50	28,163	8.33
2001年	351,944	102,255	29.05	32,934	9.36
2002年	365,538	118,630	32.45	31,717	8.68

（出所）『海安年鑑』2003年版方志出版社，351ページ付録より，筆者作成。

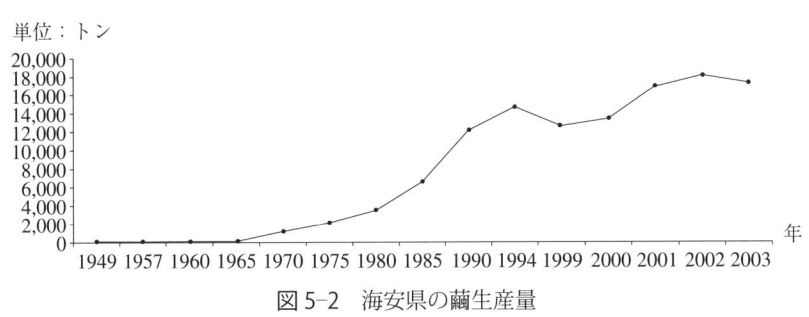

単位：トン

図5-2　海安県の繭生産量

（出所）①1994年前のデータは『海安県土地志』中央文献出版社出版，116ページの表4-7より，②1995年以降は『海安年鑑』年代版方志出版社より作成。

60年代以降に急速に発展してきた（図5-2）。

しかし，現在，海安県の農業は多様化してきている。多様化する農業生産の中でも，養蚕業の発展は著しい。

特に，養蚕業の伝統産地の多くが衰退しはじめた1994年以来，海安県では，耕地面積の減少が進む一方で，桑園面積は1994年の13万ムーから2005年の18万ムー[22]まで増加し，史上最高の値となっている。

海安県では以前から養蚕を営んでいたが，製糸工業の発展の方が養蚕業の発展より一足早い。いわば製糸工業の発展が養蚕業の発展を促進したと考えられる。海安県には，養蚕業，製糸業および絹織業をコントロールすることができる龍頭企業がある。この龍頭企業は旧「江蘇省海安糸綢公司」

22）　編著者不明『海安県土地志』中央文献出版社，出版年不明。

であり，これは1994年に改称し，改名後「XY繭糸綢集団股份公司」(以下XY公司)となっている。

　伝統産地では，海安県のように特定の龍頭企業の牽引によって，養蚕業が全体的に縮小する中で養蚕業の発展が実現してきた。同様のものとして，浙江省の浙西地域にある淳安県の「淳安糸綢公司」などの典型事例もある。これらの地域は，伝統産地における従来の養蚕農民と製糸工場とが分離した生産方式とは異なって，いわゆる龍頭企業のもとで最大限に「貿工農」一体化を追求し，契約農業などの現代的な生産方式を伝統的な養蚕業および製糸業に取り入れた生産方式をとっている。いまだ一部の地域に限られているものの，養蚕と製糸生産を促進し，農業と工業とを結合したことで新たな展開をみせているこれらの地域は，伝統産地の中の「新興産地」であるといえる。

　以下では，このXY公司を事例として，海安県でいかに蚕糸業とりわけ養蚕業が発展してきたのか考察してみたい。

二　江蘇省XY繭糸綢集団股份公司と海安県の蚕糸業

1　XY公司と海安県の蚕糸業の構造

(1) XY公司の設立

　旧「江蘇省海安県糸綢公司」は，1994年に江蘇省政府の許可を得た上で，国有企業から株式会社へと改制し，海安県にある当時の繭収烘総站，糸綢外貿公司および海安県製糸場を合併し，「江蘇省海安市繭糸綢集団股份公司」を設立した。XY公司は蚕種から生糸，シルク生地およびアパレル製品までの生産を展開している。その製品には，「XY」というブランド名を付けており，2004年に糸綢公司という名称から正式にXY繭糸綢集団股份公司と改名して，今日に至っている。

　XY公司は1.1億元の資本金で設立された。XY公司の傘下に，製糸工場を10ヶ所，買収した5工場の合計15の製糸工場，および三つの絹織工場，買収した1工場の合計4工場，それに，二つの新設のアパレル工場および1つの絹糸紡績工場を有している。

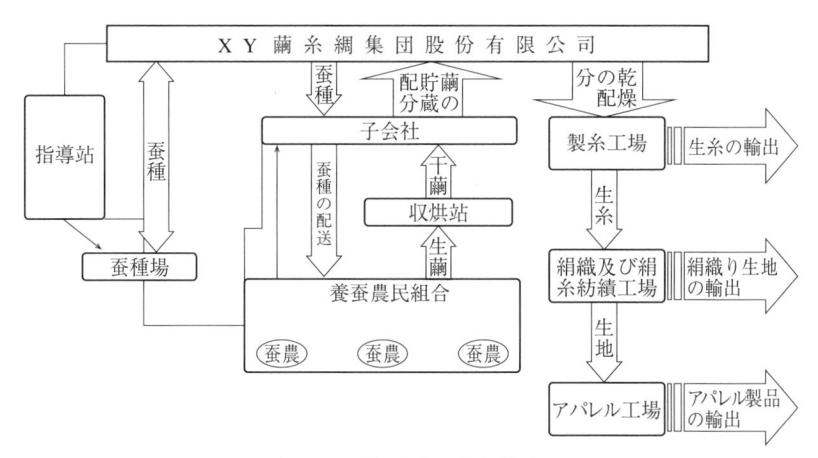

第五章　伝統産地の躊躇と養蚕地域間の葛藤

図5-3　海安県の生産構造
（出所）筆者による現地調査資料をもとに作成。

(2) 海安県の養蚕系統

XY公司は，海安県にある11.4万戸の養蚕農民との間で「桑蚕鮮繭売買合同」という「売買契約」を結び，各郷鎮にある25の子会社を通じて，桑の栽培から，蚕種の配送，繭の収購までの全過程で厳密な管理を行っている。しかし，公司は土地の使用権を有せず，桑園の経営を行っていない。

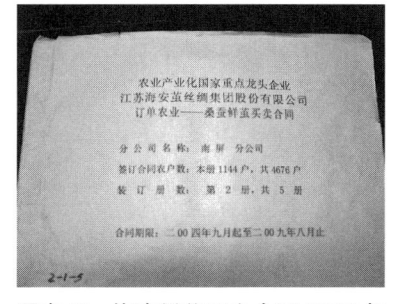

写真13　海安鮮茧买卖合同2005年7月

新興的産地の一つ海安県には，養蚕系統では伝統産地と同様に糸綢公司，製糸工場，指導站および養蚕農民といった部門がある。しかし，新興的産地における各養蚕部門間の関係は，伝統産地と大きく異なっている（図5-3）。

海安県の指導站は，XY公司の改制前には一つの下級部門であった。2005年現在，指導站は海安県農林局の下に戻り，政府部門となっているが，XY

185

公司との関係は深く，株式会社になったXY公司と政府部門との連携役となっている。

(3)「桑蚕鮮繭売買合同」の内容

通常，伝統産地では「糸綢公司」と養蚕農民とは分離状態にあるが，海安県では，XY公司と養蚕農民はこの繭の「売買契約」で緊密に繋がっている。この契約は，主に技術指導および収購価格の二つの面で公司と農民の関係を定めている。

まず，技術指導の面について見ると，「契約」には，「公司は直接に，あるいは指導站を通じて，養蚕農民に優質な蚕種，科学的な新技術を提供し，桑の栽培および養蚕労働の前，最中および後に一連のサービスを提供し，繭の生産量および品質を高めるという目標を達成したい」[23]とある。つまり，XY公司は，養蚕農民に対して桑の栽培と養蚕の技術指導を「契約」で明確に義務づけられているのである。同時に，同「契約」では「養蚕農民は桑の品種の更新，養蚕の設備の改善などの際に公司から指導および補助を受ける権利が保証されている。同時に，養蚕農民は指導および補助を受け，収穫した生繭のすべてを公司が定めた生繭の収購の標準にしたがい，公司に販売する義務がある」とされている。養蚕農民は公司の指導を受けると同時に，収穫した繭の全量を公司に販売しなければならないと約定されているのである。

次に，収購価格に関しては，繭価格の変動に対応するために，「契約」では，「①XY公司の指導を受け，公司の収購標準に達した生繭を1kgに対し，門市繭[24]の買い取り価格より1元高く買い取る。②シルク市場が安定状態であれば，公司の買い取り価格は国家の指導買い取り価格および周辺地域の買い取り価格より高く定める。③繭価格暴落の際に，公司は当期市場価格より高い保護価格で養蚕農民の生繭を収購する」といった価格保証を定めている。

---

23) 契約の内容に関しては，すべて2005年7月XY公司より筆者が得た『桑蚕鮮繭売買合同』の中国語原文の一部を日本語に訳したものである。
24) 「門市繭」はXY公司と契約していない養蚕農民が販売する繭のことを指している。

2 「公司＋工場＋農戸」の運営方式

XY 公司の具体的な運営方式は，「公司＋工場＋農戸」というものである。

まず，「公司」とは即ち XY 公司を指している。XY 公司は，桑の栽培から，養蚕，繭の買い取り，製糸およびアパレル製造に至るまでの，蚕糸業の全系統を指揮している。伝統産地における生産系統の断裂状態とは異なり，XY 公司は指導站を通じて政府部門の協力を得て，海安県の蚕糸業管理の役割を果たし，各部門間の利害を調整している。

次に，「工場」とは，XY 公司傘下にあるいくつかの製糸および織工場を指しており，つまり製糸業および絹織業を意味する。各工場の原料の調達や，製品の処理は，すべて XY 公司の指令を受けている。生産計画や定価なども，XY 公司が各年の繭原料の量と質に応じて決める。XY 公司は，外貿公司の合併吸収によって糸綢製品および繭の輸出権を得ており，乾燥繭から生糸，絹生地およびアパレルの各段階の製品すべての輸出を手がけている。

最後に，「農戸」とは，養蚕農戸を指している。2005 年時点で海安県 11.4 万戸の養蚕農戸のうち約 98％ が XY 公司との契約生産を行っている。この契約生産方式は 2000 年春から始まり，当時の全県農戸総数の 95％ に当たる約 10 万戸の養蚕農戸が XY 公司と契約していた。この契約は 1 期 5 年であり，2004 年 8 月に 2 回目の契約を結んだ。

XY 公司と契約を結んでいる農戸は，3〜5 戸単位で，総産量は 500kg を超えない程度の組合を組織している。2009 年現在の農民組合は約 1 万である。

3 「組合収繭」という繭の集荷方式

海安県の養蚕活動は組合ごとに展開しており，組合ごとに収穫した繭を収烘站へ販売する方法を，XY 公司内部では「組合収繭」と呼んでいる。

組合内の養蚕農民の中から，養蚕経験を備え，親切で人望のある一人が組長に選ばれる。誰と組合を作るのか，誰を組長にするのかは，すべて養

蚕農民自身が決める。各組長は自分の組合の状況を常に把握し，XY 公司の指示を受けて組合の各農戸に伝える。組長は，蚕種の注文から蚕種の配送，稚蚕共同飼育室の管理，養蚕過程の技術監督，繭収穫後の組合ごとの収烘站への出荷など，養蚕に関するすべてのことに関わり，極めて重要な役割を果たしている。XY 公司が，各組の状況および組長の業務状況を把握し，記録に残す。そして，組合の繭生産量および繭の品質に応じて，XY 公司は各組長に 1 ヶ月 30〜50 元の手当てを支払っている。

組長を直接管理しているのは，各郷鎮にある子会社である。そして XY 公司の本部は各地の子会社を管理する。このように，伝統産地の散漫な養蚕部門関係とは異なって，XY 公司本部は，現場の各養蚕農戸まで緊密な連携体制を築いている。

以上のように，XY 公司は桑園を 1 ムーも所有していないにもかかわらず，海安県の養蚕農民との契約生産によって，公司経営の中軸となる製糸と絹織工場用に高品質の繭原料を確保することができたのである。

XY 公司は養蚕農民を自らの指揮下におきながら，具体的にどのように企業と農民，とりわけ工業と農業とを連携しているのだろうか。この点について，海安県の養蚕農民の具体例を挙げ，説明していくことにしよう。

三　海安県と XY 公司の養蚕業への取り込み

XY 公司は農戸との緊密な連携体制を利用し，繭の品質および生産量を高めるために，桑の栽培および蚕の飼育において積極的に新技術を導入している。具体的には以下のような補助政策の運用を通じて，養蚕業を展開していった。

1　桑園整備および品種更新

1983 年当時，海安県には零細桑園が多く，品種も統一されていなかったので，桑葉の質および産量の低水準が繭生産の大きな障害となっていた。XY 公司は桑園整備と桑品種の更新に尽力し，海安県の農政部門と共同で大規模な桑園改造を推進した。

第五章 伝統産地の躊躇と養蚕地域間の葛藤

写真14 海安桑園2005年7月   写真15 海安県調査風景2005年7月

　XY公司の桑園整備には二つの特徴がある。第一に，水田と桑園の立地関係および桑園の連担性の重視である。零細桑園が多く，食糧生産用の水田や道路，住宅が桑園を分断していたため，桑園用地の再計画では水田の位置を調節し，耕地整備などの方法を通じて，分散した桑園を集中化した。これにより，水田農薬による被害は減少し，桑園面積が拡大したと同時に，灌漑および肥料使用の効率も上昇した。第二に，桑園改造費用を補助する措置を取った。桑園改造の費用は，XY公司と県政府から50％ずつ合計100元／ムーの土地改造補助が与えられ，残りのわずかな不足部分を養蚕農民が負担した。この補助政策によって農民の負担は大幅に減り，積極的に桑園整備が行われていった。

　2005年春までに，海安県内には1,000ムー以上の連担桑園が20ヶ所，100ムー以上の桑園も30ヶ所に達している。2005現在18万ムーの桑園面積は，総農業生産面積の4分の1も占めている。

2 蚕種の補助

　XY公司は，一代交雑種の蚕種生産および蚕種の経営権を有し，海安県の蚕種場に投資し，生産設備を改造し，「XY」というブランドの蚕種を生産している。公司および指導站の指導を通じ，XY公司と契約している養蚕農民は，すべて「XY」蚕種を飼育している。「XY」蚕種の質が良いこと，加えて，「XY」蚕種では蚕種1枚当たりの卵の粒数が一般の蚕種より

189

2,000粒多いことも重要な要因となっている[25]。これもXY公司の一つの補助政策であるといえる。

　XY公司から，1枚の蚕種に対し1元が補助される。しかし，この1元は現金の形で農民に与えられるのではなく，蚕種1枚当たり25,000粒から27,000粒という卵の増加の形で表される。これにより，養蚕農民は同じ資金投入額で繭の産出量を増やすことができ，収入の増加につながるのである[26]。

3　稚蚕共同飼育室

　海安県の稚蚕共同飼育率は伝統産地より高いので，蚕種の孵化率も比較的高い。共同飼育室は養蚕農民の組合単位で設置され，使用および管理は共同で行う。一般的に，養蚕量の多い組合は単独の共同飼育室を一つ持っている。小規模の組合の場合は2～3組で一つを共用している場合が多い。共同飼育室の改築および新築の際に，組合はXY公司から一定の補助を受け取る。

　共同飼育室は電力を利用した加温設備が多く，多くは自動温湿度調節設備も備えている。一台約500元の自動調節設備を新たに設置する際には，XY公司から設備費の50%が補助される。同時に，各地域のXY公司の子会社から，共同飼育室の設備の使用や管理方法についての技術指導も行われている。このような制度により，2005年には海安県の稚蚕共同飼育率は80%以上に達している。

4　方格蔟の導入および方格蔟補助

　海安県の養蚕農民が土地の「請負」政策の施行当時に使用していた蔟は，

---

25) 蚕種1枚あたりの卵の量について，国家の蚕種法には明確な規定は無いが，養蚕業界内部では一般的に25,000粒前後である。XY公司が県内で生産される蚕種を1枚当たり，2,000粒増加させる制度に対し，無錫にある江蘇省蚕種場の責任者は「不正競争」だと批判した。このように，養蚕業界内部の規則などの問題をめぐって，伝統産地と新興産地の間の競争は日々鮮明になっている。

26) 2,000粒の卵を100%営繭できると仮定して計算すれば，約4kgの繭ができ，一担1,000元の価格では80元になる。1元分の卵の利益は80倍に増加する。

伝統産地と同様に「稲草蔟」だったが，繭の品質を高めるために，XY公司は方格蔟の普及にも力を入れている。

契約している養蚕農民は市場価格約0.8元／枚の方格蔟を購入する際に，XY公司から一枚当たり0.1元の方格蔟補助を受け取る。さらに，XY公司は方格蔟にかかるコストを削減するため，養蚕の少ない夏場を利用し，方格蔟の作り方を養蚕農民に教えている。これにより，養蚕農民はわずかな原材料費のみで方格蔟を使用することができる。2005年時点で，方格蔟の使用率は95％以上に達している。

写真16　海安方格蔟の作り風影，2005年7月

5　繭収購価格の設定と養蚕農民に対する繭価格の保障

繭収購価格の定価については，海安県内において，二つの繭収購価格規制がある。一つは，伝統産地と同じく「市場価格」である。もう一つは，XY公司が契約農民の繭を収購する際に用いる「XY価格」である。

海安県市場定価は，他の伝統産地と同様に，XY公司を含む養蚕業関連の各部門が参加する座談会で定める仕組みである。上述のように，XY公司との契約で生産している農民が全体の98％以上を占めているので，市場価格メカニズムはほとんど機能していない。

この「XY価格」の設定は，XY公司内部で行われている。定価の設定には，県内養蚕の状況および当期における全国の繭市場状況も考慮せざるをえない。仮に「XY価格」が市場全体の価格よりも低ければ，県外への繭流失の危険性が高まる。

次に，農民に対する繭価格の保障については，繭の市場価格が下落して

---

27)　食糧になる農業生産品のことである。例えば，コメ，小麦など。
28)　2005年7月，XY公司の常務副総経理孫氏に対する聞き取り調査による。

も，XY 公司が契約した養蚕農民の繭の買い取り価格は同年の食糧農産品[27]の価格よりも高く維持するという価格保障制度がある。これによって農民の収益を保障できると同時に，海安県における桑園の確保も保障できる。

繭市場価格が暴落した 1994 年に，3〜4 元／kg の市場収購価格に対し，XY 公司は約 3,000 万元の損失を負って海安県の養蚕農民に 10 元／kg の価格を保障した[28]。当時，蘇南の伝統産地の養蚕農民は養蚕業のみでは収益を確保できず，養蚕をやめ，桑園を放棄する現象が起きたが，海安県ではそのような事態はほとんどなかった。

これら以外にも，毎年生産した生糸の利潤の一部を養蚕農民に還元する「二次返還」という制度がある[29]。このように，多様な補助政策をうまく運用し，養蚕コストを削減し，繭の品質と養蚕農民の利益を緊密に連携させた結果，養蚕農民が積極的に技術革新を行うようになってきた。そして，繭の生産量と品質が高まり，養蚕農民の収入が増えるという好循環が海安県において形成されたのである。

以上で述べたように，XY 公司は養蚕業から製糸業までの生産および流通をコントロールしている。同時に，養蚕農民の利益を考慮し，積極的に養蚕生産に取り組んでいる。海安県では伝統産地と異なり，養蚕業が龍頭企業である XY 公司のような製糸企業に牽引され，製糸業の要求を満たすために急速に発展するという新たな発展様式をみせているといえる。

四　海安県養蚕業発展の限界が見えてきた

現在の公司と契約している農家数や桑園面積などの養蚕条件はほぼ最大規模に達しており，これ以上の拡大は困難であると考える。現在では，海安全県の利用可能な耕地面積は 97 万ムーである。そのうち桑園面積は 18 万ムーも占めている。そして労働人口からみても，2005 年時点で海安県の人口は 97 万人，その約 3 分の 1 にあたる 30 万人が養蚕業に従事している。

---

29)　2005 年 7 月，海安県での聞き取り調査による。2001 年には約 618 万元，2003 年に 870 万元，生糸市場が不安定な状況だった 2004 年でも 986 万元を養蚕農民に返還した。

第五章　伝統産地の躊躇と養蚕地域間の葛藤

　XY公司にとって手を焼く問題はやはり養蚕農民と企業の関係である。公司に対するインタビューからは，いわゆる「龍頭企業」としてのあり方を自ら探らなければならず，苦労していることもうかがえる。ここでは公司の農民担当の方へのインタビュー内容を引用して説明する。

　公司にとっては技術指導は高品質の生糸のできる繭を保障するためである。しかし，企業にとってはもっとも解決困難な問題は繭流通の秩序維持である。なぜなら，流通は繭生産原料の調達にだけではなく，繭の品質にも関わっているからだ。
　特に，市場経済体制の下で，何も管理せず単純に「放開」[30]するのはよりことではない。市場は完全に無秩序な危険状態に陥る。農業に対しては，市場経済に転換する際に農民の状況も考えなければならない。中国の農民はまだ法制の観念が少なく，しばしば市場の変動に冷静な対応ができない。結局，農業製品の市場が混乱に陥る。
　実際に，養蚕業の特徴に沿った規定で管理しなければならない。例えば「毛脚繭」[31]の場合，売れるし製糸もできる。
　繭の質の良い年は無秩序に争って買うこともあり，質の悪い年は価格が暴落する。農民というのは，目の前の利益しか見えない。繭の価格が落ちると，農民は桑の木を倒すなどの破壊的な行動もする。これでは国の養蚕業全体が破壊され，発展にも悪い影響を与える。
　この産業で最も大事なのは，管理することである。各産地で「XY」集団公司の存在は「龍頭」の作用を果たし，数多くの分散した養蚕農民の行動をリードし，小規模生産者でも変化しつづける大市場の発展に追いつけるようになる。「蘇中」養蚕業の安定発展の原因は「XY」のような農民企

---

30)　計画市場体制のコントロールを無くすこと。
31)　吐糸はしていたが蚕はまだ完全に蛹になっていない繭のことを言う。このような繭はシルク層が柔らかくて，輸送の間に中の幼虫の体液が漏れシルク層を汚染することがしばしばである。「毛脚繭」は製糸も可能だが，シルクの質が大変悪い。ほとんどの養蚕農民は「毛脚繭」であるかどうか，判断できるが，繭価格の変化や，仲買人の集荷のタイミングに合わせて，「毛脚繭」を売ることもある。

業の先導作用である。特に繭市場や生糸市場の価格変化は非常に激しい。例えば，今年は23元，来年は9元になるかもしれない。しかも，桑園，養蚕業は一日，二日で成立する産業ではない，早くても一年二年ほどの時間がかかる。

　現在，中国国内はまだいろんな問題が解決できていない。今，市場経済の下で直面しているのは，どうやって多数の小規模生産者，例えば桑蚕業の農民をこの変化する市場と緊密に連結できるのか。この連結とは簡単に説明すると，養蚕農民が自分の繭を市場に売り出すことだが，単に売り出すのではなく，どうやって国内，国際市場の変化に適応できるのか。この点で農民企業は農民と市場の間に作用している。一方では重要なサービスを提供し，一方では農民と市場の仲介人となっている。けれど，現在中国国内では，責任感があって，しかも一定規模のある農民企業はまだ少ない。特に規模がなければならない。規模がなければ，競争で優勢になれない。

　「XY」集団公司はこの規模優勢で繭収購価格の安定を保証している。価格の高いときも，低いときも収購の最低価格を正常期の価格レベルに維持している。例えば，95年繭価格暴落の際，「XY」は2,000万元の損失を負って，当時市場価格は3〜4元／kgに落ちていたにもかかわらず，10元／kgの収購価格で，全海安県の桑園を保全できた。当時，繭価格の暴落によって多くの伝統養蚕地域では桑園の破壊，減少が起きたが，海安の桑園はほとんど破壊されなかった。この桑園の保全の結果，この十年間の養蚕業の発展が保障できた。そして，江蘇省のこの十年の発展も保障できた。

五　海安県の養蚕農民の実態

　公司の指導員の紹介で，養蚕農民の陳氏夫婦を訪問した。ちょうど陳氏が留守中で，奥さんの陳氏が応じてくれた。インタビューは立派な二階立ての建物の前のテラスのようなところで行った。家の周りは雑草もなく，目の前に舗装された道路がある。わずか十数メートル先には桑園が遠くまで広がっている。聞くとこのあたりの桑園は数人の村民が使っているが，桑の高さが揃っていて，密植されているため，間に隙間が見えない。

陳氏は私たちと話している間も手を休めず花のモチーフのような編み物をしていた。アパレル企業から受けた内職で，マフラーを編んでいるという。一つあたり数元ほどの収入がある。この村の女性は皆このような内職をしている。

　インタビュー 2005 年時点で 40 歳になる陳氏は，同じ年齢の夫と 14 歳の娘，6 歳の息子と 60 代の夫の両親の一家 6 人で暮らしている。娘と息子を除いて，陳氏夫婦と夫の両親の 4 人は一家の農業労働力となっている。

　陳氏一家（以下陳家とする）は，合計 9 ムーの耕地を使用している。そのうち，桑園面積は 6 ムーであり，残り 3 ムーは水田となっている。水田で生産しているコメは一家の食糧を保障し，余剰はすべて販売している。家の周辺の空き地を利用して菜園を作っており，野菜なども自給できるという。

　陳家は 1983 年から養蚕を始めた。桑の品種は XY 公司の大公鎮分公司の指導を受け，公司から桑苗を購入し，2005 年時点ではすべて「育 71-1」という品種に更新したという。この品種は 1990 年代末から海安県の桑園で栽培が始まった。前の品種「扶桑 32」より約 20～30％ の増量が期待できる品種である。養蚕量に関しては，春に 9 枚，秋に 11 枚程度で，年間 20～21 枚の蚕を飼育している。海安県の夏は気温が高いため，夏の養蚕量は非常に少ないという。蚕の品種については，公司の指導にしたがい，春には「菁松×皓月」，秋には「75 型×7532」を飼育している。桑の品種と蚕の品種はすべて XY 公司の指導であり，海安県で統一しているという。

　年間 20 枚の養蚕労働は，陳家の 4 人の労働力ではとても追いつかない労働量である。春と秋の養蚕の 4 齢期から上蔟までの約 10 日の間には，しばしば 1～2 人の臨時労働者を雇っている。海安県の賃金水準は，臨時労働力 1 人に対し，食事を含め一日約 40 元である。

　陳家では養蚕以外にも母豚 1 頭と子豚 4 頭，鶏 1,200 羽を飼育している。子豚は約 4 ヶ月で販売でき，1 頭から約 100 元の収入を得ることができる。鶏は主に産卵用鶏で，1 年間で卵の販売の収入は約 1 万元である。飼育している豚と鶏の一部は自食用である。

陳家は軽トラックを1台所有し，夫が運転している。陳家は桑葉や繭の運搬など，自家の農作業のためにトラックを使っているが，農閑期には夫は海安県外へ出稼ぎに行き，臨時の運送業の仕事もしている。海安県内では，陳家のように，運搬用自動車を所有する農戸は少なくないという。自動車を使うことによって一度に大量の桑葉を運ぶことができるようになり，養蚕量も増加した。伝統産地ではいまだに人力車で桑葉を運んでいるが，新興産地の海安県は次第に養蚕業の機械化を進めている様子がうかがえる。

　陳家は海安県の典型的な養蚕農戸である。桑園と水田を営み，養蚕と並行して鶏，豚や羊などを飼育している。家畜の排泄物は桑園と水田のよい有機肥料となっている。有機肥料の比率が上昇することによって桑葉の品質も高まり，化学肥料の費用を節約できる。また，蚕の食べ残しの桑葉や排泄物である蚕沙は家畜の飼料になり，家畜の飼育コストもある程度削減できる。農家内部で農業生産の有機的循環を形成しているのである。

第六章　新興産地——広西壮族自治区の事例

はじめに

　1980年代に農業生産責任制が実施されて以来，それまで蚕糸業の中心であった沿岸部の浙江省や江蘇省といった伝統産地において，養蚕業が衰退している。これとは対照的に，1990年代末から新興産地では，蚕糸業とりわけ養蚕業が急速に発展している。その結果，新興産地で産出された繭が次第に伝統産地に運ばれ，伝統産地の養蚕業の衰退による繭不足を補填するようになっている。

　しかし2000年以降，この状況が変化しはじめた。2000年頃から西南部地域における「西部大開発計画」が実施されたことに加え，養蚕業ないし製糸業を伝統産地がある東部沿岸部から西南地域，つまり新興産地へ移動させる，いわゆる「東桑西移」の構想が形成されたのである。2006年には，この構想に基づき，国務院が「東桑西移」政策を打ち出した。「工場＋農民」という生産方式がこの政策の骨子であり，その中の「工場」とは「龍頭企業」と比喩される巨大な農産物加工企業のことを指す。このような巨大企業によって「農業産業化」を推進しようという中央政府の政策方針の下で，従来の主要養蚕地域である浙江省と江蘇省にある糸綢公司が，積極的に西南部地域で桑園を整備し，養蚕基地を形成するようになった。一部の公司は現地の関連企業と共同で製糸工場ないし絹織工場の建設も行っている。「東桑西移」政策の本格的展開に伴い，新興産地の養蚕業だけではなく，製糸業の産地においても急速な変化が認められるようになっている。

　広西壮（チワン）族自治区（以下広西と略す）では，養蚕業が多様な換金

作物と並んで急速な発展をみている。これは，広西独自の養蚕技術の研究開発，気候や地理的条件に加え，伝統産地からの繭需要の増加および政策推進の影響などのプッシュ要因が重なったからであり，前章で述べた伝統産地の状況とは異なる発展方向をたどっている。このため広西の蚕糸業，とりわけ養蚕業では，伝統産地と異なる生産流通構造が形成されている。本章では，この広西の事例を新興産地の典型例としてとりあげ，1990年代以降の新興産地における蚕糸業，とりわけ養蚕業の発展プロセスと生産構造を明らかにする。

広西は中国の西南部地域に位置し，東側は広東省，西側は雲南省，北側は貴州省と隣接している。南側はベトナムと隣接し，国境を挟んだ国際貿易が盛んに行われている（付録地図5参照）。広西の面積は約23.7万 km^2 であり，2010年の第六回全国人口センサスの統計によると，漢民族が総人口の約62％，少数民族のうちチワン族が同じく31.3％を占めている。広西は，壮族が比較的集中している民族地域でもある。広西は亜熱帯気候地域に属しており，冬季が短く夏季が長い。平均気温が16〜23℃で，年間日照時間などの自然条件は養蚕業に適している。広西では降水量が多く河川や湖が交錯し，豊富な水資源にも恵まれている。西南部や北部の一部は雲貴高原と接していて山間部が多く，他の地域では平地や丘陵が多い。未開墾で農耕に適している土地の面積が広いといわれ，中でもとりわけ桑の栽培に適している。広西では，桑以外にも，サトウキビ，タバコ，野菜，果物など様々な換金作物が広く栽培されている。その中ではサトウキビの作付面積が最も多く全国の55％を占め，生産量は全国の60％にも及んでいる。

桑の栽培や家蚕の飼育は広西にとって栽培養殖の歴史の短い換金作物である。伝統産地と比べ，広西における養蚕の歴史は比較的短い。1960年代から，キャサワーなどの葉を食べるヒマ蚕の一種であるキャサワー蚕[1]の飼育が，広西蚕業技術推広總站（以下広西總站と略す）によって推進さ

---

1) 中国語では「木薯繭」と呼ぶ。

れていた。しかし，キャサワー繭の生産量が非常に少なく品質も低いため，期待するほどの発展ができなかった。その後，1970年代から広西総站に浙江や江蘇の蚕業専門学校から卒業した技術員が働き始めた気掛けて，広西における桑の栽培と家蚕の飼育の研究が本格的になされ始めた。1980年代から家蚕の飼育が次第に増加してきた。広西の気候に適した蚕の新種育成と飼育技術の開発は，広西養蚕業の急進にとって有力な後押しとなった。

当初，浙江や江蘇から持ち込まれた桑の苗や蚕種を使用した飼育が行われていたが，亜熱帯地域である広西の高温多湿の気候が適さず，病虫害が多発していた。品種の適応性が広西の養蚕業にとって最大の問題であった。この問題を解決するため，広西總站は広西大学農学院と共同研究し，広西の気候・地理条件に適した桑と蚕の新品種育成に成功した。現在，広西で広範に使用されている桑品種の「桂桑優」シリーズ，蚕品種の「桂蚕1号」と「両広2号」シリーズは，これらの研究の成果である[2]。

1999年11月に広西は12個の「西部大開発」計画の対象地域の一つとして指定された。西南部地域にある広西政府が経済作物などを促進し，農民が安定した現金収入を得るために一連の経済発展プロジェクトを開始した。とりわけ2000年以降，伝統的養蚕地域の浙江省と江蘇省における人件費などの生産コストが急増による，一部の製糸企業が土地の広く，人件費の安い広西で養蚕を展開することを試みた。

広西政府が伝統産地における養蚕生産の減少を機会にして，広西大学と広西蚕業技術推広総站が中心となる研究開発基盤を活かし，東沿岸部の養蚕業を西に移動し，広西で養蚕業を促進する「東桑西移」のスローガンを提唱した。2006年末に商務部から「財政部関予做好2007年"東桑西移"工程蚕繭基地建設工作の通知」【商財発〔2007〕144号】が出されいわゆる「東桑西移」のプロジェクトが発動された。その後，養蚕業の主産地で

2） 広西総站が育種した桑品種の「桂桑優」シリーズと蚕品種の「両広」シリーズに関する研究については，例えば，顧家棟（広西蚕業技術推広総站）「夏秋桑蚕新品種"桂蚕1号"的育成報告」『広西蚕業』第37巻第1期，2000年3月など多数ある。

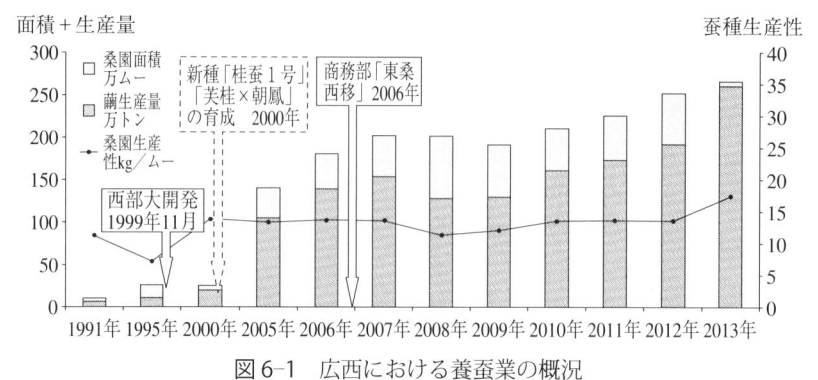

図 6-1 広西における養蚕業の概況

(出所) 1991-2005 年及び 2008-10 年のデータは『蚕業信息』各年版より，2006-07 年は中国紡績網統計データより，2011 年以降は国家繭糸弁公開資料より作成。

は東沿岸部地域に立地する浙江省と江蘇省から西南部地域に立地する広西に移転した。結果として広西の養蚕業が急速に発展してきた。

「西部大開発」政策と「東桑西移」プロジェクトの実施は，広西蚕糸業が急進するための良い政策環境であった。とはいえ図 6-1 から明らかのように，1999 年の西部大開発政策後は広西における桑園面積と繭生産量が急増したが，政策の内容からでは広西蚕糸業に関する具体的な政策がなく，蚕糸業に注目し政策の機会を利用して積極的に発展を促進したのは広西政府であった[3]。これらの政策は蚕糸業を促進する外部要因にとどまっており，政策要因以外には広西蚕糸業内部の動きは急速な発展をやり遂げた本質的原因であると考える。

現在広西区域内では，養蚕業および製糸業の生産地域が，南寧，河池，来賓，柳州，貴港の五つの地域に集中し，明白な地域構造がなされている[4]。この 5 地域を合わせると，桑園面積で広西全体の約 8 割，繭生産量では 9 割以上を占めている。2005 年以降，養蚕農民数もこの 5 地域で全広西の 8 割を超えている。中でも，宜州，環江，横県，象州，鹿寨，柳城，賓陽と上林などの各県は主要な生産地域となっている。

---

3) 叶澄宇，程慧君「西部大開発と広西蚕業の大発展」《广西蚕业》2001 年 38 巻第 4 期。
4) 磨美華「広西桑蚕業発展優勢及問題探討」『広西蚕業』2008 年第 45 巻第 4 期，53-57。

第一節　蚕糸コモディティーチェーンの各部分から見る広西蚕糸業の発展

一　桑園面積の拡大

　1980年代以前，広西で栽培される桑は大半が在来品種であった。生産性が低いため，広西指導站が浙江省の優良品種である「湖桑」シリーズの桑品種を採用し，桑園の生産性を改善しようと試みたが，「湖桑」シリーズの品種は亜熱帯地域に適合せず，効果がなかった。1976年頃から広西總站が主導し，広東省から導入した品種と広西の在来種を交雑し，広西の環境に適した生産性の高い桑品種を育成した。1980年代から広東種との一代交雑種を広西で栽培しはじめ，徐々に栽培面積が拡大され，桑園の生産性も高くなった。2000年頃から，さらに生産性が高く，気候と病虫害に抵抗性のある優れた桑品種である「桂桑優12号」と「桂桑優62号」などの「桂桑優」シリーズ種の育成がなされてきた。

　広西独自の桑品種が育成される一方，これらの品種の桑園面積を拡大するため，広西域内における桑苗の生産も進められていた。1980年代半ばから広西政府が指導站の協力のもと，横県，上林，賓陽，象州，環江などの地域で桑苗生産基地を建設していく。その後，これらの桑苗生産基地での桑苗の生産が拡大し，広西が桑苗を域外に依存していた従来の構造が改善され，現在では広東などの地域へ桑苗を販売するほどになっている[5]。

　実際には「桂桑優」シリーズ以外に，浙江の品種も広西では栽培されている。「桂桑優」シリーズは6割強であり，外来品種などが約4割弱となっている。

　図6-2は，広西の桑園面積の推移を示している。1990年代末まで，広西の桑園面積は20万ムーの水準に留まっていたが，広西政府が積極的に

5）　韋波「突飛猛進的広西蚕業」『広西蚕業』第42巻増刊，12月，6-13頁。

図6-2　広西桑園面積及び全国の割合

（出所）1991-2005年及び2008-10年データは『蚕業信息』各年版、2006-07年中国紡績網統計データより、2011年国家繭糸弁公開資料より作成。2011年2012年データは中華人民共和国商務部HPより。2013年データは"中国糸綢網"が公表した『2013年中国繭糸綢行業運行報告』http://www.oksilk.cn/news/26817548.html

養蚕業を推進し、桑園を200万ムーまで拡大するという計画を立てたため、2000年以降急速に拡張したことがわかる。全国に占める割合から見れば、1991年に広西の桑園面積はわずか0.6%だったが、2008年には16%にまで増加した。これは浙江と江蘇の桑園面積の合計に相当する水準である。桑園用地は、食糧作物や他の農産物の栽培から転換したものも一部あるが、多くの場合は零細耕地や丘陵地を開墾して、新たに桑を栽培したものである。したがって、桑園面積が急速に拡張しているにもかかわらず、他の農産物との土地利用をめぐる競合問題は少なかったという[6]。むしろ、広西政府が200万ムーの目標を達成するために、ある程度計画的に造成された桑園が多いため、面積が広く空間的に連続した桑園が形成されていることが広西の桑園の大きな特徴である。

しかし、桑園面積の拡張に比べ、広西の養蚕業はそれほど急速な発展はしていない。このような桑園と養蚕の間の成長のギャップが徐々に明白に

6）　2007年7月広西における現地調査資料による。

なってきている。桑園の拡大があまりにも急速であるため，広西の養蚕量の増加は桑園の増加に追い付いておらず，桑園の利用率は低い。広西總站の統計によれば，2005年に桑園の総面積は141万ムーに及ぶが，そのうち実際に使用されている面積は121万ムーである[7]。つまり約14％の桑園は使われていないと推定できる。

養蚕農家の1戸当たりの平均桑園面積と繭の生産量から見ても，桑園の利用率の低さは明らかである。広西における2005年の養蚕農民は約60.3万戸であり，1戸当たりの桑園面積は2.3ムーだった。2008年でも1戸当たり平均2.2ムー程の桑園を保有している。いずれも伝統産地を上回る水準となっており，さらに微増する傾向がみられる。

このように広西の1戸当たり桑園面積は大きいが，それに対応する養蚕量は少ない。例えば，広西の養蚕農民は蚕の年間飼育回数が多いにもかかわらず，桑園1ムー当たりの平均繭生産量は84kgであり，養蚕回数が広西の半分程度の江蘇の79kgと比べ，6％の差しかない。つまり，1回の養蚕での生産量が，広西では伝統産地よりも少ないということである。養蚕農家への聞き取り調査からは，広西の養蚕農民の経験が少ないため，蚕の成長に合わせた桑葉の調達ができておらず，どの段階の蚕にどのような桑葉を与えるべきかの判断ができていないという声が聞かれた。例えば，若葉を与えるべき時に老葉を与えてしまう，誤って成年蚕に若葉を与えてしまう，若年蚕に与える若葉が不足するなどの現象が頻繁に発生している。このような不適切な飼育法によって桑葉の利用効率が低下しており，それが桑園面積の拡大と養蚕業の成長にギャップを生みだす一因になっている。

養蚕業の中では，蚕の飼育に比べて桑の栽培の方が，経験の少ない広西の農民にとって習得が容易である。実際に蚕を飼育せず，桑の栽培のみ営んでいる農民も少なくない。養蚕業のみならず，新規で農産物の生産を導入する際には，農民が受け入れやすい部分がより早く発展する。この状況

---

7) 2009年6月広西における現地調査で入手した広西總站の統計資料による。

は他の新興産地，例えば雲南省でもみられる[8]。

　降水量や日照時間などの自然条件は植物の成長に適しているため，広西で栽培される桑は伝統産地よりも成長が早く，桑葉を産出できる期間が長い。1ムーの桑園があれば，毎年3～5枚程度の蚕を飼育することが可能である[9]。しかし，2000年以降桑園面積が急速に増加する一方で，1ムー当たりの平均養蚕量は2，3枚の水準にとどまり，さらに2007年以降若干減少する傾向にあることがわかる。このように，単位面積当たりの平均養蚕量から見ても，桑園面積は増加しつつあるが，生産効率が低いことが見てとれる。

　広西では，養蚕だけではなく，果実桑の栽培，桑の切枝を用いたキノコ類の栽培や合成板材の製造，桑葉の食用研究など，桑園の総合利用も積極的に推進している。

二　蚕の飼育

1　養蚕の基本状況

　1990年代末まで，広西の蚕種配布量は50万枚前後で上下し，繭生産量も2万トン以下にとどまっていた。1993年から1995年の間，伝統産地における第二次「繭大戦」の発生によって，一時的に繭の需要量が増加したが，これは伝統産地の繭不足が深刻になった結果によるものであると考えられる。1996年以降，広西の養蚕業は再び縮小した（表6-1）。

　2000年以降，伝統産地の養蚕業の衰退が明らかになり，また繭不足が深刻となっている。前述したように，広西政府はこの機に養蚕業を積極的に奨励し，「桑園200万ムー計画」などを実行した。中央政府の「西部大開発計画」の後押しもあったため，広西ではこの時期に養蚕業が顕著に発展した。

8）　2007年7月雲南における現地調査による。しかし，雲南の状況は広西と若干異なっている。例えば，筆者が調査した保山市では，糸綢公司の指導によって桑園が無計画に増加せず，ある程度養蚕量の増加とのバランスがとれている地域がみられる。

9）　梁貴秋等「広西桑樹資源総合利用的効益分析」『広西蚕業』2009年第46巻第2期，30-32頁。

第六章　新興産地

表6-1　広西自治区の蚕種・繭生産量の推移

	広西蚕種(万枚)	全国蚕種に占める割合(%)	広西繭(トン)	全国繭に占める割合(%)
1991年	42	2.07	8,381	1.44
1992年	54	2.19	10,850	1.57
1993年	70	2.94	14,000	1.85
1994年	75	2.84	15,000	1.85
1995年	70	2.62	14,000	1.75
1996年	45	2.95	9,000	1.77
1997年	48	3.38	13,000	2.61
1998年	54	3.62	13,978	2.61
1999年	61	4.54	15,360	3.17
2000年	83	5.90	26,000	4.74
2001年	125	7.84	56,000	8.55
2002年	220	13.32	70,000	10.03
2003年	260	17.54	87,400	13.10
2004年	280	18.29	95,000	17.12
2005年	395	23.16	140,300	23.08
2006年	505	25.56	185,685	25.02
2007年	561	26.49	205,163	26.00
2008年	471	26.90	170,907	25.95
2009年	459	32.10	172,912	30.18
2010年	564	35.30	214,300	32.71
2011年	605	36.37	231,000	34.95
2012年	665	39.76	256,000	37.22
2013年	659	39.81	271,000	41.80

(出所)　1991-2005年及び2008-10年データは『蚕業信息』各年版，2006-07年中国紡績網統計データより，2011年国家繭糸弁公開資料より作成。2011年2012年データは中華人民共和国商務部HPより。2013年データは"中国糸綢網"が公表した『2013年中国繭糸綢行業運行報告』http://www.oksilk.cn/news/26817548.htmlより，筆者作成。

蚕種配布量の急増からもそれを確認することができる。2000年の80万枚と比べ，ピークの2007年には560万枚となり，実に7倍に伸びた。繭生産量も，2007年には20万トンを記録し，当時全国の26%に達していた。2008年は2007年に比べ，蚕種配布量も繭生産量も約16%減少しているが，これはこの年の繭価格の下落による影響であると考えられる。養蚕量と繭生産量を比べれば，蚕種1枚当たりの平均繭生産量は徐々に増加していることがわかる。1枚あたりの繭産出量は，蚕品種に大きな変化がなければ，養蚕技術に最も影響される。総生産量の増加とともに，1枚当

写真17　広西地蚕飼育2007年8月

たりの平均産量も増え，2002年頃から30～40kgレベルに落ち着いていることが確認できる。これは伝統産地のレベルに近い数値である。この状況から，広西の養蚕農民の養蚕技術が次第に成熟して，安定した養蚕生産ができるようになったことがうかがえる。

　広西は亜熱帯地域に位置するため，伝統産地の飼育方法と若干異なるところもあるが，大きな違いはない。広西では，3月頃（一部の地域は2月中旬頃）から11月頃まで養蚕ができる。広西でも真夏の7月から8月の間は高温のため，約1ヶ月間養蚕を停止し，この間「下伐」という桑の枝を切る作業を行い，桑園の整備を行う。このように，2月頃から7月頃の間に飼育される蚕を春蚕と呼び，生産される繭を春繭と呼んでいる。そして，8月頃から11月頃の蚕を秋蚕と呼び，繭を秋繭という。広西では，伝統産地のような明確な養蚕時期がなく，春と秋の養蚕期間中にほぼ毎月，繭を産出している。

　広西でも，蚕種の孵化から営繭までを1戸の養蚕農家が単独で行う「自養」方式と，農家が協同して飼育する「稚蚕共同飼育」方式（以下「共育」と略す）という，二つの生産方式がある。伝統産地と異なって，広西では稚蚕の共同飼育率が高い。共育の生産方式では，養蚕農民が3齢か4齢の稚蚕を共同飼育室から受け取り，引き続き飼育することとなり，大体十数日から二十日間ほどを経て，蚕が営繭して繭ができる。広西は気温や日照時間，降水などの自然状況に恵まれ，桑の成長も早く，3～4齢蚕から飼育すれば毎月3回までの養蚕が可能である。だが，毎回養蚕終了後の蚕具の点検や養蚕場の掃除と消毒などが行われるため，実際には毎月3回養蚕を行っている農民は少ない。一部には年間20回前後も行っている事例もあるというが[10]，春と秋を合わせ，平均2ヶ月間で3回養蚕を行う農民が多く，年間11回から16回が一般的である。

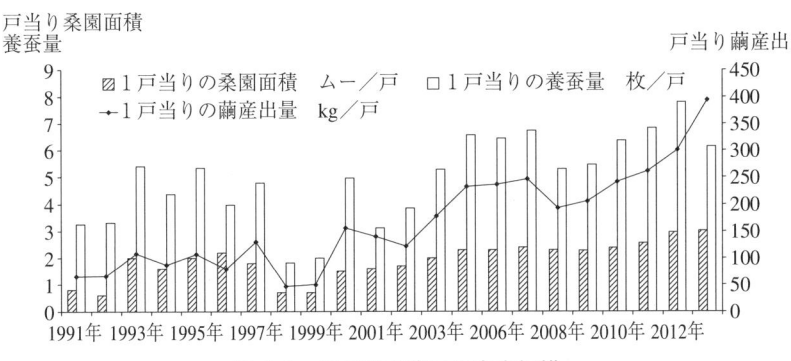

図6-3　広西養蚕農民の生産規模

（出所）1991年-2005年『蚕業信息』，『中国糸綢年鑑』年代版より。養蚕農戸数は『銀糸織壮錦』広西蚕業技術推広站，2004年表5より作成，その他は調査資料より；06年07年のデータは中国紡績網：http://info.texnet.com.cn/content/2008-02-20/168076.html より，筆者作成。

　しかし，養蚕回数が多いとはいえ，広西も伝統産地のように農家の家族内における小規模な養蚕生産が行われているため，労働力や飼育場などの条件に制限され，1回当たりの養蚕量は1枚未満から2枚前後できわめて少量にとどまっている。広西總站の統計では，2008年に広西の養蚕農民は約88.6万戸，養蚕量は471万枚で，年間1戸当たりの平均養蚕量はわずか5.3枚しかない（図6-3）。養蚕状況が好調であった2007年でも1戸当たり養蚕量はわずか6.7枚にすぎなかった。さらに，図6-3から，1戸当たりの桑園面積の推移と比べ，養蚕量は大きく上下していることが明らかである。

2　新品種育成の成功と蚕種の流通

　次に蚕種の流通について見てみよう。広西には在来の蚕品種が存在していた。例えば，少数民族が居住する北部の山間部地域からは，広西特有の蚕品種が発見されている。しかしこれらの品種の個体は弱く，繭の品質も

---

10)　筆者の2007年の現地調査資料による。

表6-2　広西における蚕の新品種の開発状況

育成年	品種名	蚕種1枚あたり生産量　kg	生繭製糸率　%	製糸平均品質
50年代以前	在来種	7.5	5	在来生糸
60年代	南農7号	12.5	7	E級
70年代	桂夏1号	19.0	10–11	A級以下
80年代	桂夏2号	22.5	11–12	2A
90年代	両広2号	25.0	12–13	2A–3A
2000年	桂蚕1号	30.8	14	3A
2000年	芙桂×朝鳳	35.5	15	3A
2008年	桂蚕2号	32.0	14	3A—4A

（出所）蒋満貴，楊慶坤（2009年）表2より，筆者作成。

悪い。在来種で生産された繭は，現代的な大規模機械製糸には適用できないものであった。さらに，1970〜80年代頃まではキャサワー蚕の生産が主流だったため，桑蚕の新種の育成は遅れていた。

　広西における桑蚕新品種の育成研究は，1970年頃から広西總站の主導の下で始められた。当時，指導站は四川や山東などの地域から様々な品種を導入し，新品種の育成を積極的に展開していた。1980年代頃から広範に飼育されていた「桂夏」シリーズの品種を経て，1990年代に「両広2号」が育成され，「両広」シリーズと呼ばれていた。2000年頃に「桂蚕1号」，さらに2008年には「桂蚕2号」が育成され，2000年以降の新品種は「桂蚕」シリーズと呼ばれ，これらの品種が「桂夏」に代わり，広く飼育されるようになっている。表6-2で示したように，広西に飼育されたこれまでの品種と比べ，「桂蚕」シリーズは蚕種1枚あたりの繭の平均産出量が30kg台にまで達し，製糸に適した優秀な品種である。新品種の育成が成功した2000年以降，広西の養蚕業が明らかに増加した（前掲図6-1）。亜熱帯地域に適した品種の育成は広西における養蚕の急進の契機といえる。

　広西では，主に「両広2号」，「桂蚕1号」と「桂蚕2号」の三つの品種が飼育されている。2005年に広西で生産される302万枚の蚕種のうち，「両広2号」は75％，「桂蚕1号」が9％，「桂蚕2号」が16％となっている[11]。

　これらの品種に共通する特徴は，抗性（抗高温，抗高湿度，抗病害）が高

いことであり，従来の品種より繭の品質が向上している。伝統産地で飼育される品種に比べ，亜熱帯地域に適した性質を持っているといえる。「両広2号」は，「桂蚕1号」と「桂蚕2号」よりさらに抗性が優れた品種である。近年飼育されるようになった「桂蚕」シリーズは，伝統産地の現在の水準には及ばないものの，広西で飼育されてきた品種に比べ繭の品質が高い品種である。しかし，このシリーズの品種は抗性に劣るため，病害が発生しやすい弱点があり，現在の広西養蚕農民の技術水準では広範に飼育されることは難しいという。つまり広西の養蚕業には，地域の自然条件への蚕の適応性と繭の品質とが両立しがたいという問題がある。現在の育種の水準では，適応性と品質の両者とも満足できていないため，広西の繭の品質は浙江と江蘇に劣るものになっている。その後の育種研究によって，この状況はある程度改善されてきているが，いまだ根本的には解決できていない。

とはいえ，1980年代から飼育されていた「桂夏」シリーズは，亜熱帯地域の病虫害に対して抗性のある品種の成功例だった。当時，広西では養蚕業はいまだ明確な発展がみられていなかった。その後，1990年代から「両広」シリーズが広まり，抗性はさらに増し，繭の品質も比較的改善されていった。「両広」シリーズが広範に飼育された時期は，広西における養蚕業が発展しはじめた時期でもあった。

品種選定の主な担い手は広西總站である。近年，養蚕量が増加するにつれ，養蚕農民数も増加している。2000年以降の「桂蚕」シリーズは，病虫害に対する抗性は以前の「両広」シリーズほどではないが，繭の品質は広西の蚕種史上最も良いといわれている。一方，1980年代頃から養蚕に従事している農民はすでに少なくとも10年以上の養蚕経験を蓄積していると推測できる。1980年代と比べて農民の経験，技術が向上していることから，「桂蚕」シリーズを導入する条件は整いつつあると考えられる。

このように，広西では「養蚕ができるようになる」という最初期の目標

---

11) 蔣満貴等「広西蚕種業的現状剖析及思考」『広西蚕業』2006年第43巻第3期，41-45頁。

表6-3 広西における蚕種の生産量と配布量の推移

単位:軒,万枚

	1991年	1992年	1993年	1994年	1995年	1996年	1997年	1998年	1999年
蚕種場数	25	26	26	27	22	22	22	22	22
生産量	74	113	132	67	99	62	54	65	70
配布量	42	54	70	75	70	45	48	54	61
生産量不足	32	59	62	−8	29	17	6	11	9
	2000年	2001年	2002年	2003年	2004年	2005年	2006年	2007年	2008年
蚕種場数	22	23	23	—	23	23	23	23	23
生産量	80	160	190	220	240	302	416	568	381.3
配布量	83	125	220	260	280	395	505	560.6	471
生産量不足	−3	35	−30	−40	−40	−93	−89	7.4	−89.7

(出所) 1991～2005年データは『蚕業信息』年代版, 2006～07年データは中国紡績網データベース, その他は『中国糸綢年鑑』年代版より筆者作成。

から,徐々に繭の品質向上を追求するプロセスをたどり,育種や技術の改善が逐次なされることで,養蚕業が発展してきたといえる(表6-2)。

伝統産地では,指導站が蚕種の生産時期および生産量を計画する。一方広西では,蚕種の生産と流通は計画的生産方式ではなく,自由な蚕種市場に委ねられている。そもそも広西は伝統産地のように固定した養蚕時期がなく,養蚕農民はそれぞれ自分の都合に合わせて蚕を飼育する。したがって蚕種場も統一した生産計画は立てず,おおよそ養蚕開始の2月から11月に終了する頃まで,市場の需要を推測しつつ常に蚕種を生産している。

表6-3からは,広西の蚕種生産が域内の蚕種需要を満たしていないことがわかる。広西には,2009年時点で23の蚕種場があるが,年間統計から見れば,2000年以降のほとんどの年で,域内蚕種場の生産量が需要量を満たせていない。生産量と配布量の統計がほぼ横ばいになっていても,無計画な生産であるため,生産と需要のタイミングのズレが生じ,時期によっては蚕種の供給量が需要量を満たせないことがあるという。

広西域内で蚕種不足が発生しているとはいえ,他方で,蚕種場の急速な成長も表6-3からはうかがえる。1991年に25の蚕種場の蚕種生産量はわずか74万枚あまりで,1蚕種場当たりの平均生産量は3万枚未満と小規模であった。しかし,2000年以降は,蚕種場の数が23となったのに対し,

蚕種の生産量は急速に増加した。蚕種産出量ピークの 2007 年には，23 の蚕種場で 568 万枚の蚕種が生産され，1 蚕種場当たりの生産量は 24.7 万枚にも達していた。これは 1991 年の 8.5 倍にあたる。

　一方，広西では，蚕種の不足が発生した場合，域外から流入した蚕種や，無許可の小規模蚕種生産場が生産した蚕種が蚕種場の不足分を補填している。広西では蚕種の生産と流通に指導站が伝統産地ほど介入しておらず，蚕種場は蚕種の生産と同時に販売も行い，蚕種を養蚕農民へ直接に売り渡している。蚕種場以外で蚕種販売を行っているものに蚕種商店がある。多くの蚕種商店は営業許可を得て蚕種を販売しているが，それ以外にインフォーマルな蚕種流通形式も存在する。したがって，広西の蚕種流通は，大きく三つの経路に分類することができる。

　第一に，養蚕農民が蚕種場から蚕種を直接購入する経路である。蚕種場の周辺地域に住む農民や定期的に大量の蚕種が必要な農民，例えば，稚蚕飼育を営む農民は，蚕種場から蚕種を直接購入している。しかしこの経路で蚕種を入手する農民はごく少数である。

　第二に，蚕種商店から蚕種を購入する経路である。養蚕が集中する地域には，蚕種を販売する蚕種商店が点在している。一般的に，蚕種商店は蚕種場から蚕種を仕入れ，養蚕農民に販売する。しかし広西域内の蚕種場の生産量と提供時期が需要を満たさない場合には，蚕種商店の店主が他所から蚕種を調達している。実際，蚕種商店で販売されている蚕種は，すべてが地域の正式な蚕種場から供給されたものではなく，一部は域外から，あるいは域内でも生産許可をもたないインフォーマルな蚕種生産者から供給されている。また，広西には許可を得た正式な蚕種商店のほか，無許可で営業している蚕種商店も多数存在する。

　蚕種商店で販売される蚕種の価格は，店主が蚕種場の蚕種価格や繭市場の状況をみて定めるという。繭の価格が好調な時には商店の蚕種価格も高く，繭の価格が下落する時には安く設定するという。とはいえ，蚕種価格は繭価格ほど激しく変化することはなく，多くても数元程度の差にとどまっている。蚕種商店は仕入れた蚕種に 1 枚当たり数元程度のマージンを

加えて販売するのが一般的である。

　これらの商店は農村部の広い地域に多数分散しているため，2009年時点で広西域内に23ヶ所しかない正式の蚕種場に比べ，養蚕農民にとってはるかにアクセスしやすく便利である。さらに蚕種商店は店主自身も同村の農民であることが多く，周辺の養蚕農民とは顔見知りであり，蚕種売買を通じた一種の信頼関係もできている。さらに，同じ一軒あるいは数軒の蚕種商店に通う農民どうしの間にも連携が形成されている。

　蚕種商店と農民の間の信頼関係の存在は，支払い方法にも表れている。蚕種場で蚕種を購入すると現金で支払わなければならないが，村にある蚕種商店では，つけで蚕種を購入し，繭を売り出した後に支払うことも可能だという。蚕種商店は蚕種流通だけではなく，農村地域において養蚕農民の間をつなぐ重要な役割を果たしているのである。

　第三に，インフォーマルな流通経路が存在する。域外の蚕種を直接養蚕農民の家まで持ち込んで販売するものである。この販売形式は現行の『蚕種管理条例』では違反として禁じられているが，条例が公布される前から存在していたため，実際にはこの方法によって域外の蚕種が持ち込まれることが少なくない。

　広西でも，養蚕業には政府が公布した管理規定があり，とりわけ蚕種の扱いに関しては許可が必要となる。蚕種の保存，保有，生産と経営などに関して，2003年に臨時の『暫行蚕種管理規定』（桂農業発［2003年］2号）が，続いて2006年6月に農業部『蚕種管理条例』[12]が，これに基づいて，2007年4月に広西人民政府令第23号『広西壮族自治区蚕種管理弁法』が公布されている。

　伝統産地と異なって，広西の蚕種市場には多様な流通経路がある。蚕種の流通も厳しく取り締まられていないため，自由な蚕種市場が形成されている。しかし，蚕種産品は単純な商品ではなく，高度な生産技術と生産管理を必要とすることや，保管・運輸時の厳しい管理を必要とする生物産品

12）農業部令第68号，2006年6月28日に公布，同年7月1日に施行された。

という特徴がある。蚕種が汚染され病害が発生した場合，伝染病の拡大によって広範囲にわたり甚大な損失をもたらす結果となる。したがって，蚕種の売買は単に売り手と買い手の当事者間だけではなく，所在養蚕地域全体へも影響を及ぼすことになる。したがって，蚕種市場に対する管理は単純産品の生産流通に対する管理と，蚕種の質量を監督し養蚕を保護するという二重の意味を持っている。広西では，比較的制限の少ない「自由な」蚕種市場がすでに形成されている一方で，正式な管理条例による監督や保護の作用がまだ発揮されていないといえる。とりわけ域外から流入する蚕種の管理が難しい状況にあり，インフォーマルな販売形式で広西に持ち込まれる蚕種は質が悪く，病害に感染している可能性が高いため，たびたび飼育の失敗や蚕病の発生を引き起している。完全に開放された蚕種市場が必ずしも養蚕業の発展を促進するとは限らない。蚕種という産品の特殊性によって，蚕種市場の一定の管理が必要となっている。

　広西總站と区内の23の蚕種場，そして広西總站を含めた七つの地方蚕業指導站は，2004年7月に，広西蚕種市場の情報収集と市場管理の機能を果たすための「蚕種協会」を設立した。これによって，広西の蚕種市場の改善をめざしている[13]。

3　養蚕技術指導

　広西における養蚕技術指導は，主に広西總站と広西大学農学院蚕学専攻によって有効に展開されているといえる。とりわけ指導站が技術指導面で果たしている役割が大きい。

　広西は，伝統産地のように重点指導スポットを農村部に置くだけではなく，積極的に農村部に入り，庭先の実演講義などを積極的に行う方法で，広範囲に養蚕技術指導を展開している。広西總站に所属するすべての職員を含め，50％以上が常に農村部での現地指導を行っているという[14]。

　指導站は，1964年に設立された当初から，当時広西で飼育されていた

---

13)　「広西蚕種協会成立会議紀要」『広西蚕業』2004年第41巻第3期，54頁。
14)　2009年7月広西総站に対する聞き取り調査による。

ヒマ蚕の飼育技術や情報などをより広く宣伝するために『広西木薯蚕簡報』を発行している。その後，1994年から『広西蚕業』と改名し，地域情報を発信するだけではなく，養蚕と桑の栽培や製糸生産技術に関わる学術論文も掲載するようになった。とりわけ広西での研究成果を積極的に発表したことによって，『広西蚕業』は中国においても有数の蚕糸業専門誌となった。『広西蚕業』の刊行は，広西独自の養蚕および桑栽培技術を全国に向けて発信する場を提供し，技術指導の担い手の指導と育成，養蚕技術の研究開発を促進する重要な役割を果たしている。

新興産地での技術指導の仕組みは，伝統産地の「示範点」システムと類似している。広西總站や各郷鎮地域にある指導站が，養蚕農家の多い農村部で，比較的養蚕規模が大きく，人望のある農民を選定し，集中的に技術指導や，新技術の実験を行う重点スポットを置く。これらの重点スポットによって，周囲へ養蚕経験や技術を広く普及していくことをねらったものである。

「示範点」以外にも，伝統産地の稚蚕共同飼育室が農村部に点在している状況に学んで，稚蚕共同飼育室や技術指導などの拠点を展開している。例えば，賓陽県の比較的規模の大きな共同飼育室は，広西大学と指導站が共同で建てたもので，飼育室の敷地内に養蚕技術指導のために60人ほどを収容できる教室も備えている。さらに，これらの共同飼育室の空き地を利用し[15]，定期的に広西大学の蚕学専門の教員が講座を開いている。講座の内容は冊子にして周辺の村の養蚕農民に配布している。このような技術指導はすべて無料で公開されており，だれでも参加できるようになっている。他の共同飼育室でも，指導站や広西大学の専門家が定期的に訪問し，稚蚕の飼育状況をチェックし，養蚕技術の指導を行っている。一部の養蚕規模の大きい稚蚕共同飼育室には指導站が派遣した技術員が常駐している。

---

15) 2009年現地調査で得た広西總站統計資料によると，こちらは蚕種ベースで計上したものである。

4　稚蚕の共同飼育

　稚蚕の共同飼育という方法は，共同飼育室で蚕種の催青を行い，稚蚕を3齢か4齢の壮蚕まで集中的に育成してから，養蚕農民に配るという仕組みになっている。

　広西では1980年代から稚蚕の共同飼育技術が推進され，2000年以降共同飼育率が急速に高まった。共同飼育率が増えただけではなく，経営方式も多様化している。

　新興産地の稚蚕共同飼育率は伝統産地より高い。例えば，広西の重要な養蚕地である南寧や来賓，宜州などの地域では稚蚕の共同飼育率が60％を超えている。全区域平均でも40％以上に達している。実際に，主要養蚕地域であればあるほど共同飼育の普及率が高く，養蚕生産方式の主流となっている[16]。

　共同飼育は，桑園の有効利用，設備費用や蚕薬と蚕具などの消耗品の節約，そして技術指導の拠点ができるなどのメリットがある。新興産地における養蚕業にとって，稚蚕の共同飼育は重要な意味を持つ。

　広西では指導站による蚕種の統一計画生産と配布は行われていないため，共同飼育がない場合，蚕種の催青も養蚕農民各自で行うことになる。催青から掃立，稚蚕の飼育などの作業は，養蚕過程の中でも最も豊富な経験と熟練した技術を必要とする過程であり，伝統産地に比べ経験と技術の不足する広西の養蚕農民にとっては困難が大きい。こうした「自養」を行う養蚕農民が蚕種の孵化から稚蚕の飼育段階で失敗を繰り返し，損失を負う事例が頻発している。共同飼育は高い技術を要するこの過程を共同飼育室が代行することによって，養蚕農民のリスクを大幅に低減できた。壮蚕から飼育することによって実際の飼育期間も大幅に短縮し，飼育回数を増やすことも実現した。例えば，宜州の事例では，「自養」の場合蚕種1枚当たりの繭生産量が20kg前後にとどまっているのに対し，共同飼育に転じた後では45kgに達していた。「自養」方式の2倍以上である[17]。共同飼

---

16)　2009年7月広西総站に対する聞き取り調査と広西総站が提供する資料による。

写真 18　広西賓阳県小蚕共育畳箱
2009 年 8 月

写真 19　広西上林県小蚕共育示范点
2009 年 8 月

育室から強健な稚蚕を受け取れば，優良品質の繭を生産することができ，養蚕農民の収入も増加するのである。そのため，「自養」から共同飼育へ転じる農民は少なくない。

5　稚蚕飼育経営の実態

稚蚕の共同飼育室の設立には，場所，設備を提供する組織あるいは農民個人，飼育された稚蚕を購入する養蚕農民，桑園あるいは桑葉を提供する農民，そして技術指導をする技術指導站および農民あるいは組織が関わっている。共同飼育室を通じて，それまで無関係だった農民と農民，組織と組織そして農民と組織との間に新たなつながりができる効果もある。

90 年代初期，広西では指導站の奨励によって，地縁関係を持ついくつかの農家が共同で稚蚕を飼育する「聯戸飼育」と呼ばれる方式が始められた。さらに 2002 年頃，指導站は一部の農村で，原蚕生産のための稚蚕を専門的に飼育する「専戸飼育」方式を推進した[18]。これはその後の共同飼育方式の原型であるといえる。しかし，稚蚕飼育における繁雑な作業は共同飼育を推進する阻害要因となった。

---

17)　覃自良等「宜州市小蚕共育成功普及的経験及現状与思考」『広西蚕業』第 42 巻第 3 期，2005 年，35-38 頁。
18)　同上。

同年,『広西蚕業』に,莫嘉凌の「蚕畳式蚕枠技術紹介」[19]という論文が発表された。ここで,「重ね箱」という木製の四角形の箱を重ねて飼育する稚蚕飼育の新技術が紹介され,それまで稚蚕飼育で使われていた竹篇から,この重ね箱を使う方式に切り替えられた。この技術によって稚蚕飼育のスペースが大幅に節約され,繁雑な飼育作業も効率化でき,竹篇を使う場合の棚卸しと棚上げなどの重労働を軽減できた。同じスペースと労働人員でも,それまでに比べ生産性が向上し,より多くの良質な稚蚕を飼育できるようになったのである。その後,この重ね箱式の稚蚕飼育技術は広西全区に普及した。

　これに加え,原蚕飼育の「専戸飼育」方式を参考に,一代交雑種の飼育においても,比較的大規模で経験豊富な養蚕農民を中心とする農民主体の共同飼育室の設置が増えた[20]。これらの養蚕農民の多くは「聯戸飼育」[21]が行われていた時に蚕種や桑園を提供した農民であり,共同飼育に際して他の農民より比較的出資が多くなっている。重ね箱式の飼育技術が普及した後,蚕室や桑園を有している養蚕農民は共同飼育の規模をさらに拡大し,徐々に資金の蓄積もできるようになった。このように,数戸の農家の共同経営でしか実現できなかった共同飼育は,資金や桑園などの条件を備えた1戸の農家でも営むことができ,1戸の農家による「専戸飼育」の共同飼育室も増えてきた。

　2008年頃,このような大規模養蚕農家や技術経験のある農民の投資によって設立された共同飼育室は約60％を占めている[22]。その中では「専戸飼育」の共同飼育室の数が「聯戸飼育」よりも多くなっているという。だが,これらの共同飼育室は室数全体に占める比率は高いものの,1室当たりの稚蚕飼育量が少ないのが特徴である。

　稚蚕飼育の普及によって,現在では,広西における共同飼育の経営方式

---

19)　『広西蚕業』2002年第2期。
20)　覃自良等,前掲論文,35-38頁。
21)　「聯戸」はいくつかの農家が協力して養蚕している形式である。
22)　潘志新「広西小蚕共育推広与管理問題的思考」『広西蚕業』2008年第45巻第1期,49-54頁。

も多様になっている。設立時の主要な構成員や資金調達の方法に基づいて区分すると，以下の四つの経営方式に大きく分類することができる。

(1) 養蚕農家によって設立された共同飼育室。生産現場において最も主要な形式である。この方式では，各農家が必要な飼育資金や物資を共同で出しあって，比較的養蚕技術に熟練した農家を選び，この農家を中心に稚蚕飼育を行い，飼育された壮蚕を農家が各自で持ち帰る[23]。稚蚕の飼育を担当している農家自身が，同時に壮蚕も飼育している場合もある。

(2) 広西總站や大学などが共同で設立した共同飼育室。これらは全体の約15％を占める。また，蚕種場によって建てられた共同飼育室が約10％を占めている。これらの共同飼育室は政府が出資する場合が多く，規模が大きく設備が先進的であり，技術員が常駐しているため飼育技術も比較的優れている。技術指導を行うための教室等も備えていて，稚蚕の生産だけではなく，技術普及の場でもあることが多い。研究機関と連携しているため，養蚕の研究開発機能も果たしている。例えば，広西農業庁は稚蚕飼育技術の研究開発のため，2007年に500万元を出資し，区域内で50ヶ所の飼育室を建設した[24]。

(3) 糸綢公司や製糸工場が出資して建設した稚蚕共同飼育室。広西にもみられるが，ごく一部であり，全体の10％未満である。

(4) その他の形式の共同飼育室。例えば，「蚕農協会」が参与して設立した共同飼育室があり，全体の約5％を占めている。蚕農協会は養蚕農民を主要構成員とする農民組織の一種である。糸綢公司や製糸工場が養蚕農民を集めて組織した蚕農協会もみられる。したがって，蚕農協会が設立した共同飼育室には，糸綢公司が協会を通じて建て

---

[23] 2009年の現地調査によると，伝統産地でも類似した共同飼育方式がみられる。伝統産地では稚蚕の「託児」飼育法という。
[24] 潘志新，前掲論文49-54頁。

たものもあると推測される。

6　新興産地の特徴として稚蚕市場の形成

2005年以降，広西の一部の主要養蚕地域，例えば南寧，来賓そして宜州といった地域においては，稚蚕の共同飼育率が60％を超えている。これらの地域では，蚕種催青から3〜4齢までの稚蚕の飼育過程と，4齢から営繭までの壮蚕の飼育過程とが分離し，稚蚕農民と壮蚕農民との区別が明白になっている。「聯戸飼育」の場合は，共同で飼育している農民の間には，明らかな稚蚕売買関係はなかった。しかし「専戸飼育」になると，飼育の主な担い手となっている農民は他の農民と稚蚕を有償でやり取りしはじめ，やがて稚蚕の売買関係が成立するようになる。こうして，稚蚕を飼育している農民と壮蚕を飼育している農民との間に，稚蚕を売買する稚蚕市場が次第に形成されつつある。

　稚蚕市場では蚕種市場とは異なり，稚蚕の需要量の事前報告によって，稚蚕の飼育計画が立てられている。壮蚕を飼育している養蚕農民は，どのくらいの蚕を飼育したいかを近辺の稚蚕共同飼育室に伝え，共同飼育室はこの情報をもとに稚蚕の飼育計画を立てる。稚蚕売買の約束は書面ではなく口頭であるが，稚蚕農民と壮蚕農民の間には，稚蚕売買の約束によって，簡単な生産契約および販売契約関係が成立している。指導站の共同飼育室などもほぼ同様の方法で稚蚕の生産計画を立て，稚蚕飼育を行っている。したがって，稚蚕共同飼育室の稚蚕売買は，誰もが参加できるものではなく，この共同飼育室に登録している養蚕農民の間だけで取引がなされることが多い。このように，稚蚕共同飼育室を中心に，養蚕農民の組織が形成されている。

　養蚕農民による共同飼育室では，蚕種の価格を稚蚕の価格に含めて稚蚕を販売するが，一部の指導站や糸綢公司の共同飼育室では，蚕種の費用として「共同飼育費」あるいは「共育費」を徴収することもある。稚蚕の生産コストは蚕種価格や諸費用などによって変わるが，一般的に稚蚕価格は業界の習慣で決められている。例えば，2009年時点の広西では，3齢の稚

表6-4 2006年貴港市と宜州市における蚕種1枚あたりの稚蚕飼育のコストと収益の比較　元／枚

	貴港市	宜州市
労働力	16	15
桑葉／桑園費用	35.75	3.33
蚕薬や蚕具	6.5	2
水道電気等	3	3
蚕種	35	30
その他	0	1.45
コスト合計	96.25	54.78
稚蚕価格	120	80
稚蚕利潤	23.75	25.22

(出所) 莫嘉凌等,「小蚕共育的経営模式与推広」,『広西蚕業』第43巻第3期, 2006年, pp.49-52 より筆者作成。

蚕が80～100元, 4齢からは100～120元という価格がすでに形成されていた[25]。表6-4は貴港市の200枚規模の飼育室と宜州市の150枚前後の飼育室の生産コストを比較したものである。前者は4齢まで飼育するため稚蚕の価格が高く120元となる。しかし, 飼育室の専用桑園が不足し桑葉を購入しなければならないこともあり, コストが高いので, 1枚当たりの稚蚕の利潤は23元となっている。後者は3齢までしか飼育しないので価格が低く80元となる。この共同飼育室には10ムーほどの専用桑園があるため, 桑園の維持費が生じるが, 桑葉を購入するよりもコストが安く, 利潤は25元となる。この飼育室の経験から, 10ムーの桑園を整備するための初期投資は, 苗や肥料そして桑園の整備費用を含め4,200元が必要だといわれている[26]。一般的には, 稚蚕1枚当たりの利潤は20～30元であり, これは壮蚕のみを飼育する場合の収入よりも約40％高い[27]。稚蚕費用の徴収はすべて現金で行われるわけではなく, 筆者の現地調査によると, とりわけ専用桑園面積が不足している稚蚕飼育室では, 農民が桑葉を稚蚕の

---

25) 2009年7月広西総站に対する聞き取り調査による。
26) 莫嘉凌等「小蚕共育的経営模式与推広」『広西蚕業』第43巻第3期, 2006年, 49-52頁。
27) 王建忠「実施小蚕共育的実践与体会」『広西蚕業』, 第39巻第4期, 25-28頁。

代価として支払うことがよくみられる。

　稚蚕の共同飼育が盛んに発展したため，広西政府は稚蚕の管理条例も公布した。2007年4月に広西人民政府令第23号『広西壮族自治区蚕種管理弁法』では，広西の養蚕生産の特徴を考慮し，蚕種の保有生産と経営のみならず，稚蚕の共同飼育の管理，稚蚕の流通に関しても規定している。蚕種の生産と経営には許可証が必要とされているのに対し，稚蚕共同飼育の場合には，所在県の農業部門で登録する必要があるものの，許可制にはなっていない。これ以外にも共同飼育室の設備人員の条件や，飼育状況の記録管理などについて規定されている。全国の養蚕地域から見ても，広西は稚蚕の共同飼育に関して，省レベルで一足早く規定を明確化した地域でもある。

　営繭の際に使用する蔟具について，伝統産地と同様に広西でも高品質の繭を産出することができる方格蔟の使用を促進しているため，2005年以降，方格蔟の使用率が若干増加した。指導站の統計では，2006年に方格蔟の平均使用率は59％で，2007年に62％，さらに2008年では64％と徐々に増加している。地域別では，生産量の最も多い河池市地域で使用率が高く，2008年には97％にも達している。これは広西全体の繭の品質向上にも良い影響を与えていると推測できる。

第二節　繭の生産と流通

一　繭の流通の構造と新興産地の特徴

　伝統産地と同じように，広西では繭站が生繭の集荷と繭の乾燥を担う主要な部門である。しかし，養蚕農家の地理的分散状況と運搬手段の欠如によって農家が自ら繭を繭站運ぶことが，進行産地の繭流通構造に解決しなければならない問題となっている。そこで，繭の広西の多くの養蚕地域では，インフォーマルセクターとして繭の仲買人，いわゆる「繭販子」が繭

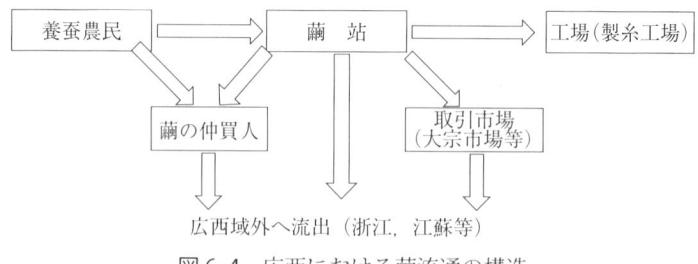

```
養蚕農民  ⇒  繭站  ⇒  工場（製糸工場）
              ↓      ↓
          繭の仲買人  取引市場
                    （大宗市場等）
              ↓      ↓      ↓
         広西域外へ流出（浙江，江蘇等）
```

図6-4　広西における繭流通の構造

（出所）筆者による2007年及び2009年の現地調査資料より，筆者作成。

の運搬を担う補助的存在となった。

　広西において繭の売買と流通は比較的開放的であって，輸送条件可能な限り，農民が生繭をどこのだれにうるのか自身で決めることができる。そのため，図6-4の広西における繭の流通状況が示すように，農民と直接に取引ができるのは繭販子，繭站ないし製糸公司といった多様な相手がいる。干繭の流通過程において，広西大宗繭糸交易市場（以下大宗市場と略す）が繭流通に介入していることと，干繭が広西域外にも流通している。このように，広西では伝統産地とことなった繭の流通構造が形成されている。

二　繭站の実態

　2001年に「鮮繭収購資格認定」[28]制度が始まって以来，繭站は生繭の買取にあたって広西政府から資格認定を受けなければならないことになっている。だが，実際の広西の繭站の中には，極めて小規模で簡単な設備で経営している無許可の繭站が多数存在している。指導站などに対する調査では，2009年時点で繭の買取と乾燥を行っている繭站は広西に約800箇所[29]存在している。しかし表6-5のように，2010年時点で生繭買取許可を取得しているのは126箇所にとどまっている状況である。これらの繭站は，

---

28)　中国語原文では「鮮繭収購資格認定，鮮繭収購資格証書」である。
29)　2009年7月広西総站に対する聞き取り調査によれば，広西区内の繭站に対する確実な統計データはないため，約800ヶ所の繭站があるというデータは広西総站が各地域の状況から推測した値となる。

表6-5　広西繭站集荷許可認定状況

	繭站総数 (軒)	公司所属繭站数 (軒)	公司所属以外 繭站数(軒)	公司所有繭站 割合(％)	公司以外所有繭 站割合(％)
2007 年	74	18	56	24	76
2010 年	126	43	83	34	66

(出所) 広西生繭収購許可認定状況公表資料より，筆者作成。

個人所有と製糸工場所有の 2 種類に分かれる。

　個人所有の繭站は，数人の養蚕農民が出資しあって建てたもので，規模が小さく設備も簡単だが，農村部地域に点在しているので，農民は比較的アクセスしやすいという利点がある。これらの繭站での繭価格は，政府の指導価格に基づいているが，基本的に自由に上下させることができる。多くの個人繭站は，大宗市場で取引される価格を基本に，周辺の繭站や糸綢公司の繭站の価格を参考にして価格を定めている[30]。小規模とはいえ，各繭站にはインターネットが通じ，常に市場の状況をチェックしているという。さらに，繭站には電話などの通信手段も完備しており，同地域の個人繭站の間で互いに連絡を取りあって，価格を設定している。したがって，このような繭站では繭の買取価格は常に変化している。価格変化が激しいときには，午前と午後で価格が異なるようなことも稀にあるという。価格はほとんど繭站によって設定され，養蚕農民には発言権がほとんどないといってよい。繭站が繭を製糸企業に売り出す時には，その都度価格交渉を行うという。その際，繭站は一定の発言権を持って製糸工場と交渉でき，時には繭站の交渉力の方が強い場合もある。

　これらの繭站は，繭を自ら製糸するのではなく製糸工場などに転売して利益を追求するため，繭価が好調の時には，個人繭站が農家の玄関先まで訪ねて，また完全に蛹化できていない繭[31]を無理に買い取ったりすることもある。品質に応じた価格差も少なく，農民にとっては高品質の繭を産出してもメリットがないため，品質向上に積極的でなくなる。繭の品質を重

---

30)　2009 年 7 月広西総站および広西大宗市場に対する聞き取り調査による。

視せず，品質の差の大きい繭でも一括して買い取ってしまうこのような個人繭站は，広西の繭品質を低下させ，悪影響を与えている面がある。

　この状況に対して，広西總站は繭収購許可の審査を通じて，小規模な個人繭站の取り締まりを呼びかけ，繭の買取過程を通して広西の繭品質を高めたいと考えている。

　小規模繭站と対照的に，糸綢公司が投資し建設した繭站は比較的規模が大きく，設備も優れている。糸綢公司直属の繭站は繭を転売することを目的としておらず，製糸工場に原料を供給するための繭站であるため，繭の品質を重視している。その上，糸綢公司からの保護価格などの優遇措置を享受することも可能である。しかしこのような繭站は数が少ない上，郷鎮地域に立地することが多いため，山間部などの養蚕農民には距離も遠く，アクセス面では非常に不便である。

　繭価格に関していえば，養蚕農民から買い取る生繭の価格は，干繭の市場価格と生糸価格を参考にして設定しているという。これらの繭站の価格は比較的安定している。繭の品質によって価格に差があり，「優質優価」の原則が貫徹している。繭価格の設定は繭站が決定権を持っており，養蚕農民には発言権がない。製糸工場直属であれば，製糸工場との価格交渉はほぼ発生しない。

　近年，大宗市場を通じて繭交易量が増加し，大宗市場が養蚕地域に繭站を設置することを計画しているという。これ以外に，ごくまれではあるが，区域外からの投資で建てられた繭站もあるという（表6-5）。

　収購許可を得ていない小規模繭站も含め，広西では，糸綢公司直属の繭站よりも小規模な個人所有繭站が圧倒的に多数であることが明らかである。とはいえ，表からは糸綢公司や製糸工場が所有する繭站の数が，近年急速に増加していることがわかる。2007年時点と比べ，2010年には公司所属繭站は25軒増え，2.38倍以上になっているのに対して，それ以外の繭站は27軒の増加で1.48倍程度である。しかし公司所属の繭站の増加率

---

31)　現地では「毛脚繭」と呼び，繭の中では非常に品質の悪い繭であるとされている。場合によっては，製糸できないものもあるという。

の方が高いとはいえ，広西全体から見れば，糸綢公司の1軒当たりの繭站の数は極めて少ない。これは糸綢公司の規模が小さいからだと考えられる。2010年第2回生繭収購許可の授与状況から，繭站の軒数が最も多いのは鹿寨古典糸綢公司であり，傘下には5軒の繭站が登録されている。この状況から，広西の繭市場には比較的自由な流通状況があり，巨大製糸企業による寡占や繭流通の地域的分断が起きていないと推測できる。これは，そもそも広西の製糸業が発展の初期段階にあり，現在の広西の製糸業は域内で産出されるすべての繭原料を消化できる生産能力を有していないからであると考えられる。とはいえ，今後「東桑西移」政策などの展開によって，伝統産地の製糸企業が広西で事業を展開するようになると，このような状況は変化すると考えられる。

三　生繭の仲買人の存在

　伝統産地と同様に，広西でも養蚕農民から繭を直接買い取って，繭站に転売し，差額を利潤とする仲買人が存在する。その実態もまた伝統産地に存在する仲買人と酷似している。広西のインフラ整備は浙江や江蘇などの地域には及ばず，多くの道路はまだ舗装もされていない。したがって，生産した繭の運搬方法が農民にとって問題になる。広西では年に十数回の養蚕が一般的であり，この運搬問題はほぼ毎月のように発生する。このような状況で，仲買人は繭の運搬問題を解決する補完的存在となっている。仲買人の多くは，もともと自身が養蚕や桑の栽培を営んでいた農民や，養蚕が行われている村の農民である。周囲の養蚕農民の運搬の手伝いから出発し，次第に養蚕農民に代わって運搬作業を専門的に担うようになり，最終的に養蚕農民の繭を買い集めるようになる。これが，仲買人セクターの形成過程である。単純なサービスであった初期の段階から，料金を受け取るようになり，営利目的の仲買人に転じていった過程を見ることができる。

　多くの広西の仲買人は，モーターバイクや原動機付き自転車などを交通手段として使っている。一回で大体200kg前後の繭を運搬することができ，1日1往復できる。伝統産地と異なって，広西では繭站と繭站の間の繭価

格差が大きく，200kg の繭はかなりの差額がでるので，周辺の繭站の価格情報が仲買人にとって決定的に重要となる。これらの仲買人の間にはネットワークが形成され，お互いに携帯電話で情報を交換し，到達できる範囲で最も繭価格の高い繭站を探しだして，そこで農民から買い集めた繭を売り出す。2009 年現在では，仲買人が扱うのは生繭であり，干繭の流通過程には介入していない。しかし，仲買人から個人繭站を持ち，さらに製糸工場を建設する発展の事例も少なからずある。例えば後述する柳汇利豊製糸公司は，そうした発展ルートをたどった一例である。

　繭の仲買人の存在に関しては，伝統産地では一貫して取り締まるべき対象とされているのに対し，新興産地の広西ではその役割を認め，容認する傾向もある。仲買人形成の実態からも明らかなように，その本質は養蚕農民の一部であり，養蚕業に不可欠な一部ともみなされているのである。広西では仲買人の行為は一種のサービスであるという認識もあり，「原付繭商人」と称されることがある[32]。このような仲買人に対する当局の姿勢からも，伝統産地とは異なる広西の繭流通の多様性，市場の自由度の高さが確認できる。

四　広西大宗繭糸交易市場有限責任公司

　広西の製糸企業は，繭站だけではなく交易市場からも干繭を調達している。この調達ルートの確立には大宗市場の設立が重要な意味を持つ。広西大宗市場は，2005 年に中国糸綢進出口公司と糸綢協会の共同出資によって設立され，同年 4 月に交易を始めた。2007 年 6 月に深圳農産品進出口公司に 51％ の出資割合で買収された後，上場して現在の株式会社となった。

　大宗市場では干繭の取引がメインであり，次第に生糸の交易量も増加している。大宗市場はインターネット交易のみが行われており，店舗型取引は行われていないという。取引は「ロード方式」で行われ，例えば繭では

---

[32] 中国語の表現では「軽騎繭商」と呼ばれている。出所は羅恆成等「広西桑蚕業発展形勢喜人―宜州，象州，横県桑蚕生産調査報告」『広西産業』2004 年第 41 巻第 3 期，37-39 頁。

5トンを1単位として，毎回の取引は売り手も買い手も必ず5トン単位で行うようになっている。市場は，取引額から一定比率で手数料をとる。売手と買手は，貨物の一定比率にあたる頭金を取引保証金として市場に前払いしなければならない。現物の店頭取引がないため，実際に店舗を所有しておらず，事務所と繭生産地域にある繭倉庫が主要な機構となっている。大宗市場は宜州と柳州の2ヶ所にある二つの大規模倉庫と契約している。両者とも500トンの繭を貯蔵することができる。大宗市場は繭の入庫の際に厳しく質量の検査と格付けを行っている。繭検査は浙江省の生糸検査機関の検査員を招いて，検査の基準も広西基準ではなく，より厳密である浙江省の繭と生糸の検査基準を用いている。このため，大宗市場の倉庫に貯蔵できるのは，広西で産出した繭と生糸の中でも上質なものであるといわれる。実際に，大宗市場で取引される繭や生糸の大部分はいったん倉庫に貯蔵されるプロセスを経て目的地へ発送される。直接発送される荷物もごく少数あるが，その場合でも大宗市場の品質検査を通過しなければならない。このように，大宗市場を通じて取引される荷物は厳しい品質検査を経ているため，市場で取引されることと品質保証が同義であるとみなされている。

　大宗市場における交易量は，2007年以降，急増している。干繭では2007年に300トン足らずであったものが，2008年には2,000トンまで増加した。生糸では2007年に100トン前後の水準であったが，翌年には400トンの取引があった。生繭と干繭の重量比を一般的な基準である2.5～2.6で換算すれば，2008年に大宗市場で取引された生繭は5,000～5,200トンとなる。これは2008年の広西総生産量17万トンのわずか3％に過ぎない。大宗市場独自の調査では，この総生産量17万トンのうち，大宗市場の基準を満たし，交易可能な量は7万トンと予測されている。したがって，市場では交易量の拡大の余裕があると考えられる。大宗市場も自ら取引量を拡大し，繭の品質向上も促そうとする動きがみられる。例えば2008年頃から，大宗市場は広西で最も繭生産量の多い宜州地域に出張所を設立し，人員を派遣して現地の指導站や農民などと連携し，生産状況や市場状況などを調査

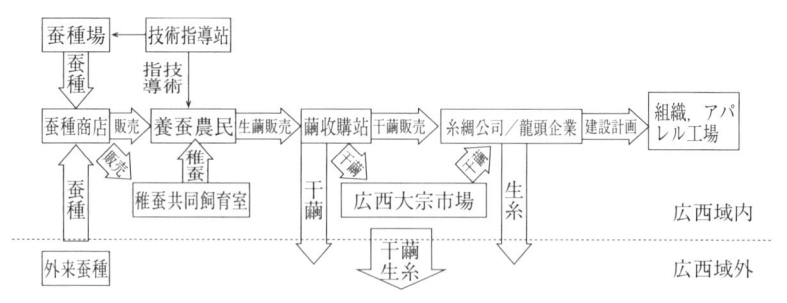

図 6-5 広西の養蚕と製糸の生産構造
(出所) 調査資料より，筆者作成。

すると当時に大宗市場の宣伝を積極的に行っている。

　大宗市場はインターネットを通じた取引を行っている利点があり，広西域内のみならず，域外からの取引量は急速に増加している。広西で産出された繭は，大宗市場を通じてさらに域外へと活発に流通しており，広西の繭および生糸の価格は他の生産地域の価格形成にも影響を与えている。2009年現在，大宗市場では国内取引しかみられないが，インターネットを通じて国際取引にまで拡大する可能性もある。

　大宗市場の設立は，物流機能と繭および生糸の価格形成機能だけではなく，厳しい繭品質の検査を通じて繭の品質を向上させる役割を発揮している。また，売買双方の資金調達を保障するなど金融機能も発揮している。現在では大宗市場での取引量は生産量の一部しか占めていないが，次第に取引量が増加していけば，大宗市場の市場機能がより発揮され，広西の蚕糸業の流通ないし生産にも影響を与えることが予想される（図6-5）。

第三節　生糸の生産と流通と龍頭企業

一　製糸業の発展現状

　広西の壮民族は，在来蚕種繭やヒマ繭を用いて紡いだ生糸で「壮錦」という織物を作る伝統をもっている。「壮錦」は今日でも壮民族の慶弔祭事に欠かせないという。とはいえ，生糸から絹織り，染色まで，壮錦の生産過程はすべて手作業であり，長く民俗習慣の需要程度しか満たさない小規模生産にとどまっていた。1970年代頃からは，「木薯蚕」というヒマ蚕を飼育し，木薯繭の製糸工場が数軒，南寧市の周辺に存在していた。1990年代末頃から，ヒマ蚕の飼育はほとんど行われていないが，この木薯繭の製糸工場が，今日における桑繭製糸工場の基盤となっている。

　広西の生糸生産量を見ると，2000年頃に生糸はわずか895トンの生産量であったのに対し，2006年には，約10倍の8,148トンに達している。全国に占める割合では，2000年頃の1.2％から2006年に6.3％となり，広西における生糸の生産は2000年以降急速に発展していることが確認できる（表6-6）。

　表6-7によると，2004年に50軒余りしかなかった製糸工場が2008年には70軒まで増加し，生産能力も2004年の12万緒から2008年には22万緒まで増加した。さらに，2004年以降の新増製糸工場は先進製糸機械を備え，自動製糸機械の割合が全国の平均レベルよりも高くなっていることがわかる。

　製糸工場の平均生産能力も高まっている。すなわち，2004年に製糸工場1軒当たりの平均生産能力は約2,500緒だったのに対し，2008年には1軒当たり平均3,200緒まで増加している。

　しかし，広西養蚕業が全国に占める割合の急増とは対照的に，生糸の生産量は全国の総生産量とりわけ伝統産地の生産量と比べ，きわめて少量である。2006年に広西生糸の生産量は全国の6.3％だったのに対し，浙江と

表6-6 広西の生糸と織物生産状況

	広西 絹織物（万m）	全国 絹織物（万m）	広西 生糸（トン）	全国 生糸（トン）
2000年	742	469,199	895	74,885
2001年	496	470,068	1,292	87,314
2002年	0	540,100	1,703	98,668
2003年	3	696,689	2,164	83,763
2004年	2	815,336	5,192	102,560
2005年	0	777,381	6,600	87,761
2006年	0	821,697	8,020	93,105

（出所）『糸綢年鑑』各年代版より筆者作成。
（注）2003年のデータは対2004年の増加率より推算したものである。

表6-7 広西及び各市製糸准産証授与状況

	2004年				2006年				2008年			
	企業数	総生産能力	内自動式	自動式の割合	企業数	総生産能力	内自動式	自動式の割合	企業数	総生産能力	内自動式	自動式の割合
単位	軒	緒	台	％	軒	緒	台	％	軒	緒	台	％
広西	50	123,960	110,720	89	52	130,080	125,800	97	70	223,600	223,000	100
全国合計	716	2,302,162	1,455,800	63	702	2,131,286	1,622,800	76	682	2,087,618	1,729,360	83

（出所）中国シルク協会からの資料および商務部製糸企業「準産証」公表資料より作成。

江蘇の生糸産量は全国の55％を占めている。生産量だけではなく，生糸の品質を見ても広西と伝統産地の間では差が大きい。広西の平均3Aレベルの品質に対し，伝統産地では平均5A—6Aの高い水準に到達している。2009年現在広西で生産される生糸の品質はまだ全国的に見れば低いレベルにある。前掲表6-6からわかるように，広西における絹織物の生産は安定せず，2002年以降では産出量がほぼ0となっている[33]。

絹織物業に関しては，広西北部にある河池市宜州が，2008年から江蘇省海安県の恆源糸綢集団と協同で絹織物工場を建設している。この工場では恆源糸綢集団の生産設備や技術員を導入し，2009年現在で広西唯一の

---

[33] 『中国糸綢年鑑』などの統計データでは，2002年より広西における絹織物の産出量が少なく，産出量が0となっている年が多い。これは，広西に絹織工場が存在しないからだと考えられる。広西では，家蚕の飼育が盛んに行われてきたのは2000年頃以降であり，家蚕生糸を使用する絹織工場は2010年現在でも実質上存在しない。後述する浙江省の絹織工場により2010年から計画された絹織工場が建設されたならば，広西唯一の絹織工場となる。

絹織物工場となっている。

　以上からわかるように，広西では，生糸の生産能力が繭の生産量の増加スピードに追いつかず，実際の繭生産量が製糸の繭需要量を超え，繭の余剰が大きい。2009 年時点で，広西における生糸の生産能力は同区域内で産出した繭の約 6 割しか消費できず，4 割以上の繭は域外へ流出している。繭原料提供のタイミングから見れば，広西の養蚕期間は長く，伝統産地のように繭原料の季節性が明白ではなく，ほぼ一年中繭を調達できる状況である。こうして，広西全区平均では，製糸業の繭需要は十分満たされており，原料不足の状況にはない。

　とはいえ，広西の地域レベルから見れば，地域間の繭生産と製糸原料需要のバランスがとれず，製糸工場の原料不足状況がみられる地域と，繭原料が過剰になり製糸能力が及ばない状況にある地域が同時に存在する。製糸業と養蚕業の発展のずれによって，地域間の格差が次第に明らかになってきている。

　例えば，広西中部地域にある柳州市は比較的製糸企業が集中している地域である。2005 年には 11 軒の製糸工場合計で 3 万 3 千トンの生産能力があった。年間では生繭の需要量が 2 万トンに対し，柳州市内での繭生産量は 1.7 万トンにとどまっていた。工場で使える繭の品質基準を考慮しないとしても，年間約 3,000 トンの繭不足が生じたことになる。繭が不足している場合，宜州や象州等の地域から調達し，補填している製糸工場が多かった。しかし，2005 年頃から，象州市に 2 軒の製糸工場が建てられ，相次いで製糸工場が操業開始したことによって，柳州の企業はこれらの地域での繭調達が困難になり，撤退しなければならない状況になった[34]。

　柳州の状況とは対照的に，河池では繭が過剰となっている。河池市の統計によれば，2007 年には 17 軒の製糸工場が立地し，年間 2,500 トンの生糸が生産されている。これは干繭の消費量に換算して 7,500 トンにあたる。同年河池市の干繭生産量は 3.07 万トンに達しており，製糸工業の繭需要

34）莫小敏等「柳州市蚕桑産業発展現状及対策」『広西蚕業』2006 年第 43 巻第 3 期，54-57 頁。

量はその中のわずか 25％ にとどまっている[35]。つまり，4 分の 3 以上の繭は河池市外へ流出していることがわかる。

二　蚕業の産業化と龍頭企業

1996 年および 2000 年の国務院の繭流通体制改革の通知によって，蚕糸業においては製糸企業が龍頭企業として養蚕農民を結合するいわゆる「一体化」の発展方式が推奨された。それ以来，浙江，江蘇，四川省などの地域で巨大製糸企業が中心となり，蚕糸業の発展を牽引している事例が数多くある。

2000 年以降，広西政府と広西總站は浙江，江蘇，四川などの養蚕地域へ数回にわたって調査や訪問を行ってきた。そして，伝統産地とりわけ浙江と江蘇の経験にならい，桑園面積の拡大と養蚕業発展を促進すると同時に，「貿工農」一体化政策を蚕糸業産業化の核心とするようになった。広西区の「第十回五ヶ年計画」では，広西における積極的な農業産業化方針を明確化した。計画では，製糸企業および技術指導部門や蚕種場も含め，経営管理能力と資金能力を備えた組織が蚕糸業の「龍頭」となることをすすめている[36]。2006 年以降「東桑西移」政策の展開に伴い，広西の製糸龍頭企業の育成は農業産業化の重要な一部となったといえよう。

2010 年現在，広西の農業産業化には主に二つの経営方式がみられる[37]。

一つは，「蚕種場＋養蚕農民」の方式である。蚕種場が主導していわゆる「龍頭」の牽引作用を発揮し，分散的で孤立した養蚕農民を組織する方式である。蚕種場は経営主体として蚕種を提供するのみならず，桑園改造・整備や稚蚕共同飼育室の建設，養蚕農民の技術指導を行っている。そして，繭の運搬や販売先との連携，交渉も行っている。このような経営方式は広西では比較的少なく，一部の地域に限られている。成功した事例として，

---

35)　白景彰等「対進一歩推進河池市蚕糸産業持続穏定健康発展対策的探討」『広西蚕業』2008 年第 45 巻第 4 期，42-52 頁。
36)　左明「論面向新世紀的広西蚕業産業化」『広西蚕業』2001 年第 38 巻第 4 期，37-41 頁。
37)　同上。

玉林市蚕種場[38]，博白県蚕種場や陸川蚕種場などがある。中でも，玉林蚕種場は所在地域に良質の桑園基地を建設し，養蚕農民との間に，双方の義務と利益を明白に規定した繭の生産販売契約を交わしている[39]。

もう一つは，「公司＋養蚕農民」という方式である。公司とは糸綢公司を指しているが，実際に製糸工場を主体とする公司では，「工場＋養蚕農民」とも呼ばれている。さらに，公司の傘下には専用桑園，養蚕の生産基地の有無によって，「公司＋基地＋養蚕農民」と表現することもある。公司と農民の結合は最もよくみられる方式である。ほとんどの公司は繭を消費する製糸工場を所有しているので，繭の生産から流通，そして繭を原料とする製糸業に至る，まさに「工」と「農」の一体化であると考えられる。しかし，2009年時点で広西にはシルク織物業とアパレル産業がなく，ほとんどの製糸企業は直接外国との貿易関係も持っていないため，生産連関という点では繭の生産から製糸業までにとどまっており，いわば「不完全な産業化」となっている。

とはいえ，養蚕業が発展し始めた当初から，広西政府によって「一体化」政策が積極的に推進されたため，養蚕業と製糸業の関係が比較的緊密であり，とりわけ養蚕農民と製糸龍頭企業の間に連携が形成されている。2006年に実施された広西産業化状況調査によると，区内の蚕糸業龍頭企業と連携している桑園面積は総面積の40％を占め，繭売買契約などの形式で龍頭企業と連携している養蚕農民は広西全体の50％を占めている[40]。この数字を見る限り，公司とりわけ龍頭企業の牽引作用によって，広西の養蚕業の急速な発展が実現できたといえよう。

---

38) 現在は玉林市天宝繭糸綢有限責任公司と改名した。
39) 左明，前掲論文，37-41頁；顧家棟「広西蚕業産業化的思考」『広西蚕業』2001年第38巻第3期，38-41頁。
40) 藍雲「発展壮大龍頭企業提高広西桑蚕業産業化水平」『広西蚕業』2008年第45巻第2期，49-52頁。

第四節　広西蚕糸業の発展要因と蚕糸業発展の影響

一　広西の養蚕業に適した地理と気候条件

　広西は亜熱帯地域に立地し，冬が短く年間を通じて日照量と降水量に恵まれている。広西では河川や湖が交錯し，豊富な水資源にも恵まれているため，養蚕ないし農耕にも適している。北部と西部では雲貴高原と隣接しているため，山間部地域が多いが，他の地域では平地や丘陵地域が多く，耕地に適した未開墾の領域も広く存在し，土地資源も豊かである。

　地理的条件と自然条件に恵まれ，広西では気温の低い冬の12月から2月頃までを除き，年間を通じて16回程度の養蚕が可能となっている。3月頃から11月頃までの間，桑の成長も早く，天候条件も養蚕に適しており，この時期に多くの養蚕農民は2ヶ月間に約3回ほどの養蚕を行い，ほぼ毎月繭を産出している。これは伝統産地の養蚕に明確な季節性がある状況とは異なっている。原料を調達する製糸企業の立場からは，このように季節性が少なく連続して繭を生産できる広西の状況は非常に有利である。さらに広西では伝統産地と比べ，養蚕の開始時期が早く終了時期が遅いため，とりわけ伝統産地で繭を産出しない端境期の調達先としての意義が大きい。

二　換金作物としての優越性

　広西では前述したようにサトウキビの栽培も行われており，重要な砂糖の生産地域である。養蚕業が発展する前には，農民にとってサトウキビが重要な現金収入源であった。他にも伝統的にジャスミンの花や果実類を換金作物として栽培している。

　以下では，広西における養蚕の優位性を，他の換金作物と比較して考察してみたい。

　第一に，労働の視点から見てみよう。広西では1980年代の改革開放以

降，多くの青壮年が隣接する広東省などの地域へ出稼ぎに行き，農村では女性や高齢者が主要労働力となっているところが多い。このため，過重な農耕労働を必要とする作物は難しく，例えばサトウキビなど短期で集中的な重労働が必要な作物は，女性や高齢層を中心とした労働力構成に適さないと考えられる。養蚕労働はサトウキビ栽培と違って，家庭内における小規模生産が特徴であり，とりわけ広西では養蚕の回数が多いが，1回当たりの養蚕量が少ないため，桑園整備などの農作業を除いて，集約的ではあるが重労働が少なく，室内作業も多く，高齢者や子供でもできる作業が多い。広西の養蚕規模では，伝統産地のようにいくつかの時期に集中的に大量養蚕を行うことは少なく，3月から11月の間に，毎月養蚕を行い，毎回の養蚕量も平均で1，2枚ほどの小規模である。

　その上，近年広西政府が積極的に桑園改造や整備を行った結果，連担桑園の面積が広く，桑園の零細化が改善された。桑園の生産性が向上したため，桑園における重労働も比較的軽減されたといえる。

　このように，重労働が少なく，小規模な家庭内生産で，集約的な特質を持つ養蚕業は，現在の広西の労働力状況に適していると考えられる。

　第二に，養蚕業は資金回転が早く，安定した収入につながるという特徴がある。

　広西の養蚕以外の換金作物，例えばジャスミンの花やサトウキビと比較してみよう。ジャスミンの花には栽培期間があり，夏頃が収穫のピークとなる。夏になると毎朝早朝に花を摘み，新鮮なうちに工場に運ばなければならない。したがって，ジャスミン畑は必ず加工工場の近辺に立地している。ジャスミン栽培は夏以外の時期に収入が大幅に減少する。サトウキビでは年間1回しか収穫できず，年に1回のみの収入である。これらの伝統的換金作物と比べ，広西では毎月養蚕が行われるため，毎月繭を収穫し，収入を得ることが可能である。一部の農民は1ヶ月で2回ほど養蚕を行い，月に2回収入を得ることができる。農民達は「養蚕をすれば，サラリーマンのように月給がもらえる」と語っている[41]。

　このように，蚕を飼育して得る収入は，サラリーマンのように比較的安

定した現金収入であり，出稼ぎと同様の収入効果が期待できる。その上，故郷に居ることができ，家族と離れることもない。一部出稼ぎに行った農民も，農村に戻り，家族とともに養蚕を始めた例が少なくないという。

　第三に，養蚕は他の農産物と比較し，収益性が高いことがあげられる。

　表 6-8 は，2008 年に広西で主に栽培された農産物の生産収益を比較したものである。繭つまり桑園 1 ムー当たりの収益の 1,684.39 元に対し，サトウキビは 506.08 元で，稲作は 488.05 元であり，繭より遥かに低い。タバコの収益は比較的に高く 1,009 元となっている。産品 5 キロ当たりの平均収益をみると，繭の 486.29 元の収益に対し，サトウキビがわずか 5.15 元，タバコは 376.8 元，稲が 58.08 元となっている。単位耕地面積当たりの収入状況からも，単位産品当たりの収益状況からも，桑つまり養蚕の収益が他の主要農産物と比べ，有利であることは明らかである。タバコの収益はサトウキビや稲と比べ高くなっているが，政府によってタバコの作付面積が厳しく制限されているため，面積拡大はほとんど不可能で，タバコによる農民の現金収入の増加は困難であると考えられる。

　筆者の現地調査によると，価格が比較的高い時のサトウキビは，1 ムー当たり 700 元の収入をもたすことも可能だという。稲等の食糧では，生産量には自家消費も含まれるので，実際の収入は統計値よりさらに低い可能性も考えられる。2008 年の「全国農産品収益状況」の統計では，繭，サトウキビおよびタバコの商品率はほぼ 100％ に達しているのに対し，早生の稲作の商品率はわずか 38％ である。対照的に，蚕は遥かに高い。丘陵地域や生産性のあまり高くない地域の桑園でも 1 ムー当たり年間 2,000 元の収入は可能で，平地などの生産性の高い桑園では年間 3,000 元の収入も可能だという。一部の地域では桑の密植栽培法を用いて生産性をさらに向上させ，年間の収入もさらに増加させることができると考えられる。

　以上の 3 点を総合すると，広西においては，サトウキビやジャスミン花，青果物などの従来の換金作物に比べ，集積性が高く，高齢者，女性，子供

41）　2009 年 7 月，広西における現地調査による。

表6-8 広西のサトウキビと繭の生産収益比較

項目	単位	桑繭 2002年	桑繭 2008年	桑繭 2013年	サトウキビ 2002年	サトウキビ 2008年	サトウキビ 2013年	タバコ 2002年	タバコ 2008年	タバコ 2013年
主要産品産量	kg/ムー	167.80	172.00	172.62	4582.20	4847.00	5235.47	121.40	134.00	128.76
生産高合計①	元/ムー	1751.00	2635.00	6886.35	768.68	1355.00	2344.01	1026.19	1850.00	2989.89
コスト合計②	元/ムー	1795.28	2619.00	6950.02	621.98	1187.00	2251.88	808.94	1609.00	3433.79
現金コスト③	元/ムー	1845.94	950.00	1675.68	663.35	849.00	1497.00	843.56	841.00	1510.89
現金収益④=①-③	元/ムー	-94.94	1684.00	5210.67	105.85	506.00	847.01	259.25	1009.00	1479.00
平均価格⑤	元/50kg	488.29	761.00	1982.64	8.07	14.00	22.10	419.09	691.00	1161.03
総コスト⑥	元/50kg	500.64	756.00	2000.97	6.42	12.00	21.23	330.37	601.00	1333.40
現金コスト⑦	元/50kg	541.77	274.00	482.44	6.86	9.00	14.11	344.50	314.00	586.71
現金収益⑧=⑤-⑦	元/50kg	-26.48	486.00	1500.20	1.22	5.00	7.99	106.15	377.00	574.32

(出所)『中国農産品成本収益資料汇編』各年代版より,筆者作成。

を主力とした労働力構成にも適合的であり,さらに資金回転率の高さも備える養蚕業がより有利であるといえる。

三　広西政府の奨励政策と技術研究開発部門としての指導站の役割

　広西政府は第一次「繭大戦」の直後,1989年頃を機に蚕糸業を積極的に推進しはじめた。養蚕技術の改進費用の補助や,桑園整備の費用の補助などさまざまな補助金政策が実施された。それと同時に,広西の養蚕業の研究開発ならびに技術指導部門である「広西蚕業技術推広総站」を中心として,桑および蚕の品種改良,新品種の育成,飼育栽培技術の開発などが進められた。1990年代半ばから第二次「繭大戦」の影響で伝統産地の養蚕業は打撃を受けたが,広西にとっては養蚕業を発展させる好機となっていた。さらに2000年頃から「西部大開発」政策,「東桑西移」政策などの国家政策に後押しされ,広西の養蚕業は大きな発展機会を得ることができた。

養蚕業の推進にあたって，サトウキビ等の栽培に慣れていた農民の生業を転換させることは決して容易ではなかった。農民に養蚕を始めるよう説得するため，広西政府は技術指導站と連携し，専門指導員を村に派遣した。養蚕や桑栽培経験のない農民の手元に桑苗を届け，一緒に栽培を行った。初期には蚕種の孵化や稚蚕の飼育に失敗した農民に政府が無償で蚕種などを与えていたという。このような地方政府の奨励施策によって，徐々に農民の養蚕業への切り替えが実現していった。

　養蚕業の発展とともに，広西地方政府は国家基準にしたがって，広西における蚕種や繭の流通を管理するために管理条例等を公布してきた。地方政府によって取引が厳しく制限された地理的な「閉鎖」市場ではなく，広西域内に限って蚕種および繭が比較的自由に流通できる市場の形成を促進した。これは，伝統産地のような市場は蚕種および繭の生産量や品質の地域間格差を拡大し，地域全体の養蚕業の健全な発展を阻害するという広西政府の認識があったからである。

　広西の養蚕業は規模拡大の初期段階にあると考えられる。目前の技術の研究開発や養蚕農民の育成は緒に就いたばかりである。この10年間，養蚕技術研究および技術指導を担う政府部門の一つである広西總站は，政府の支持を得て，広西の亜熱帯気候状況に適する品種と一定の水準の桑栽培および養蚕の技術を蓄積してきた。しかし養蚕業においても製糸業においても，技術面ではいまだに江浙両省に依存するところがある。とはいえ，指導站は独自の技術研究開発体系と指導システムの形成を図り，その成果が次第に現れつつある。

四　龍頭企業のリーダー機能の発揮と農民の再組織化の促進

　前述した二つの龍頭企業の事例もふまえると，龍頭企業は広西養蚕業の発展において大きく二つの意義を持つと考えられる。

1　蚕糸業生産連関の完成における意義

　前述したように，広西では養蚕業が急速に発展したが，製糸業の発展が

遅れ，多くの繭産品が伝統産地へ流出している。つまり広西が伝統産地の繭原料供給地になっているといえる。この状況を転換させるには，広西にも独自の製糸業および絹織業やアパレルまでの生産連関を完成させる必要がある。この意味で，龍頭企業とりわけ製糸工場を中軸とする龍頭企業の発展は重要な意義を持っているといえる。さらに龍頭企業は単なる製糸企業にとどまらず，「龍頭企業」という称号が与えられることによって，所在地域，関連地域の経済発展にも責任を持っている。2009年現在の広西では龍頭企業はまだ少数であるが，地方政府が龍頭企業の働きによって地域経済に貢献できるように，「点」から「面」へという経済活動の展開を期待されている。

2 養蚕農民の再組織化における意義

1980年代以降，農業生産責任制の実施によって，家族的な農家が独立した経営単位となった。同時に，農産品市場は従来の計画経済時代から一変し，市場の動きによって農産物の価格や生産量が乱高下し，単独の農家や数戸の農家の共同経営では無力な状況になっている。こうした市況の変動に対抗し農民の利益を保護するために，分散した農民を再組織化する重要性が増している。

龍頭企業の発展によって，企業と連携する農民は，稚蚕共同飼育室を通じて互いに連携し組織化されるか，あるいは繭站を通じて組織が形成される可能性が高くなっている。さらに，極めて珍しいが，龍頭企業と対抗する形で農民自身が団結する状況もある。このように，直接的および間接的に，龍頭企業は農民を再組織する一種の触媒的な役割を果たしている。農民自らの再組織の意識が強まるならば，市況変化リスクに対抗する力を形成し，養蚕業の発展に重大な意義を持つと考えられる。

以上，広西の気候と地理的条件，養蚕業の優越性，広西政府および指導站の働き，龍頭企業の役割の発揮という四つの側面から，広西の養蚕業が急速に発展した原因を考察した。

おわりに

　本章では，新興産地の典型的生産地域として広西壮族自治区の事例をとりあげ，広西における養蚕業の発展過程，現在の養蚕業の状態および製糸業の発展の実態を分析した。総じて，本章の分析と前章で述べた伝統産地の浙江，江蘇の分析とを照らし合わせると，両タイプの養蚕地域は，養蚕農民の性格，養蚕物資と産品の流通構造，政府の管理と技術指導体制，製糸工場を主体とする龍頭企業の実態などの面において明確な差異があることが明らかとなった。

　しかしながら，資料の不足や現地調査の限界などの問題も含め，現段階ではまた明らかになっていないいくつかの課題が残されている。

　まず，1980年代以降，農民は蚕糸業の専業協会を通じた再組織化の動きを示している。この点に関する研究課題が残されている。前述のように，広西では養蚕業の生産資材から繭産品まで，比較的制限の少ない「自由な市場」の形成を促進している。このような市場では，各セクターがそれぞれ自分の利益を追求する状況になりかねない。結果として最も弱い立場に立つのは，組織されていない，立地的にも分散している養蚕農民である。独立した経営体である農民は市場の中では最も小さい主体として，製糸工場や繭站や大規模化した稚蚕飼育室に対抗することは難しいと考えられる。現在では，すでにこのような勢力構造が形成されつつあることがうかがえる。例えば価格設定の点では，蚕種，稚蚕，繭のどの段階においても養蚕農民の発言権はきわめて弱い。近年，「協会」と称する養蚕農民によって成立した組織もみられるが，その多くは農民に有償でサービスを提供する営利組織であり，さらにその背後には製糸工場や政府の影もある。

　この状況の中，稚蚕の共同飼育組織を通じて，あるいは龍頭企業が発揮する吸引作用を通じて養蚕農民を再組織する動きには，本質的な変化をもたらす効果がみられた。龍頭企業の発展につれ，自ら結合し企業に対抗する組織がみられるが，例えば龍頭企業の繭価格設定や養蚕サービスの提供

に対して交渉力を持つほどには，これらの動きは定着しているとはいえない。

　この 10 年あまりの間，稚蚕共同飼育室の結成や，蚕種商店をつながりとする地縁関係など，農民が自らを再組織化する様々な機会があったと考えられる。このような動きの分析は今後の課題としたい。

　次に，2006 年頃から実施された「東桑西移」政策が広西の製糸業の発展を促し，その影響によって，広西のシルク産業も養蚕業から製糸業，さらに絹織業といった生産連関の川下へと急速に発展していることは明らかである。繭生産の最も多い河池宜州などの地域では，絹織産業の発展を念頭に「シルク工業園区」という生産基地の建設が計画されている。広西が伝統産地の繭原料生産基地としての位置から脱皮するならば，中国全体として新たな養蚕業および製糸業の生産構造が形成されることが予測できる。

第七章　指導站，企業，養蚕農民と農民合作社の インタビュー記録から見えるもの

　本章では現地調査のインタビュー記録を整理したものを通じて，広西蚕糸業を担う企業，技術指導站，農民および農民合作社，大宗市場といった各主体が自らの役割と働きをいかに認識しているのか，またその運営実態がどうなっているのかを描くことにしよう。

　序章で紹介したように，広西に対する現地調査は2007年，2009年，2012年そして2014年に行われた。滞在期間に限りがあるため一回限りの訪問になった地域と二回以上訪問できた地域がある。

　広西技術指導総站には2007年から2014年まで連続調査ができ，蚕糸業発展に関わる最も全面的な情報を総站から入手した。企業では横県のGH製糸公司に2007年および2012年の二回ほど訪問でき，企業が営利部門としていかに対応してきたのかインタビュー記録から読みとることができる。養蚕農民と合作社などの農民組織に対しては継続調査が実現できなかったが，本章ではインタビューできた農民の生の声を取り上げ，農民本来の選択意識の変化と農作パターンの多様性をうかがうことにする。最後に，伝統産地には見られない大宗市場のインタビュー資料を取り上げ，新興産地の特徴とも言える多様な主体が活動できる生産構造を説明することにしよう。

第一節　広西蚕業技術指導総站

　広西における養蚕業急進の背後では，指導総站が蚕種育成，養蚕技術の開発と農民指導といった重要な役割を果たした。

　指導站はすでに60年代から広西に適した桑蚕品種の開発と育成，養蚕

の土地と労働力条件の調査を計画的に行っていた。インタビューの内容からも，広西の養蚕業発展は経済政策の実施に伴う偶発ではないことが明らかになる。

2007年2009年の主なインタビュー対象は当時の技術担当リーダー顧家棟氏だった。顧氏は浙江省生まれで，養蚕学校を卒業した70年代頃に，国の派遣で広西に来たという。広西における養蚕技術と蚕種育成研究の第一人者とも言える人物だった。インタビューへの回答も養蚕技術に偏った内容が極めて多い。

一　指導站設立の経緯――2007年インタビュー

広西推広站の設立は1964年である。設立当初の名称は"広西蚕業技術指導室"という。広西はあえて「指導站」ではなく「推広站」という名称にした時期があった。なぜなら広西にとって養蚕は新しいものだったからだ。

広西蚕業技術指導室は，設立当時から実際の「養蚕生産」を主旨としていた。生産重視と同時に科学技術的研究も重視する。現在の広西技術推進站では，全広西自治区における養蚕業の研究，実験，実践，企画を行っている。指導站は国家の農業庁に直属する部門である。2002年に，国家の科学研究体制改革に応じて，「広西蚕業技術指導総站」と改名した。

現在指導総站の役割は以下の四つである。

① 指導部門として，(実際の養蚕) 生産に向けて，(新技術の) 推進ができる。
② 技術研究の機関としての科学研究の機能が発揮できる。
③ 広西全域内の蚕種の管理面でも，指導を通じた管理機能を果すことができる。
④ 蚕種生産部門の機能として，高品質の蚕種を生産することができる。

指導站は現代広西の養蚕業にとって，「新品種＋新技術」が核心であると考える。

広西には養蚕業にとって良い条件があると思う。広西の桑園は産出量が大きい。大体1ムーあたりの桑葉の出葉量は約2～3千kgとなる。広西養蚕では，一般的年に7～8回養蚕を行う。桑園1ムー当り繭の産出は100kg～200kg。産出の多いときは250kgもあるという。

蚕種の1枚の量は国家標準では1枚当り23,000～25,000粒であるが，養蚕農民が飼養している蚕種は実は26,000～28,000粒である。品種によって違っていて，もっと多い場合は30,000～34,000粒もある。

広西は江浙両省と異なる。江浙現在の蚕種は箱入りが多く，粒数の計算は大体重量を計って推算する。広西は現在「平種法」を用いる。蚕種は一枚の蚕種紙という紙に付着している状態で養蚕農民に販売する。養蚕農民の蚕種紙を適当な大きさに切り分けてから使うのだ。

蚕病が発生しなければ，蚕種1枚の繭産量は40～50kgを達成することもできる。1kg約20元の繭収購価格で計算すれば，蚕種1枚の収益は1000元にも及ぶ。これは養蚕農民にとってかなり満足の出来る収入レベルである。

2007年下半期の繭価格が30元／1kgまで高騰した地域もある。しかし高価な繭は，製糸工場にとってかなり高いコストになる。生糸の価格が上昇しない限り損をしてしまうだろう。

指導站は人材の育成にも取り組んでいる。2007年時点，指導総站では研究員と蚕種場の飼育員が合わせて200人に達した。技術推広站では教育機関として養蚕専攻を設置した。多くの専門人材を站内で養成される。広西の養蚕地域には推広站で卒業した学生が多い。

広西は自分で人材を育てなければならない。広西省は辺境で，経済レベルの低い地域に立地するため，人材は辺境への移動を期待することはできない。

この間，指導站は蚕種育成や養蚕技術に努力してきた。

江浙両省で飼育されている品種は優良品種ではあるが，暑い気候に適応できないので，そのまま亜熱帯である広西で飼育することはできない。

品種の選定の問題で，江浙両省の優良品種を導入するよりも，現地の状

況に適した品種を研究開発することを考えた。

　江浙両省は「伝統的な養蚕地域」として，長年の経験の蓄積と農民の意識が養蚕業の基礎として存在している。しかし広西ではまだまだ養蚕業を現金収入源としてしか認識していないようだ。

　したがって，品種選定の際にまず考慮しなければならないのはやはり広西の養蚕農民の利益であると思う。江浙両省の品種選定の基準はまず品質と産量だが，広西の品種選定には蚕種が強く，適用性が高い，農民が飼育しやすい品種を選ばねばならない。現在広西で飼育されている品種は両広二号で，使用率は70〜80％以上に達した。

二　広西の養蚕業が発展できた理由について
　　　——2007年インタビュー

　政府の後押しが養蚕業発展の重要な一因である。ここ数年中央政府からの1号文件は三農問題にかんするものだった。広西政府もそれに応じて，農民の現金収入を支えることのできる養蚕業を換金作物の一つとして指定した。

　養蚕による収入は，高い時は1ムーあたり4,000〜5,000元にも達する。それに比べるとサトウキビの収入は少ない。果物の栽培と比べても，広西ではいろんな果物を栽培してきたが，鮮度の保存技術が難しく，加工産業の発展も栽培の拡大に対応していない。果物の価格も下落した。

　養蚕収入は比較的安定していることが農民にとって最大のメリットになる。広西の養蚕業はまだ発展段階にあり，繭価格は上昇し続ける傾向にある。

　収入の理由以外にも，養蚕における産地移動という観点から，広西の地理優勢は無視できない。広西は全国でも耕地面積が大きい地域ではない。特に北部の省と比べれば少ない。しかし，広西の立地条件と気候状況は特に養蚕に適している。豊かな水資源，降水量，自然環境と気候条件なども良い条件といえる。

　以上いくつかの条件が重なって，現在広西の蚕糸業の発展を導いたので

はないか。

　広西養蚕業の発展はちょうど伝統産地である江浙両省の養蚕衰退という機会をつかんだ結果とも言える。

　中国全土の気候状況から見れば，11の省及び自治区で養蚕が可能である。しかし，この機会を把握し，それなりの発展を遂げているのは広西だけである。

　例えば，北西地方の陝西や寧夏などは土地資源は豊かであるが，水資源が不足しているので養蚕業に適していない。そして労働力も不足している。

　養蚕業は典型的な労働力集中産業である。広西はまさに莫大な労働力を抱えている。養蚕業が自治区外へ出稼ぎで流出した人的資源を回流させたという効果も明らかである。

　広西の北にある重慶市の養蚕状況を見れば，重慶はまだ高い繭収購価格によって，養蚕業を維持できない状態である。

　次に養蚕発展の可能性を見せているのは広西の西に隣接する雲南省である。雲南省について見れば，まず，気候は養蚕に適応している。そして，雲南もまた経済の後進状況にとどまっている。特に農民の収入が低い。最後に雲南は豊かな労働力資源を抱えている。この三点から見れば，雲南省は広西初期の状況に極めて類似している。

　広西と雲南を除けば，他の地域では養蚕業発展の可能性は低いといえる。したがって広西には養蚕業発展の余地が十分あるが，もし全国の多くの地域で養蚕が盛んだったなら，広西の優勢はなかっただろう。

三　伝統養蚕地域と比べ，広西の強みがある

　広西の養蚕期間は短い。江浙両省の場合，開始から繭の収穫まで25日間以上必要だが，広西は約20日間前後で繭収穫ができる。さらに養蚕準備や消毒からの養蚕期間を合わせても約30日間あまりで，つまり毎月収入を得ることが可能である。

　広西の外に出稼ぎをしていた人が，現在広西に戻り，家で養蚕の仕事を始めていることも多いと聞く。かりに毎月1枚の蚕種を飼育するだけでも

約800〜1,000元の収入を得ることができる。それに養蚕の仕事場は家の中にある。

養蚕の現金収入によって，富裕層が増えることもありうる。現在の農村に現れた新しい2階3階立ての住宅はほとんど養蚕で得た現金収入で建てられたという。

一部の村では，もっぱら養蚕だけを営む農戸まで出てきた。一部の農民は養蚕の優れている農家に「専家大院」というニックネームをつけている。

現在では，広西全体で約200万ムーの桑園がある。今後，2010年の目標では広西の桑園総面積を250万ムーまで増加する計画がある。繭生産量を25万トンまで増産する計画もある。1ムーあたり約100kgの繭生産量を目標としている。

四　広西の自由市場の評価，繭市場と生糸市場の関係

養蚕農民から見れば，もし前年度の繭価格がかなり上昇してしまい，今年度の繭価格がさらに上昇せず，もしくは前年度よりも下落してしまった場合に，モチベーションが低くなる可能性もある。

広西の繭価格は100％自由市場の流通によって規定されているので，予測困難で，コントロールすることも困難である。

現在広西の繭価格はだいたい安定状況にあり，養蚕農民の要望にもこたえられていると思われる。養蚕農民もこの数年の養蚕経験から，繭価格の変動について一定の認識を持つようになった。

広西政府でも，各地域の繭価格をコントロールすることによって，地域間の価格差を小さくし，養蚕農民を安定させることができたという。例えば，隣接する二つの地域で，一方の繭価格が8元／斤，もう一方は10元／斤などになると，あまりに差が大きく，両地域の農民間に不満を引き起こしてしまう可能性があるという。

五　伝統換金作物のサトウキビとの関係について

広西にとって伝統的な換金作物は砂糖キビである。広西のサトウキビ生

産量はすでに全国第一位になっているが，近年では砂糖の市場価格が不安定などの原因で，サトウキビの生産自体に衰退傾向が見えている。

広西政府は農業の構造調節を考えていた。広西にはサトウキビ以外になにか換金作物がありうるのか，広西農業の支柱となる作物はあるのか。当時考えられたのは11種もあった。例えば，稲，果物，煙草，薬草などである。さまざまな換金作物を試みた結果，養蚕業が最も強く，発展の余地が大きいと判断された。

しかし，請負政策が実施されてから，サトウキビを自由に養蚕業に切り替えることができるのかという問題があった。

原則的には土地の使用は自由だが，しかし国家政府や広西政府のマクロ的計画が必要となる。（簡単にいえば，養蚕業の収入が多いからといってサトウキビ農家が全員養蚕を始めると，サトウキビを原料とする砂糖工場が倒産してしまう。）この問題を解決するために，政府の意思決定と「政府引導」という考え方があるという。

「政府引導」とは，政府部門が産業構造の動きに方針を示し，マクロ的耕地計画を行うことを指す。方針には地域の生産状況，企業の状況，財政の状況などが考慮されなければならない。

一部の地域では，桑園面積の増加とともにサトウキビの面積が減少したことがある。面積的にはどの程度影響があるか詳しく考察すべきだが，以前サトウキビを作っていた農民が桑を栽培し養蚕を始めると，当然サトウキビの生産は減少すると考えられる。それによって地方の砂糖工場も影響を受け，地方の財政収入が減る可能性がある。地方政府では，桑園面積が増加し養蚕量も増加する一方で，サトウキビの生産量が減るという状況は望ましくない。

「政府引導」のもう一つの例は食糧計画問題である。以前は，全国から各省に与えられる食糧生産計画があった。これを通称「考糧」という。その際，食糧生産の計画に従い，サトウキビ栽培と養蚕の矛盾を解決するのははっきり言えば「政府指令」だった。結局，桑園面積の拡大のためには耕地を新規開拓するしかない。現在の耕地を使わずに，荒地を開拓し桑園

に改造するという方法である。

六　広西の桑蚕協会について——2007年インタビュー

　農民の組織化が必要だと思う。指導站は養蚕農民による自発的な「桑蚕協会」を設立することを提唱した。「協会」の主な機能は農民を統一し，管理することにある。例えば，蚕種の配布，稚蚕の共同飼育の推進，養蚕技術の教授などの際に，分散している養蚕農戸ではなく農民組織の「桑蚕協会」を通じて行うことが可能になる。

　そして，農民組織として製糸工場との繭価格交渉の際にも機能が発揮できるという。養蚕農民の交渉力の強化によって，製糸工場と養蚕農民との関係は「契約」で結ばれるようになった。製糸工場は養蚕農民と「保価契約」を結び，繭価格は保障される。

　協会は養蚕農民と最も近い，養蚕農民の利益を代表する組織として期待されていた。広西政府も「桑蚕協会」を重視するようになり，政策的に保障するようになっている。広西政府も「桑蚕協会」の設立を提唱していた。

　協会設立には，まず養蚕農民の自発的な要望があり，一部の村では村幹部が先に立ち指導站の協力を得て，政府の各部門と調節してから設立できる。一旦「桑蚕協会」が成立されると，その管理はすべて村の養蚕農民自身が行うという。

　指導站では，このような農民組織化の進行によって，蚕糸業の発展ももっと健全にできると考えている。

七　広西蚕種協会などの組織についての指導站の見解，
　　農民組織が長続きできるか？——2009年インタビュー

　農民の自発的な組織を促進させようという意図があったが，現在ではそれほど効果はない。

　指導站からも極力農民自らの組織を促成しようとしたが，成功していないようだ。いくつか原因は考えられる。

　まず，農民の意識の問題がある。農民には，団結して製糸工場や繭站に

対抗し，自ら繭価をコントロールしようという意識はほとんどない。多くの農民は目の前の利益しか見ず，繭価が下落するとすぐに桑園を放棄するか，他の農産物に転用し，繭価が再び好転するとまたすぐに桑園を増やして養蚕を行ったりする。

そして，やはり中国の農村，農民政策の遺した悪影響がある。請負政策がほぼ全国的に実施されたのに伴い，農業生産方式は零細農家による家族生産になった。各自の土地使用権が分散して，同時に家族単位の個別利益になり，再び農民を共同利益のために組織するのは大変困難である。

それに加え，養蚕は小規模家庭内生産に適し，大規模生産に向かないため，いっそう組織化することが困難だろう。

指導站など政府部門でも積極的に農民自身の組織を促進したが，今まで成功した事例はまだ見ていない。農民組織の推進は一層困難だろう。

八　生産地域の移転と東桑西移をどう思うのか
　　——2009年インタビュー

1　東桑西移について

これは産業発展の方向を示してくれた政策である。しかしその効果は政府と市場によって決められるだろう。それに，各地域にはそれぞれの事情があり，互いに協力しなければならない。

例えば，製糸設備などは直接に流用することができても，その使用方法についてはそのまま用いることができない。なぜなら原料繭が異なるからである。

浙江省江蘇省の繭は繭層が厚いため，繭茹での時間は比較的長い。しかし，広西では繭層が薄いので，長時間茹でるのは適してないのである。仮に設備をそのまま移動しても，操作の理念や要領などを変えなければならない。例外として資金は直接かつ単純に移動できるが，産業の移動は単純にはできない。

広西には原料があるから浙江省の工場は広西に引っ越したい。しかし広西も自ら製糸業を発展させてきた。両者の都合が良くなるように結合しな

第七章　指導站，企業，養蚕農民と農民合作社のインタビュー記録から見えるもの

ければならない。それは結果的に市場の移動になるだろう。

2　外地の製糸企業の参入について

この間，浙江省の広西への態度が随分と変わってきた。90年代ごろまでは広西産の繭を購入するのが主流だったが，2000年以降は製糸工場を直接広西へ移転させるのが主流になったようだ。

すでにいくつかの工場の協力経営が見られる。例えば，宜州にある「JY公司」は江蘇省JY公司，四川糸綢公司，広西GH公司の三方の連合である。このような例はとりわけ2007年以降に増加している。

これらの製糸企業には規模が大きいという特徴が見られる。製糸生産技術等も期待できる。しかし，多くは民営資本がコントロールしている。

広西の各市や県政府もまた浙江省や江蘇省など各地域で相手を探しだし，積極的に自分の地域へ誘い込むことになる。しかし広西政府としてはこのような「招商行為」を投資の成功のため，助成するか，補助するか，促進するかというような態度になる。

第二節　南寧市横県と柳州市における龍頭企業の事例

広西における龍頭企業の実態は伝統産地より多様である。旧来の国有糸綢公司が民営化を経て，龍頭企業と化した事例もあれば，個人あるいは数人が起業し，複雑な発展過程を経験し成長したのちに政府に龍頭企業としての認定を得た事例もみられる。

ここでは，個人経営の柳州市の製糸工場と南寧市横県にある元国有製糸工場だった龍頭企業の二つの製糸企業へのインタビュー内容をとりあげ，それぞれの発展経緯を概観することにしたい。

一　広西柳州市LF繭糸綢有限責任公司（以下LFと略す）

もう一つの例として，GHとは対照的に，国有企業の基礎からではなく

写真20　広西柳州 LF 公司の賞状　2007 年

私営企業として発展してきた LF の事例をとりあげる。LF を紹介してくれたのは広西繭総站の技術指導員だった。インフォーマルセクターの「繭販子」が地方政府の認める正規企業まで脱皮できた事例として，LF は珍しいという。

訪問したのは 2007 年 7 月だった。通された会議室の壁一面に「製糸准産証」や「繭経営許可証」，柳州市からの「重点龍頭企業」や「優秀私営企業」などの賞状が飾ってあった。

　LF の創立者である W 氏は柳州の出身である。W 氏は 1980 年代から軽トラクターを購入し，トウモロコシ，小豆，コメなどの運搬と販売をし，90 年代から繭の運搬をする繭の仲買人，つまり「繭販子」だった。次第に資金を集め，1996 年に宜州にある繭站を買い取り，繭の流通を本格的に展開しはじめた。1998 年から広西地域に子会社の形で多数の繭站を建設した。2002 年頃から現在地に大規模な繭站，繭倉庫，製糸工場を建てた。10 組の自動製糸設備はほとんど浙江省の設備である。工場の繭站は 1 日だけでも 10 トン前後の繭を買い取っている。工場にある繭站以外にも，周辺の 8 県に 20 数箇所の繭站や繭収購窓口を配置している。買い集めた繭は LF の生産能力では消化しきれない場合もある。柳州および周辺の地域は，比較的製糸能力が大きく，繭の生産量が不足しやすい状況がある。一般的に 10 万ムー程の桑園は 10 組の自動製糸機の生産需要を満たすことができるとされている。W 氏は原料繭を獲得するために，周辺地域の養蚕農民と買取契約を交わし，養蚕農民の生産拡大を積極的に促進している。2010 年時点で周辺の 20 万ムーほどの桑園の農民と契約している。

　工場の労働者は，一時的雇用を含めて約 800 人いる。中でも製糸工場では 500 人前後を雇用し，そのうち 90% が女工であるという。従業員は大体周辺の農村から募集している。家の遠い労働者のために，工場の敷地に

食堂や無料の宿舎などの施設も設けている。2007年現在，約200人が寄宿している。製糸技術者そして製糸工場の管理者が非常に不足しているため，工場から42人を浙江省第二製糸工場に派遣し，3ヶ月の訓練と実習を受けさせたという。LFで生産した生糸は，ほとんどが浙江，例えば湖州へ販売されている。これは干繭の売買において，浙江との取引が比較的多いからであるという。LFでも自ら輸出を行いたいが，LFで生産した生糸は商標がないため，輸出許可書を得る条件を満たせないでいる。しかし2007年頃から，LFはすでに商標登録の準備を行っているという。絹織物工場に関しては，現在広西には正式に生産している絹織物工場がなく，初期投資が大きい上，連携の整理や染色などの関連工場もなく，極めて困難であるという。

製糸業に関しては，W氏はさらに規模を拡大する計画があるという。しかし，工場の所在地が柳州市の市街地から近いため，これ以上拡張できない状況にある。W氏は生産規模を拡大するため，3キロ近く離れた場所で新工場の建設を計画し，そこでさらに10組の自動製糸設備を導入したいと考えている。しかし，柳州の繭の産出量では，すでに地域内製糸業の生産需要を満たせない状況がみられる。LFを含め，一部の製糸工場は柳州ないし広西以外の地域での繭調達の可能性を模索している。2007年頃から，LFは広西と隣接する貴州省で繭生産基地の建設を検討し始めている。しかし，貴州の山地が多い土地条件では桑園の生産性がよくない。さらに，貴州の農民は養蚕に初めて従事するので，広範に普及することは容易でないという。

LFの前身は大規模な繭の仲買人であった。仲買人は養蚕農民からの買取価格を抑え，製糸工場への売渡価格を釣り上げるなどの手段をしばしば用いる。仲買人の存在によって，養蚕農民が直接製糸工場に繭を売り渡すシステムが乱れるため，政府や製糸企業とりわけ国有製糸企業は，仲買行為が繭価格の不安定化を引き起こす原因であると考えてきた。例えば，国からの支援資金の配分に関して，LFは広西糸綢公司との間に複雑な関係を持つ。当時国有企業が民営化される際に，政府から2,000万元前後の資

金を与えられたが，それと比べLFにはわずか80万元あまりだったという。つまり，繭仲買商から発展してきた個人企業のLFは，政府や国有企業とは異なった立場に立たされているのである。

二　広西南寧市横県GH繭糸綢有限責任公司（以下GHと略す）

1　2007年インタビュー――概況
（1）設立した以来の状況

南寧市近辺にあるGHは2000年6月に，以前横県にあった国有の小規模製糸工場を基盤に成立した。2007年時点で，従業員は約800人で，繭站は10軒にのぼる。設立当初から広西糸綢進出口公司の投資を受けており，広西公司とは緊密な関係を保っている。2000年当時，云表鎮周辺の桑園は1万ムーに満たなかったが，2006年には4万ムーまで拡大した。繭生産量も約3倍に増えた。GHは周辺の養蚕農民に対して，技術指導站とともに積極的に養蚕技術の指導を行い，繭品質の向上にも努めている。以前は繭の品質が低く，GHの生糸品質は2A～3Aにとどまっていたが，2009年現在では，品質が向上した結果，少量ならば5Aレベルの高品質生糸も生産できるようになった。

発展初期段階にあるGHは，養蚕農民の収入を確保することで養蚕業を定着させ，安定的に原料調達できる体制を確立するため，農民に対して養蚕指導を行うのみならず，桑枝などの養蚕副産物の開発まで行っている。例えば，GHの指導の下，養蚕農民は桑園整備の際に切り取った大量の桑枝を利用して食用キノコを栽培している。そして，養蚕農民が栽培したキノコの販売先を確保するために，GHは県内にあるキノコ類の缶詰工場とも連携している。

GHが所在する横県には桑繭の製糸工場がなく，長い間生産停止状態にあった柞繭の小規模製糸工場が存在するだけであった。そこで，広西糸綢輸入輸出公司の出資を得て，糸綢公司の元職員と有志がこの製糸工場の場所を利用し，工場を建て直して設備を更新し，製糸女工を募集する努力を重ねた末，2000年にGH公司が設立されたのである。

第七章　指導站，企業，養蚕農民と農民合作社のインタビュー記録から見えるもの

2000年に設立した当時，工場が立地する横県云表鎮周辺には養蚕業があまり発展しておらず（桑園面積約1万ムー），繭生産量が少なく，繭も低品質であった。そこでGH公司は，政府部門である広西養蚕技術指導站とともに，養蚕基地の建設に力を入れた。その成果もあり，その後，云表鎮周辺の養蚕業が拡大し，繭の生産量も一定規模に達するようになった（2006年に約4万ムー）。

(2)「契約販売」ではなく，繭買取の最低価格を保証する「保護価格」の約束の実態

設立当初，GH公司は繭原料を確保するために，周辺の養蚕農民と「訂単」[1]という非公式の繭売買契約を結んでいた。契約養蚕農民にはGH公司は多様な技術指導や蚕種，桑苗などを提供した。その後，広西の養蚕業は急速に発展し，横県では年々，養蚕農民が数百，数千人単位で新規に増加してきたため，GH公司にとって，養蚕農家各戸との売買契約に伴う取引費用の増大は無視できなくなってきた。そのため，公司と契約している養蚕農民は一部に限られている。他方，契約をしていない養蚕農民でも，公司に繭を購入してもらうことができる。養蚕農民は広西での繭自由市場を通じてどの繭站で販売することもできるが，公司は工場周辺の養蚕農民には，契約の有無にかかわらず，契約で定められた「最低保護価格」を適用し，契約農民の多い地域では村単位で実質公開しながら技術指導を行うようにしている。

政府の支援策，指導站と公司による養蚕技術指導の重視によって，養蚕業は急速に発展し，繭生産量は急増している。これに比べ広西に現存する製糸能力は小さく，養蚕業の発展スピードに追いつけなくなっている。例えば，前例の海安県鑫縁公司は，2005年時点で約12万戸の養蚕農民を組織し，18〜19万ムーの桑園面積の生産規模を有するのに対し，生糸生産能力も自動糸繰機だけでも120組を超えていた。これに比べ，GH公司周

---

1)　日本語では，「注文書」という意味である。
2)　蚕2匹が作った一つの繭。糸が2本絡んでいるため，普通の製糸機械では糸繰できない。広西では養蚕技術が未熟のため，玉繭の発生率が高いという。

辺の養蚕農民は約 1.3 万戸，桑園は 4 万ムーの規模で養蚕に従事しているのに対して，GH 公司が現有する製糸工場の玉繭[2]製糸機は非自動機を含めてわずか 13 組の生産能力しかない。そのため，GH 所在の横県市場には，GH 公司を含む広西内の製糸能力では消化しきれない繭が大量に流通しており，県外ないし広西以外へと流失することは避けられない構造になっている。したがって，伝統産地のように，ある地域で生産した繭を当該地域の製糸公司が契約を通じて完全に掌握できる状況は生まれていないのである。

(3) 広西独自の繭流通市場，企業の考え

広西には蚕種および繭の開放的な流通市場が形成されているため，養蚕農民は自分が生産した繭をどこで販売してもよい。実際，横県の農民は繭収穫の前に，周辺に立地する収烘站を回り，各収烘站の買取価格を調べているという。仮に 1kg あたりわずか 0.1〜0.3 元の差があっても，数百キロを売れば農民の収入は大きく異なってくる。

伝統産地の閉鎖的な生産流通体制とは異なり，自由な蚕種・繭市場の下にある養蚕農民の間には自発的な組織が現れるようになってきた。多くの組織化のきっかけは，公司との価格交渉や技術指導に関する問題である。しかし，このような農民組織の多くは継続性のない一時的なもので，問題が解決すれば解散する場合が多い。大半の公司はこのような農民組織の活動に反対する姿勢を見せているが，政府部門である蚕業技術指導站は農民の利益を最優先に考慮するという立場から農民組織を評価し，支持する態度を示している。今後，指導站の支持によって，養蚕農民の自発的な組織[3]は継続化，制度化し，公司との交渉力を持つようになると考えられる。

広西養蚕業の繭の品質はほぼ均一でそれほど差はないが，全般的に品質が低い。しかし，製糸企業の製糸能力の拡大，そして製糸技術の向上につれ，低品質繭の大量需要よりも，多様で高品質の繭への需要が高まっていく。そして，高品質の繭原料を調達するため，企業は契約農民に対し，蚕

3） いわゆる「○○養蚕協会」と称する組織を指す。

種指定と技術指導の強化などの手段を取り，繭の品質を確保する。この結果，企業と契約している養蚕農民と非契約農民との間で繭の品質の差が拡大し，収入の差も徐々に明白になる。契約生産による養蚕農民の優位性が明らかになり，契約生産の重要性が養蚕農民に認識されるようになる。こうして，公司と契約する養蚕農民の数が増加していく傾向にある。

2　2012年インタビュー内容より
(1) なぜ農民と「販売契約」を結ばないのか，企業の理由から見える農民と龍頭企業の関係

GHは2001年以来，養蚕農民とは「最低保護価額」の約束を守り，2012年にも変化はない。「販売契約」ならつまり農民が収穫した繭を必ずGHが定めた価額で，GHに出荷するという契約になる。しかし「最低保護価額」という形をずっと守ってきた理由は，企業と農民の間のコンフリクトが深まることへの懸念があるからだ。

ある程度の品質の繭に対して，もし企業が価格を決定して変えなければ，市場価格がGHの価格より高くなった場合，農民は差額に対する不満を企業に抱くことになるだろう。この状況は企業にとって極めて不利になる。

企業価格が市場価格より低い場合，農民は契約に従わず，他の価格の高い製糸工場へ出荷することもしばしばあるという。企業はそれに対処するすべがない。したがって，簡単に「契約」というものができない。コンフリクトが深まり契約が守られなくなった場合，企業も原料を獲得することができない。

企業と農民の間の信頼関係ができていない。農民にとって，企業は必ず利潤追求をするものである。こういうこともあった。数年前に，公司は周辺農民に無償の方格簇を配った。しかし農民たちは，受け取ったらその企業に繭を売らなければならなくなると恐れて，結局，簇を受け取ってくれた農民はごく一部に過ぎなかった。

最低保護価格は農民の基本的養蚕のコストであるという。市場価格がいくら下落しても，農民の最低養蚕コストが保証できれば，また農民は養蚕

を続けることが可能だ。

　公司の経験では，広西の養蚕状況は極めて変化しやすい状況にある。繭価が下落するたびに，農民は桑園の手入れと肥料の使用量を減少させ，養蚕量も減らす（桑園を破壊するまでもないという）。そして繭の生産量が減少すれば，繭の価格が上昇する。繭価が高くなれば，農民はまた養蚕量を増加させる。このように繭の産出量は市場価格の変動によって調節されている。これは農産物（繭などの換金作物はとりわけ弾力が大きいという）と工業製品の違いであり，工業製品は生産周期が長いため弾力がないのだという。

　したがって，GHでは現在原料不足や原料獲得困難といった心配はない。かわりに繭価格の高騰を恐れている。高すぎて繭買い取りの代金を支払えない場合の対応を心配している。

　GHが農民と販売契約を交わしていないもう一つの理由は，農民がどこに繭を出荷すればいいのか分かっていないからである。農民たちは常に売れない心配をする。販売契約は養蚕を行う農民が少なかった当初には役に立ったかもしれないが，現在ではもう役に立たないだろう。製糸企業にとって繭原料の調達は簡単だからだ。とはいえ，現在広西では製糸能力が急速に発展していて，むしろ繭生産量が製糸能力を満たせない状況にある。

　この数年，繭原料の調達が困難な製糸企業もみられるようになった。原料の奪い合いもあるという。環境が変われば状況も変わる。養蚕農民の状況を見ても，この数年間絶えず変化し続けていた繭価格市場に慣れ始めて，価格変動に対して多少のリスク管理意識を持つようになっている。

　したがって，企業では現在，個々の養蚕農家と契約（口先）を結ばなくてもよいとしているが，結ぶとしたらこれらの事務仕事が大量となり，企業としても莫大な費用支出となるので，できれば避けたいということだ。

　GH公司は実は契約（書面）を交わした経験もあるが，結局それほどの意義がなかったと考える。なぜなら，繭は季節物であって生産量に波がある。製糸企業の需要も常に変化している。繭の供給と需要には矛盾が存在する。製糸工場も毎日常に稼動しているわけではない。企業にとっては繭

を購入するための十分な資金と，繭を貯蔵できる貯蔵庫が要求されることとなる。現在多くの製糸企業では繭の購入資金が不足している状況である。さらに繭の価格変化は読み取りにくいので，生産需要以上の購入には大変慎重である。

　繭は広西以外からの買い集めによって一部流出している。しかし広西製糸業自体の発展によって，広西産の繭の不足が感じられるようにもなっている。08年を境に広西の生糸生産が多くなり，繭の加工を浙江省江蘇省に依頼していた状況が変化し，広西内部の繭供給には季節性の不足がみられるようになった。

(2) 企業が農民組織をどう考えているのか

　GH公司と農民組織とは直接な繋がりはあまりない。主に養蚕に関するサービスを行う媒介としての存在だろうか。合作社と製糸工場は具体的には協力関係である。

　現在公司のある横県には約20の合作社があるが，実際に繭の出荷と品質の判定において役に立つものはないという。繭は紙コップのような工業製品とは違い，統一した基準が難しい。養蚕農民は千も万もいる。それぞれの農家が生産した繭の差は大変大きい。したがって，統一した公平な基準を定めることが困難であり，高いコストもかかる。企業（GHの盧総）はむしろ繭の品質判定を単純化し，合格と不合格だけでいいという意見だ。品質判定に必要な費用と時間，そして，判定した後で品質の異なる繭を均一になるように配合するのに大変な時間がかかるからだという。

(3) 企業が繭の流通をどう考えるのか——メリットとデメリット

　農民が自ら繭站や公司まで運ぶなら時間と労働力がかかる。しかし，農民は自ら繭の品質とその質にふさわしい時価を判断できない。農民は納得できる価格で販売するだけであり，実際にその品質に見合った価格であるかどうかには無関心で，判断もできない。

　広西でよく見られる現象がある。農民が庭先で繭を繭販子に売れば18元／斤である。しかし直接に繭站に持ち込めば18.3元になる可能性もある。農民はその価格の差を察することができず，このような経営知識も持っ

ていない。仮に分かっても，僅かな価格差では農民が無視することも多い。しかし繭販子は農民より多くの市場経験と経営知識をもっており，多数の繭販子の存在によって彼ら独自の情報網が形成されている。これが広西の繭流通市場の特徴である。

　企業として，農民がその繭を必ず自分で売り出すことは望んでいない。農民もまた売る相手が繭販子であれ企業であれ，関心をもたない。企業と繭販子と農民の間では地縁関係があるが，契約ほど明確なものではない。

第三節　合作社とその役割の検討——LX 合作社の事例

一　合作社が設立されるの背景——養蚕と製糸規模の拡大

　広西の繭の生産量と桑園面積は 1991 年の 8,381 トンと 10 万ムーから，2011 年にはそれぞれ 28 倍と 22 倍に増加し，23 万トンと 226 万ムーに達していた。養蚕量と桑園面積が急速に増加し始めた 2001 年では，広西の繭生産量は全国総生産量の 7.3％ であった。それが 2011 年には全国の 34.9％ になり，同年生産量の第 2 位である広東の 7.5 万トンの約 3 倍である[4]。

　2008 年から 2009 年まで，繭の生産量が大幅に減少したのは 2007 年末から 2008 までの繭価格の下落による結果と考えられる。前述したように，広西の農民が養蚕を行うのは単に現金収入を得るためであるので，養蚕量は繭価格の変化によって常に変化している。繭価格が下落した場合，養蚕農民が養蚕を停止することが現地調査ではよく見られる。2006 年には繭価格が 1kg あたり 26 元だったのに対し，2007 年と 2008 年には 16 元まで下落し，2009 年にようやく 22 元に戻った。

　広西養蚕業の急進に伴い，製糸業も急速に発展している。製糸企業生産准産証[5]の企業リストから見れば，2004 年には広西の製糸企業数は 26 軒

---

4)　『蚕業信息』2011 年「生産状況統計表」，及び広西桑蚕技術推広総站の統計データより著者が整理した。

第七章　指導站，企業，養蚕農民と農民合作社のインタビュー記録から見えるもの

であったが，2012 年では 76 軒に増加した。企業数だけではなく，製糸企業の規模も大きく成長している。2004 年では 1 軒当りの製糸企業の平均生産能力が約 2,700 緒だったのに対し，2012 年では 3,700 緒に増加し，生産規模が約 37％拡大している。

　生産規模の拡大に伴い，製糸企業は繭原料を獲得するため養蚕のさかんな農村地域の近辺に立地し，繭を買い集めるための繭站を農村部に設置することを通じて，養蚕農民や地方政府と直接に連携している。これらの製糸工場はしばしば「龍頭企業」と称され，地方政府により税金減免や，資金支援などの優遇政策を受けることができる。

　企業の生産規模が拡大するとともに，必要とする繭原料の量も増加する。前掲第 1 図が示すように，広西の繭総生産量は増加しているが，2001 年以降蚕種 1 枚あたりの平均生産量はほぼ変化していない。これは養蚕の小規模家庭内生産という特徴によって規定され，個々の農家の養蚕量は桑園面積や労働力などの客観的条件で限定されている。したがって，企業が繭原料を確保するためには，多くの個別養蚕農民と連携しなければならない。2013 年では，74 軒の製糸工場に対して養蚕農家は約 85 万戸であり，つまり平均で 1 軒の製糸工場が 1 万 1 千戸余りの農家から繭を買い取っている。

　広西では製糸工場と養蚕農民の間に書面での生産契約，または販売契約はあまり見られない。ただし，繭の買い取り価格や，養蚕技術サービスの提供などについての口頭約束は見られる。

　広西繭における流通構造では，合作社が介入していない場合，養蚕農民が収穫した繭を近辺にある「繭站」に運び，そこで生繭が乾燥され，干繭を製糸工場が買い取ることになる。繭站の経営形態も様々である。製糸工

5）　製糸企業生産准産証は，1997 年より国務院が過剰に増加する製糸企業を制約するために実行された制度である。1997 年 7 月に中国紡績総会は国務院の『国務院弁公庁転発国家繭糸綢協調小組，中国紡績総会関于調整繰糸絹紡加工生産能力意見的通知』にしたがい『全国繰糸絹紡企業生産准産証管理弁法』を実施した。准産証は 1998 年より，2 年間に一度審査を行い，基準を満たした企業に対し准産証を与える仕組みである。准産証を獲得した企業の名称や生産能力のリストが公開される。しかし，2000 年以前のリストには広西の製糸企業がなかったため，本稿では 2004 年以降のリストを用いる。

261

場が所有し直接に管理している繭站もあれば，独立経営している繭站もある。一部の地域では，繭収穫の時期に合わせて営業する繭站もあるという。

一般的な繭站は繭の品質を検定し，質の優劣によって買い取り価格が決まる。多くの繭站の価格設定は地方政府の公表した指導価格，市場価格と製糸工場の買い取り価格を見て行われている。繭站では買い取った生繭の乾燥もサービスとして行っているので，その乾燥の費用は買い取り価格から引かれることになる。

養蚕農民が繭站まで繭を運ぶのが困難である時，庭先で生繭を買い取る仲買人の「繭販子」に売ることが多い。繭販子たちは繭収穫の時期を見積もって，直接に養蚕農民の家まで出向き，繭を買い集める。繭販子の中には自ら養蚕や桑の栽培を行っている者もいる。

繭販子は質を問わず一律の値段で買い取ることがある。価格を繭站より低く設定し，差額を運搬の費用と自分の利潤としている。南寧と柳州周辺の繭販子は周辺の繭站の価格を見て買い取り価格を決めているが，携帯電話で他の繭販子と情報交換もしているという。彼らの価格は常に変化している。時には午前と午後の価格が異なることもあるという。

製糸工場は繭站から原料の干繭を調達するか，または繭販子や農民合作社から直接に生繭を買い取る。農民が直接企業の窓口に繭を出荷する場合，繭の品質が厳しくチェックされるという。品質の高い繭と低い繭の間で値段の差が大きい[6]。

筆者が調査した広西の南寧，柳州，桂林などの地域では，いずれの場合でも個々の養蚕農民は，わずかの金額のやり取りを除いて繭価格の交渉を行うことがほとんどなく，買い手に従っている。繭販子との「一対一」の

---

6) 繭の買い取り価格について，広西では2〜3日間単位で変化し，場所によって価格が異なる。とはいえ農民への聞き取り調査では，差額は大きくなく，数角程の上下がほとんどという。農民は数角の差はそれほど気にしていないようである。しかし差が1元を超えると，農民も損得の印象を抱くように見えた。

7) 留仙の農民への聞き取り調査によれば，繭販子は市場の情報を多くもち，商売が上手で，価格の交渉をしても結局1キロあたりわずか数角の差しかつけられないという。一方で，やはり繭販子の存在が繭の運搬問題を解決してくれるので，また来てもらいたいと思う時もあるという。わずかの差だが，農民が繭販子に交渉で譲ったこともあるという。

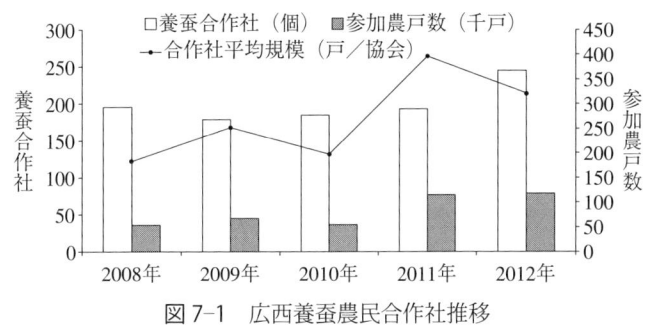

第七章　指導站，企業，養蚕農民と農民合作社のインタビュー記録から見えるもの

図7-1　広西養蚕農民合作社推移
（出所）広西蚕桑技術指導站調査資料より，著者作成。

やり取りでは若干の値段交渉を行うことも見られるが，繭販子の交渉力は明らかに養蚕農民より強い[7]。

二　広西の養蚕農民組織

広西蚕桑技術指導総站の統計[8]によると，2007年以降養蚕協会と称する養蚕農民の専業組織の数が2008年の196から2011年の193まで若干減少したが，協会に加入する養蚕農民の総戸数が増加し，1協会当りに参加する農家の平均数も増加した（図7-1）。2008年に協会に参加している農家は35,900戸に対し2011年には76,500戸と大幅に増加した。しかし，2012年では協会に参加している農家数とともに1協会当りの平均農家数も減少している。とりわけ協会規模については，2010年より膨大化していた協会組織が収束しはじめた傾向がうかがえる。

総じて，2008年から2012年の間，一時的に既存の養蚕協会の規模が拡大したが，わずか4年間で規模縮小の傾向も見えてきた。とりわけ，2011年から2012年の間では，組織数が52軒増加したのに対し，加入農家数は2,300戸の増加にとどまっていた。一方で，2009年には合作社に加入している農家が約4,500戸に増加したが，2010年では3600戸に減っていた。合作社数は2009年の179から2010年の185に増加したことから，この時

8）技術站の統計データからではこれらの合作社が農民主導であるか，製糸工場主導であるかを読み取れない。

263

表 7-1　合作社の加入状況変化

	養蚕農家総数 (万戸)	参加農戸数 (万戸)	合作社加入率 (％)
2008 年	88.6	3.6	4.05
2009 年	84.1	4.5	5.36
2010 年	88.7	3.7	4.13
2011 年	88.5	7.6	8.64
2012 年	85.3	7.9	9.26

（出所）広西蚕桑技術指導総站調査資料より著者作成。

期には合作社を退社した農家が存在することが考えられる。加入率についても，2010 年の若干の低下が見られる以外，2008 年頃の 4％ から，2012 年 9.23％ まで増加傾向にある。この状況から，養蚕農家が組織に参加するかどうかの意識変化があったと考えられる[9]。2008 年以来の 5 年間を通して，合作社への加入率は増加しつつあるが，全体的には 10％ 未満のレベルに止まっている。（表 7-1）

三　広西蚕糸業の生産流通構造と農民組織の形成

　1950 年代以来，繭及び生糸は重要農産品として，生産，流通を中央政府によって厳格に管理されてきた。1980 年代以降農産品価格の「双軌制」の実行によって，繭と生糸に対する規制は若干緩和される傾向もあった。とはいえ，1990 年代末から，西部大開発に伴い「東桑西移」，つまり「養蚕地域を積極的に西部地域に移転する」というスローガンが旗揚げされて以降，浙江と江蘇のような伝統産地では，広西や雲南などの新興産地とは大きく異なる蚕糸の生産・販売・流通システムが形成されている。

　伝統産地では，現在でも蚕種は地方政府の技術指導部門による計画生産と計画販売の方式が採用されており，繭の販売も養蚕農民から繭站，製糸

9）　筆者による聞き取り調査では，退社した農家もいるという。退社した原因に関しては個々の合作社，養蚕農民に対し調査を行う必要がある。後述する LX 社の場合は，養蚕をやめることになったため退社したという理由になっている。広西の農民は養蚕活動自体が非常に不安定で，繭価格の変動に大きく左右される傾向があるため，合作社への加入も養蚕活動の状況によって決められるようである。

第七章　指導站，企業，養蚕農民と農民合作社のインタビュー記録から見えるもの

龍頭企業といった流通経路にしたがって行われ，いずれも厳しく管理されている。厳しく規制される市場構造を持つ伝統産地では龍頭企業や地方政府，または技術指導部門によって形成される農民組織が多く[10]，養蚕農民によって設立される蚕業合作社がまれである。

　伝統産地の状況と対照的に，広西政府は広西における蚕種，繭，生糸の流通市場を，より制約の少ない開放された市場に作り上げた。規制の少ない生産流通システムの中，蚕糸業のコモディティチェーンにある個々の部分においてアクターの活動が活発であれば，それぞれのアクター自身のリード意識形成も促進される。したがって，広西の養蚕農民は伝統産地の養蚕農民よりも，農民主導の農民組織ないし合作社を形成する機会が多いと考えられる。

　蚕の飼育に関わる蚕種や稚蚕の購入行為を例としてあげたい。伝統産地では蚕種の製造販売が規制され，地方政府や地方の技術指導站による統一計画と統一販売であり，農民が養蚕時期の前に必要量を指導站に報告し，養蚕期間の直前に指導站から決められた品種を受け取ることになっている。農民は指導站のみとやり取りを行い，養蚕量を自分の状況で決める以外，決定権がない。

　広西では，蚕種の製造と品種の保存は指導站が管理しているが，蚕種は市場で買うことができる。広西の養蚕農民は必要時に必要な量を村にある「蚕種商店」などから購入でき，蚕種の種類は農民自身の意思によって選択できるが，所在地域の技術指導員と相談して購入することもあるという。農民が蚕種から蚕を飼育しない場合，稚蚕共同飼育室から3齢程の稚蚕を購入して飼育する選択肢もある。したがって，養蚕農民は「蚕種商店」，「稚蚕公司」または「指導員」といった多数のアクターとやり取りを行い，最後に自ら決定するというプロセスを辿っている。

　繭の出荷の際も同様に，広西の養蚕農民には「繭販子」，「繭站」そして「製糸工場」などの選択肢があり，自分の繭をどこに出荷するのかは農民

10）陳義安らの論文によると浙江と江蘇地域では所謂「公司＋工場＋合作社」という形式で作られた蚕業合作社が多い。

自身が決定する。そのため農民は他のアクターとのやり取りを通じて，自分自身の主導性を促されると考えられる。

　交渉の際には，個々の養蚕農民と組織の間のアンバランスな力関係が明白に現れる。そのような経験を通じて，個々の農民よりも人数や資金などを合わせた方がより有利に交渉できることを農民自身が認識し，組織化へつながる可能性がある。

四　広西農民蚕桑専業合作社の事例

　ここでは広西上林県にある「LX 村蚕桑専業合作社」（以下 LX 社と略す）の事例を取り上げ，現在農民組織の実態を分析する。

1　LX 社の設立経緯

　LX 合作社は 2007 年 11 月に留仙荘の養蚕農家によって設立されたものである。

　発足当初の目的は，村の養蚕農民たちが抱えていた繭の出荷にかかわる問題を解決することだった。

　まず，生繭を出荷する際の運搬問題があった。合作社が設立される前，LX 村の養蚕農民は繭の運搬手段を有せず，繭を乾燥する乾燥機もなかった。それに加え，生繭は収穫後，時間が経てば品質が著しく低下するため，大規模養蚕農家は庭先に訪ねて来る繭販子に，言われるままの買い取り条件で売るしかなかった。LX 社に対する聞き取り調査によると，一部の小規模農家は繭の量が少ないため近所の繭站に出荷していたが，それが他地域の繭站である場合，域外の繭に対しては品質検査基準が厳しく，買い取り価格も所在地域の繭より低めに設定されていたという。

　また，変動する繭価への対応という問題があった。

　繭販子は繭品質の高低を問わず，一律の買い取り価格で養蚕農民の生繭を直接に買い込んでいた。広西の繭市場では，構造的に繭価格の上下が激しい。そして，そもそも繭販子は差額で利益を得ることを狙っている。

　繭販子の繭価は市場の変動にそって上下することがあったが，繭販子ら

が一方的に価格を決め，養蚕農民は交渉もできず，それに従うことしかできなかった。さらに，繭販子の間には連携があり，同じ地域の農民に対し互いに相談し合った価格を提示することが多いという。このように，留仙荘の農民は尋ねてくるどの繭販子に売っても繭価が大きく変わらない。繭販子のもつ市場情報は養蚕農民の得られる情報と比べ豊富であり，この情報の非対称的状況からも養蚕農民は不利な立場におかれていた。

その後，農民らは近辺にある「HR製糸有限公司」（以下HR公司と略す）が干繭を繭販子よりかなり高い価格で買い取っていることを知り，2007年に農民自身により合作社を形成し，集まった資金と地方政府からの助成金で繭乾燥設備とトラックを購入し，合作社に加入している農家の繭の乾燥と出荷サービスを行い始めた。合作社の繭が良質であることが認められ，HR公司は同レベルの繭の市場価格よりも1トン当り1,000−2,000元ほど高い価格で買い取っている。合作社に加入している農家は加入していない農家より収入が明らかに高くなり，加入を躊躇していた農家も加入するようになった。

最後に，養蚕農民に技術指導とサービスを提供する必要性がある。

2007年から合作社は社員に対し積極的に養蚕技術指導と技術支援を行っている。例えば，定期的に広西技術指導総站や広西大学から専門家を招き，桑園と養蚕の状況をチェックし，社員向けの技術指導講習会を開くことにしている。病虫害が発生した際には無償で薬を散布し，桑園を改造する際には無償で桑苗を配布する。

そして，合作社を通じて養蚕農民が定期的に集まり，養蚕経験や市場情報を交換しあう機会が合作社の設立前より明らかに増えていた。

これらは留仙荘の繭が高品質を維持するための要件でもあると考えられる。LX社が製糸公司HRと比較的安定した売買関係を保っている理由の一つは，留仙荘の繭の品質が周辺地域と比べ高いことである。

2 LX社運営の状況

留仙荘は所属している行政村の六聯村の一つの自然村であり，域内では

写真21　合作社の責任者W氏と著者，広西LX合作社の前 2012年8月

写真22　広西LX合作社の調査風景 2012年8月

約306戸あまりの農民が居住している。大半は稲，桑，薯などの農産物を栽培しており，一部の農民は食用キノコのビニールハウスや周辺の山林も副業として経営している。

　2007年に合作社が設立された直後では179戸の養蚕農家が加入していたが，2012年では所在村にある養蚕農家186戸まで増加した。当時留仙荘にいるすべての養蚕農民がLX社に可能したという。しかし，その後，深刻な桑の病虫害が発生し，桑園面積が減り，養蚕量を減らす農民ないし養蚕をやめ他の農産物に転じた農民が続出した。2014年8月では，4戸の養蚕農家が合作社から脱退し，現在182戸となる。加入の際，1戸年間最低200元の出資金で，脱退する際に出資の3倍の金額が返還される。社員の出資金が主な資金源である。2008年から12年の間，地方政府から合計40万元ほどの補助金を受けたこともある。これらの補助金は繭乾燥設備，軽トラックとキノコ栽培用器械を購入するために使われた。

　LX社は桑園を直接所有しないが，社員のもつ分散した桑園と周辺の荒廃地を整備し，水田用地を調整して，面積の大きく生産性の高い連担桑園，所謂「連続桑園」を整備することに努力している。しかし，2011年から「青枯病」という桑の難病が広範囲にわたって発生した。桑苗の植え替え，土壌の改善，抗病農薬の散布など様々な努力をしたが，2014年になっても状況が改善できていないという。さらに，新たに植えた桑は生産期まで

第七章 指導站, 企業, 養蚕農民と農民合作社のインタビュー記録から見えるもの

2-3年かかるため, 即時の経済効果が得られない。2012年から養蚕量を減らす農民が増え, 2014年には養蚕を取りやめ他の農産物に転じた農民も増えている。2014年に養蚕を取りやめた4戸ほどの社員が退社した。これはLX社設立以来, 初めての脱退ケースであるという。

留仙村ではすべての養蚕農民が現在LX社に加入している。しかし, 182戸の農民は常に桑の栽培と蚕の飼育を行っているわけではない。

留仙荘が所在する地域の養蚕方式は浙江や江蘇などの伝統生産地域と大いに異なる。伝統的生産方式では, 養蚕農民が桑の栽培から蚕種の孵化, 稚蚕[11]の飼育, 営繭, 繭の収穫まですべて家庭内労働でこなせることが多い。これと対照的に, 留仙荘には, 桑の栽培のみ, 蚕の飼育のみ行う農民が見られる。さらに, 稚蚕の飼育と3齢以上の成熟蚕の飼育過程をそれぞれ分けて行うことも一般的である。稚蚕は病気に弱く, 生存環境の温度と湿度の制御も難しいため, 飼育にはより高い養蚕技術と経験が求められる。成熟蚕は稚蚕より飼育しやすいが, 飼料として大量の桑の葉を必要とする。1枚約1万頭の5齢蚕では1日50〜100kgの桑葉を必要とする。現在桑葉の採集は手作業なので, 養蚕労働の中では, かなりの重労働[12]である。

現在村では20〜40代前後の若者が出稼ぎに行くことが多く, 50〜60代が主な養蚕労働力である。それに加え, 前述したように広西における養蚕業の発展はわずか十数年ほどで, 養蚕農民の経験も少ないため, 伝統産地のように一家族内ですべての作業を行うことは不可能である。したがって, LX社の社員は桑栽培農家, 成熟蚕飼育農家, ごく少数の稚蚕飼育農家というように分かれている。とはいえ, 桑栽培農家でも時には少量の蚕を飼育し, 成熟蚕農家でも稚蚕飼育をすることはあるという。

社員の養蚕量と繭の生産高もまちまちである。年間10回以上養蚕し, 1

---

11) 蚕の成長プロセスは幼虫 (larva) の脱皮を境目に, 蚕種の孵化, 1齢 (inster) から5齢と区分されるのが一般的である。その内, 孵化から3齢までは「稚蚕」という。3齢から5齢を「成熟蚕」と呼ぶ。
12) インタビュー調査より, 成人男性労働者が1日約10時間の労働で, 早い人でも約150kgの桑葉しか採集できない。それに加え, 桑園から蚕房までが1kmも離れていることも少なくない。条件のいい農家は自転車やバイクで運んでいるが, 多くは竹籠を背負って歩いて運んでいるので, 養蚕の作業の中で桑葉の採集が最も重労働であるという。

回あたり 3 枚前後の養蚕規模に達した大規模養蚕農民は約 20 戸で，全体の 11% である。最も規模の大きい農民は年間 16 回，つまり春繭の時期に 10 回，秋繭の時期に 6 回養蚕を行う農家がいる。約 150 戸の農家，全体の約 84% は 1 回当り 0.5～1 枚程度の養蚕を行っている。やはり，大規模養蚕農家が LX 社の活動に最も熱心に参加しているという。

3 合作社設立前後の繭流通構造の変化

LX 社の設立によって繭の流通販売構造が大きく変わっている。設立前には養蚕農民が個別に生繭を繭販子に売っていたが，設立後は合作社が養蚕農民の代表として干繭を直接製糸工場に出荷することができるようになった。合作社を通じた農民の再組織によって，繭販子が排除され，農民組織が流通構造における立場と交渉力を高めることが可能となる。

具体的には，社員が収穫した生繭を合作社に売り出し，合作社が集めた生繭を乾燥してから製糸工場に出荷する。わずか数日の間でも繭価格は上下する可能性がある。社員が合作社に売った時の価格と合作社が HR 公司に出荷する価格は異なる。その差額が合作社の利潤，あるいは合作社が負担する損失となる。合作社は損失を回避するため，市場情報をできるだけ集め，市場変動を予測しなければならない。そこで次第に，合作社の経営能力が求められるようになってきた。

2012 年以降 LX 社の社員の養蚕量が減り，HR 社が希望する繭の量にも満たないことがある。製糸企業との売買関係を維持するために，LX 社が隣県である賓陽県から繭を調達したこともあったという。他地域との繭売買は繭站も行っていることがあるので，合作社は時には繭站と競争せざる得ないことになる。

一方で，LX 社と HR 公司との関係も対称ではない。LX 合作社の生繭生産量は年間 3.5 トンである。これは HR 公司の年間需要量の約 10%[13] にも達している。言い換えれば，LX 合作社は公司の繭原料の重要な供給源

---

13) HR 公司の 2012 年度の准産証によれば，4,000 緒の生産能力を有し，年間約 300 トンの生糸を産出している。つまり年間 35 トン以上の生繭原料が必要となる。

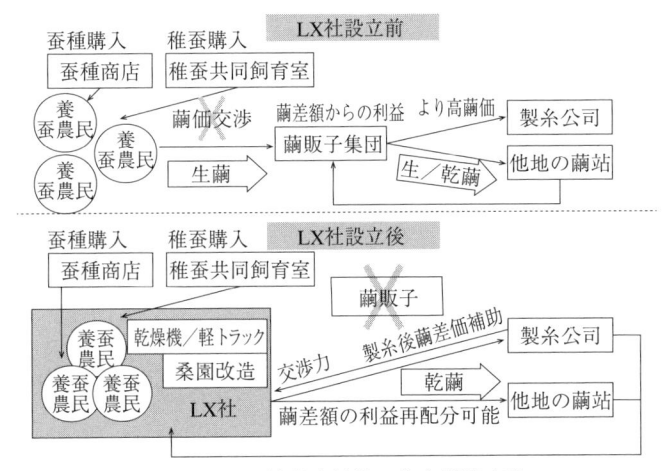

第七章　指導站，企業，養蚕農民と農民合作社のインタビュー記録から見えるもの

図7-2　LX社設立前後の生産構造変化
（出所）2012, 14年広西現地調査資料に基づき，著者作成。

である。しかし公司と合作社の間では書面の売買契約が結ばれておらず，口頭契約の取引関係で繭の売買が行われている。公司は市場価格より若干高い買い取り価格[14]で，この売買関係を安定させている。合作社側も安定した取引先を求め，他の製糸公司に販売したことがないという。

　HR公司が合作社との関係を築くために，自社の短期的利益よりも合作社の立場を重視する動きもみられる。広西の繭価は市場価格であり，常に上下する。合作社は市場経験が少なく，マーケティング能力も低いため，市場の変動を読み取れない。しかし，HR公司は繭価が下落する前にはやく繭を売るようにとLX合作社に連絡する。さらに，繭価が下落し低水準に止まってしまった際に，合作社に価格が再び上昇する時を待って売るよう提案することもあるという。合作社はHR公司からの情報を得て，繭の価格変動リスクを若干回避することができ，市場経験を蓄積することもできる。

　このように，LX合作社はHR公司とのやり取りを通じて，蚕糸業のコ

14）　インタビューでは，繭市場価格によって差額が異なる。大体1〜2元/kgの幅である。

モディティチェーンの中で積極的に活動し，農民専業合作社としての機能を果たしていると考えられる。

4 LX 合作社の役割

　合作社は公司と平等の立場で交渉できるように様々な努力をしている。例えば，繭の品質は繭価格を決める最も重要な基準である。しかし，繭の品質は公司によって一方的に測定されるため，LX 合作社は同じ繭を同時にほかの品質検定サービスに持ち込み，検定の結果と公司から出された結果とを照合している。合作社は地域の技術指導站など他の品質検定サービスからの検定結果を，公司と交渉する際の材料としている。これは企業と合作社間の力関係のギャップを縮小するため，有効な行動として評価することができる。

　LX 合作社は養蚕技術の向上にも努力をしている。合作社は地域の技術指導站から指導員を招き，敷地内の繭倉庫を利用して，社員が自由に参加できる養蚕技術講座を定期的に開いている。さらに加入している農家を周り，養蚕や桑園の成長状況を随時把握している。蚕病や桑の病気が発生した場合，技術指導員を呼び込んで解決する方法を探っている。

　さらに，合作社は一昨年から，毎年広西域内にある蚕桑専業合作社と積極的に交流を行っている。現在広西では繭の流通販売を担う専業合作社が数少ないため，LX 合作社は所在地の上林県から北部の宜州や桂林まで，蚕桑の専業合作社を訪問している。そして，他の地域からの合作社の交流の申し入れも積極的に受け入れるようにしている。このような行動によって，広西域内の合作社の間の連携が促進され，合作社同士のネットワークも形成されていくことが予測できる。

　以上を含めて，LX 合作社の経営を維持し，合作社としての役割の発揮を促す最も重要な条件は，留仙荘において養蚕業が安定して成長することだと考えられる。前述したように，2012 年以降繭の生産量が低迷し，LX 社が繭を他地域から調達したり，乱高下する繭価格の中で養蚕農民と製糸工場の間を斡旋せざる得ない状況があり，合作社が次第に公司化，繭站化

第七章　指導站，企業，養蚕農民と農民合作社のインタビュー記録から見えるもの

していることが露呈した。いかに養蚕業を安定させ，合作社を存続させるかも当面の課題となっている。

終章　伝統と新興の交錯
——産地間関係と中国蚕糸業の生産構造の再編

　本章では，伝統産地と新興産地を対比し，中国蚕糸業の二つの産地の類型について考察を加えるとともに，両産地の産地間関係と中国蚕糸業の生産構造の再編過程と展開方向について展望してみたい。その際，養蚕業，製糸業，絹織業とアパレル産業，貿易状況，経営主体といった重要な指標に基づいて対比を行うことにする（表8-1）。

第一節　伝統産地と新興産地の並存

　1980年代に農業生産責任制が始まり，「改革開放」の政策が実施されて以降，中国の養蚕業，製糸業そして絹織業の生産構造は大きく変貌してきた。

　農業生産責任制のもとで，農民が耕地の使用権を獲得でき，一定基準の食糧生産を保障すれば経済作物に転換することができるようになった結果，主要養蚕地域における農業の形態も変化した。養蚕量を増やし，桑園面積を拡大する農民もいれば，より収入を増やすことのできる桑園以外の換金作物に切り替える農民も少なくない。

　生産責任制の実施と耕地の分配の仕方も養蚕業に影響を与えている。耕地の分配にあたっては平等主義の原則が厳格に貫かれたため[1]，1980年代以前の「大隊」を単位とする集団養蚕で整備されていた大面積の連続桑園が小面積の桑園に小分けされ，農民に配分された。生産責任制の進展とと

1）　田島俊雄著『中国農業の構造と変動』御茶の水書房，1996年1月，49-51頁。平等主義を追求するため，数回もの配分の調整が行われた。調整の結果，「平等主義的な配分原則によって……土地の細分化傾向も生じた」。

終章　伝統と新興の交錯

表8-1　伝統産地と新興産地の比較

	伝統産地（浙江省，江蘇省）	新興産地（広西区など）
蚕糸業の位置づけ	蚕糸業生産史が長く，豊富な蚕糸文化が形成されている。農民にとって，養蚕は現金収入の最も重要な手段である。	少数民族が居住する山間部では在来品種を飼育する伝統がある。桑蚕の飼育は1990年代末ごろから，養蚕文化も形成されていない。養蚕以外にも，サトウキビ，タバコ，亜熱帯果実など多様な現金収入源が見られる。
養蚕業の概況	停滞，ないし衰退している。家族単位の小規模飼育は主要な生産方式であり，稚蚕共同飼育の普及率が低い。	継続的に発展している。生産単位は基本的に家族である。稚蚕共同飼育率が高い。
製糸業の概況	熟練した製糸技術を有し，製糸経験が蓄積されている。新旧状態や形式の異なる設備が混在している。生糸の生産量が増加している。	製糸技術は未熟練で，経験も少ない。新設備が多い。製糸工場が一部の地域に集中し，地理的分布は不均衡である。
絹織，アパレルなどの加工業	絹織からアパレル製造までの全工程を有する巨大メーカーが多数存在している。中小規模絹織及びアパレルなど紡績企業も多数ある。	絹織物以降の製造工程を有する企業は殆どない。
蚕種の流通	統一注文方式をとっている。よって自由に流通できない状況にある。	蚕種商店や，稚蚕共同飼育室などによって，多様な流通チャンネルが形成され，流通の制限が少ない。
繭の流通	繭産出の殆どは龍頭企業，または繭站により流通される。ごく一部に限って，仲買人により流通される。僅かな量は農民の伝統行事のために自家用になる。	龍頭企業，繭站，仲買人などが介在する多様な流通チャンネルを有する。繭産出はすべて商品として販売される。
生糸，シルク製品の対外貿易	糸綢公司以外にも，貿易許可を持つ龍頭企業が多く存在する。繭，生糸，アパレルなどの製品の貿易が盛んに行われている。	所在地の糸綢公司以外，貿易許可を持つ企業が見られない。
主要な経営，技術指導主体	龍頭企業，蚕糸技術指導站，現地政府，龍頭企業以外中小規模製糸工場，などがある。	龍頭企業，蚕糸技術指導站，稚蚕共同飼育室，蚕種商店，企業所有以外の繭站，農民養蚕協会などがある。

（資料）筆者の現地調査資料により，筆者作成。

もに，耕地の零細化は進む一方であった。連続桑園の規模効果が発揮できずに養蚕の生産性が低下し，あるいは耕地転用によって従来の養蚕地域の分布が変化し，養蚕業が衰退する地域と新たに台頭する地域が現れた。同時に，このような産地の交替は伝統産地である浙江と江蘇の内部にもみられた。例えば，浙江内部では太湖周辺に密集する養蚕地域から浙江西部の淳安などの地域へ，江蘇では南部から北部へ移動する傾向がみられたが，省境を越えた大規模な変化はそれほどみられなかった。

　東沿岸部に立地する伝統産地では，経済が発展し，農村の都市化が進んだことが原因で，養蚕業の衰退傾向が次第に明確になってきた。その一方で，工業発展とともに，繭を生産原料とする製糸業，およびその川下にある絹織業とアパレル産業は大きく発展し，シルク産品貿易の拡大も追い風にしながら，全国的にも圧倒的なシェアを占めるようになっている。

　伝統産地で繭生産の減少と需要の急増との間にギャップが生まれ，地域外からの繭の調達が増えたことが，伝統産地の他に養蚕地域が新たに形成された要因の一つであると考えられる。

　とはいえ，新興産地の広西における養蚕業の急成長の原因はそれだけではない。繭市場の状況や政策による繭価格への干渉なども背景にあった。

　1990年代半ばに入り，二度の「繭大戦」を経て，政府により定められていた繭の価格体制は実質的に崩壊し，価格の乱高下は激しくなる一方であった。養蚕業に対する統一的な管理体制が弱体化し，さらに中央政府の大規模な財政改革を背景に糸綢公司が相次いで民営化された結果，伝統産地における養蚕業の衰退はもはや回復困難な状況に陥った。この状況は新興産地である広西には逆に養蚕業発展の機会となった。広西政府はこの好機を活用して積極的に域内の養蚕業を推進し，広西の養蚕業は急速な発展を遂げた。

　広西における養蚕業の発展には，さらにいくつかの要因が関わっている。気候など地域の自然条件が養蚕に有利であること，野蚕の一種である木薯蚕を飼育した経験があること，桑蚕に関しても広西桑蚕技術推進站という技術研究開発基盤を備えていることなどである。

また，広西政府は伝統産地と異なる養蚕と製糸の流通体制の形成を容認ないし促進したため，伝統産地のような閉鎖市場ではなく，比較的自由で開放的な流通体制が形成されることになった。

　この二つの流通体制の差異は龍頭企業が果たした役割の差異に象徴的に表れている。伝統産地内部では，鑫縁公司のように龍頭企業と呼ばれる大規模な集団公司が存在する。閉鎖的な流通体制の下で，龍頭企業は，所在地域の養蚕農民，繭站，製糸企業，絹織業，さらに政府部門である農業技術指導站にいたるまで，蚕糸業関連部門を傘下に包摂しようとしてきた。このように，もともと閉鎖的な市場体制に龍頭企業が割拠することで，伝統産地では，事実上いくつかの龍頭企業による勢力範囲が重なり合う構図となっている。

　これとは対照的に，新興産地の広西では龍頭企業の勢力が弱く，流通市場も開放的であり，龍頭企業は養蚕農民や蚕種商店などとともに，生産流通連関の一環として位置づけられている。そのため，比較的平等な取引が行われているといえる。さらに，市場が開放的であるため，各繭站の繭価格の差額の調節作用が働き，繭站および製糸企業間の自由競争もみられる。

　とはいえ，この状況は2006年以降，中央政府による「東桑西移」政策の本格的展開に伴って，ゆるやかに変化しつつある。なぜなら，この政策の趣旨は養蚕業の発展というよりもむしろ龍頭企業の牽引によって農業の発展を実現することにあるからである。例えば，補助金や銀行からの無利子借り入れ，税金の減免などの恩恵を受けることによって，広西の龍頭企業が今後ますます急速に発展していけば，やがて伝統産地のような龍頭企業へと成長することも考えられる。しかしながら，伝統産地のような養蚕からシルク産品の対外貿易に至る完成した生産連関と比べ，新興産地では製糸業がようやく発展しはじめた段階にあり，絹織企業はわずか1社のみで，伝統産地のような巨大な製糸メーカーを主体とする糸綢集団公司はまだ形成されていない。

　このように蚕糸業においては，伝統産地と新興産地の二種類の産地が並立する構造が形成されつつある。次に伝統産地にみられる新興産地として

の特質を概括してみよう。

第二節　伝統産地の対策と動き

一　「東桑西移」のもとで，安定を求める方向

　伝統産地では養蚕業は衰退しつつあるが，製糸業や絹織業が含まれるシルク産業は伝統産地にとって今なお重要な産業であることを再認識する必要がある。

　換金作物が多様化し，現金収入を獲得する手段は増えてきたが，養蚕業は伝統産地の農民にとって依然として大きな意義を持っている。青果物や花卉など様々な換金作物と比較しても，養蚕業は比較的小さな耕地面積で効率的により高い現金収入が得られること，多くの農民が昔から継続的に養蚕を営み，養蚕が生活の一部となっていることなどがその理由である。

　環境や生態系への貢献を考えても，桑園は他の農産物より役割が大きい。桑園は人工の広葉樹林ともいえる。2008年における浙江省の森林面積は8,760万ムーであり，そのうち人工造林面積は約4,000万ムーである。2008年の桑園面積は約120万ムーで，つまり人工造林面積の3％が桑園である[2]。その上，葉や枝の総合的な利用が可能であり，経済価値も高い。

　養蚕業に関連する繭，生糸およびシルク織物の加工業は，周辺地域の雇用機会を創出し，製糸工場や絹織工場からの税収も地域の財政収入として重要な部分を占めている。

　しかし，伝統産地に立地している一部の龍頭企業は，より安い原料繭とより安い労働力を求めて，広西の養蚕地域へ出資し，現地の製糸工場と連携して製糸工業を建設する動きをみせている。例えば，前出の鑫縁公司は山東省で製糸業の建設を図ったのち，2008年には広西の環江地域で四川

---

2) 『中国統計年鑑』2010年より。

省および地元の製糸工場と連携して，新たな製糸工場や絹織工場の建設を計画している[3]。浙江の海寧糸綢公司は 2005 年頃からすでに雲南省保山市で養蚕基地および製糸工場の建設を積極的に進めている。

とりわけ「東桑西移」政策の実施後，製糸工場の移転に伴う製糸資本の流出が増加している。なぜなら，中央政府の政策にしたがって工場を移転すれば龍頭企業として認められ，優遇措置を受けることが可能となるからである。その上，西南部地域の安価な人件費や土地などによってコスト削減も実現できるからである。

他方で，製糸業の新興産地への移動は，伝統産地の養蚕業の更なる衰退を導くものと懸念されている。この状況に対し，浙江省と江蘇省の両政府は各々の状況に基づいて様々な対策を打ち出している。これらの対策は養蚕業の衰退をゆるやかにし，現在の状況をできるだけ維持しようとするものであり，伝統産地の状況に適した「安定的発展」策が中心となっている。

二 「東桑西移」の対策としての「安定的発展」策

現状を維持し，できるだけ「安定的発展」を実現するために，伝統産地では次のような対策を講じている。

第一に，地域内において，養蚕産地の地理的分布を調整しようとしている。例えば，1980 年代以前，浙江省のほとんどの養蚕生産は太湖周辺の杭嘉湖地域に分布していたが，近年では一部の養蚕業を浙江省の西部と南部地域に移動させている。浙江省の西南部に立地する淳安県における養蚕業の発展はその一例である。2009 年現在，浙江の養蚕量に占める西南部地域の割合は 30％ にまで増えている。

第二に，養蚕の生産性向上と大規模化が試みられている。農業生産責任制が実施されて 30 年が経過する間に，繭価格が低下する不況時には桑園から他の農産物への転換が図られ，逆に好況時には他の耕地が桑園に戻されてきた。その結果，桑園が広範囲にわたって分散するようになった。そ

3） 陳忠立「鑫縁挺進大西南発揮新優勢」『糸綢』2007 年 12 月第 7 期，46 頁。

の上,1980年代以降,伝統的な養蚕方式は家族を単位とした小規模な家内生産が中心であり,年間十数枚程度の養蚕量ゆえに,養蚕農家1戸当たりの桑園面積も小さい。伝統産地では桑園の零細化が進み,連続した大面積の連続桑園が減少し,桑園の生産性も低下している。

　この状況を改善するため,生産性の高い連続桑園が比較的多く残され,現地の養蚕農民が技術や経験を有する一部の地域を選び,大規模養蚕の実験を行っている。例えば,江蘇省東台ではグリーンハウスを利用した大規模養蚕生産を行っていたことがある[4]。浙江省の海寧と嘉興などの地域でも,養蚕経験が豊富な農民を中心に,技術指導員も参加する大規模養蚕実験が行われたこともある[5]。さらに養蚕生産の大規模化を目的に,蚕桑技術指導站と大学などの研究機構との共同で,養蚕技術だけではなく,養蚕業の経営管理面,コスト削減,桑栽培と養蚕の機械化の研究開発も取り組まれている[6]。

　蚕および桑の新品種の研究開発も積極的に行われており,より高品質の繭および生糸の生産が目指されている。さらに,絹織物の品質向上によって,新興産地との差別化も図られている。後述する農民組織化とも関わって,大規模化の実現が模索されている。

　伝統産地の政府は龍頭企業の役割を重視し,龍頭企業が養蚕業の発展を牽引することを考えている。例えば浙江省では,龍頭企業と養蚕農民との間の「訂単農業」,つまり契約農業の実施を養蚕農民に対する一種の保護政策と認識しており,積極的に推進している。「貿工農」一体化の提唱を背景に全国的にも「農業産業化」が進展する中で,伝統産地では養蚕業のみならず果物や畜産の加工業などにおいても龍頭企業の役割が強調され,龍頭企業への期待が一層高まっている。

4） 丁志用,楊斌等「東台市繭糸綢産業発展状況的調査」『蚕桑通報』第35巻第4期,2004年11月,46-49頁。
5） 浙江省の事例では,例えば,陳偉国,董瑞華等「蚕桑規模大戸的経営模式及啓示」『蚕桑通報』第37巻第3期,2006年8月,40-41頁。または蔡和平,張小英等「蚕桑産業規模経営与効益調査分析」『蚕桑通報』第39巻第4期,2008年11月,38-39頁などの研究が多数みられる。
6） 筆者による現地調査資料による。

三　農業生産責任制下の農民の再組織化

　伝統産地では，養蚕農民を主要構成員とし，桑の栽培や養蚕を中心とする専門的組織，いわゆる「蚕桑専業合作社」あるいは「蚕桑専業協会」（以下，合作社と略す）と呼ばれる組織が 1990 年代末頃から存在する。農業の生産責任制の実施後，合作社が分散した養蚕農民を再組織し，養蚕業の大規模化の道を模索してきた。とりわけ，龍頭企業が急速に成長して，その役割が明らかになる中で，農民による新たな主体形成の重要性が増してきた。農民組織や合作社などの実態はまだ初期段階であるが，伝統産地の蚕糸業生産における農民の再組織化の動きは，以前にはみられなかった新たな動きとして注目される。

　近年では合作社の数が増加しただけでなく，提供するサービスも多様化し，組織自身の形式も多様化している[7]。このような専門的な農民組織は数百戸から数千戸余り，多い場合は 1 万戸を超えている。これらは村や県単位の規模である。これらの合作社は，地方政府，企業，養蚕農家の出資方法などによって，政府提起型，企業提起型，および農民提起型に大きく分類することができる[8]。政府と企業が共同で発足させた合作社の事例も多くみられる。対照的に，完全に養蚕農民自身によって設立された合作社の事例はまだ限られている。

　このような組織化の目的は，桑の栽培から養蚕，繭の販売や繭の乾燥に至るまでの養蚕業生産連関をめぐる一連のサービスを提供することである。これらのサービスは，指導站が無償で提供するのとは違い，有償サービスがほとんどである。一部の合作社では繭産品の流通ないし養蚕の副産品の販売にまでサービスの範囲を拡大している。

---

[7]　筆者の浙江省農林局に対する聞き取り調査資料による。
[8]　例えば，太田原高昭，朴紅『中国の農協―リポート』43 頁では，青果生産について，農業産業化における農業合作社的組織を 4 種類に分類している。企業主導型，市場主導型，合作社主導型，仲介主導型である。しかし，伝統産地の養蚕業においては，合作社の実態は成熟した農民組織，あるいは農協的な組織ではなく，かなり未熟で初期的なものである。混乱を招かないように，本書が提起した三つの合作社の形態は，合作社に限ってのものであることを付言しておきたい。

浙江省金華市磐安県では，1998年4月に磐安県蚕桑専業合作社が設立された[9]。磐安県の養蚕業は1995年頃の第二次「繭大戦」によって大きな打撃を受け，桑園面積は「繭大戦」以前の4分の1にまで激減した。多くの養蚕農民が繭価格の乱高下によって損失を被った。これを契機に，孤立した養蚕農民を組織して大規模化すれば，養蚕生産が改善でき，市場変化にも対抗できるとの狙いから，磐安県の糸綢公司である新渥供銷社によって設立されたのが磐安県蚕桑専業合作社である。そして，2001年には新渥供銷社から分立し，その直属企業（子会社）となった。設立当時の資金は，新渥供銷社が出資した180万元と，養蚕農民社員が納めた1戸当たり100元の入社金からなっていた。養蚕農民社員は設立当時の212戸から2004年の1,146戸，そして2007年の1,697戸へと増加した。合作社の組織は理事会，監事会，経営グループなどによって構成される。常任理事7名のうち3名が養蚕農民で，監事会の3名のうち1名が養蚕農民となっている。合作社は養蚕農民社員に対して，桑園の改造更新補助，蚕種補助，そして養蚕技術指導をサービスとして提供するほか，県内の47個所に養蚕物質提供スポットを設置し，養蚕道具や蚕薬などを市場より安い価格で販売している。さらに，農薬中毒を含む突発事故などによる損失に対し，合作社が一定の補償金を与えている。さらに，合作社には「二次分配」という制度がある。合作社の利潤を出資額に応じて社員に還元するものである。繭の品質を高めるために，技術指導や方格蔟の推進などのほか，2003年には合作社の指導員が山東省のグリーンハウスで大規模養蚕の経験を学び，磐安県合作社の出資で実験養蚕を行っている。しかし様々な理由から，大規模養蚕の実験はまだ60棟前後のグリーンハウスにとどまっている。こうして磐安県合作社は小規模な養蚕サービスを提供する組織から，養蚕のすべての生産過程を包括した企業へと成長した。さらに，2007年頃に

9）　陳楽陽等「磐安県大棚養蚕発探」『蚕桑通報』第34巻3期，60-61頁，2003年3月。曹香玲等『磐安県蚕桑産業化的運作と体会』『蚕桑通報』第35巻1期60-62頁，2004年1月。陳衛仙「磐安県桑蚕業発展初探―磐安県蚕桑専業合作社服務形式及びその結果」『蚕桑通報』第38巻4期，2007年11月，39-40頁。

加入養蚕農民が増加し，磐安県の 10 の郷鎮の 78 の行政村に社員を派遣するなど，規模拡大はめざましく，県内での勢力も著しく拡大している。近年，合作社は磐安政府から「磐安県重点農業龍頭企業」や「金華市農業龍頭企業」と命名されるようにもなっている。

　他方，浙江省梁垛鎮合作社は 1998 年に設立された組織で，養蚕業のサポートサービスを視野に入れている。梁垛鎮合作社は「公司＋農戸」という生産方式をとり，公司と緊密に連携している[10]。養蚕技術指導や養蚕サービスの提供を通じて，この合作社が指導站の不足を補っている。しかし，利益配分に際しては，公司が配分の仕方と配分率を決めており，養蚕農民の地位は必ずしも十分に確立しているとはいえない。

　以上の二つの事例から，農民専業合作社の実質は，自発的な農民組織ではなく，農業生産責任制の実施によって分散した養蚕農民と分断された養蚕過程が龍頭企業や地方政府の主導によって上から組織されたものにとどまっているといえる。

　1990 年代半ば以降，「貿工農」一体化政策が実施され，養蚕業が製糸業ないしさらに川下の貿易産業に統合される状況の中，一部の地域では養蚕農民を「専業合作社」という形で組織することによって，シルク産業全体の利益を川上の養蚕業へ還元しようとする動きが生まれている。つまり，養蚕業として製糸業や貿易業に対抗しうる条件が生まれているといえる。しかしながら，このような状況はいまだ一部の地域に限られており，多くの地域では龍頭企業の影響力が強く，海安県のように養蚕から貿易まで糸綢公司の傘下におさめられている。上記の事例から明らかなように，近年の養蚕地域では，養蚕農民および養蚕業への利益配分は十分といえない。伝統産地にある蚕桑専業合作社の多くは，実質的に，養蚕農民を糸綢公司などの企業に包摂する一つのプロセスに過ぎないように思われる。養蚕農民によって自ら組織され，製糸企業に対抗できるような養蚕農民組織は，少なくとも 2000 年代の伝統産地の状況からはうかがうことができない。

10）　庄桂香等「梁垛鎮完全産業合作社的経験」『蚕桑通報』第 34 巻 3 期，48-50 頁，2003 年 3 月。

第三節　新興産地の対応

　広西は伝統産地の養蚕業の主な移出先であり，伝統産地の製糸業の繭需要を満たす生産基地として位置づけられている。しかし，その状況は徐々に変わりつつある。広西の養蚕業は2000年以降の10年間で急速に発展したが，2009年から2010年にかけて養蚕業の発展の勢いは次第に弱まり，養蚕業発展のピークを迎えている状況がうかがえる。その一方で，生産連関の川下に位置する製糸業が積極的に展開されており，それは2006年以降の「東桑西移」政策を契機としている。また，工業的発展を図っていることの背景には，伝統産地に対抗する戦略もあると考えられる。

一　広西の優位性

1　自然状況の優位性

　立地と気候条件については，広西の方が伝統産地の東沿岸部地域と比べ有利である。亜熱帯地域である広西では桑の成長が早く，桑園の生産性は伝統産地より高い。これは養蚕業の好条件となっている。伝統産地では年間4～5回ほどの養蚕しかできないのに対し，広西では11～16回もの養蚕ができる。1回当たりの生産量が少ないとはいえ，桑園単位面積当たりの生産性は伝統産地よりも上回る傾向にある。さらに，広西では1年の中での繭の生産期間が長い。そのため，蚕の飼育，繭の生産と貯蔵，製糸の間の時間差を減らすことができ，製糸業の原料調達と資金循環の面において好都合である。

2　技術面の優位性

　新興産地と伝統産地は，農民の経験の面においてかなりの格差があった。広西の多くの農民は1990年末頃まで養蚕経験がなく，浙江の農民のような長年蓄積された経験を有していない。だからこそ技術開発が急務になったともいえる。

終章　伝統と新興の交錯

　当初は広西でも伝統産地の品種や栽培，飼育方法を採用していたが，それを地域の条件に適用できるように改良して，養蚕業の発展に役立ててきた。例えば，稚蚕共同飼育の発展に大いに貢献した重ね箱式養蚕法は伝統産地で構想されたものだが，広西で実践され，その経験が浙江などの伝統産地で再び参考にされるようになったといわれている。他にも稚蚕用膜の改良などいくつかの新技術を例にあげることができる。壮蚕飼育段階では，広西では養蚕回数が多いため，養蚕労働量を低減するために「条桑育」[11]という技術を取り入れている。これは桑の葉ではなく桑枝ごと蚕に葉を与える給桑法であり，その運用経験は伝統産地より豊富で，伝統産地でも次第に参考にされるようになっている[12]。

　本書では養蚕および桑栽培に関する技術の本質まで言及してこなかったが，養蚕技術について明確にしておかなければならないことがある。

　2000年以前に広西の養蚕業が発展しなかった原因の一つは，養蚕技術の後進性だったとの見方がある[13]。伝統産地の進んだ技術を導入してはじめて本格的に発展できたという見方である[14]。しかし実際のところ，伝統産地の技術を広西でそのまま適用することには無理があった。広西の自然条件そして農民の状況に適合した独自の技術体系が必要とされ，指導站や広西大学などの機関がそのための研究開発を行ってきたのである。新興産地と伝統産地の養蚕技術は，根源を共有しながらも二つの並列した発展ルートをたどってきたといえる[15]。したがって，伝統産地と新興産地における養蚕技術を単に先進，後進という時間軸でとらえる見方は一面的であ

---

11)「条桑育」法は昭和初期から日本で推進されていた飼育法であり，現在でも用いられている。例えば，木村滋「昭和初期の霞ヶ浦浮島の養蚕：条桑育技術普及の足跡を追う」（『蚕糸・昆虫バイオテック』2009年4月，第78巻1号，41-51頁）。中国では1990年に出版された「中国養蚕学」において壮蚕飼育法として述べられている。条桑育法は従来の飼育法に比べ，労働力の軽減と機械化の実現に有利だとされている（545頁）。しかし，伝統産地では伝統的飼育法の定着と桑園の条件に妨げられ，それほど広範に普及しなかった。広西は伝統産地にならって条桑育法を始めたが，伝統産地以上に養蚕農民に受け入れられ，生産効率の向上に効果があったと広西の技術指導員は述べている。
12) 例えば，2000年以前は浙江の最も権威のある専門誌『蚕桑通訊』にほとんど広西に関する記事はなかったが，2000年以降とりわけこの数年間で増えている。
13) 2009年の現地調査による。
14) 筆者による，2009年の浙江省と広西における現地調査による。

る。実際に広西の養蚕技術は後進的ではないとの評価もある[16]。

3 農民組織形成の可能性

新興産地における農民組織の形成は決して多くはない。近年では「農民協会」という名目の組織が存在するが，その多くは製糸工場が出資したもので，実質的には工場が農民組織を通じて養蚕農民をコントロールするためのいわゆる「官製組織」[17]の性格を有している。つまり養蚕農民が自発的に組織し，農民自身の権利を主張するための「下から」の組織化とは言いがたいのである。

とりわけ1980年代，農業生産責任政策の実施によって分散した農民を再組織化するための方策として，龍頭企業を通じた「農民協会」の設立が広西でも積極的に推進された。この点で，伝統産地と新興産地の状況は類似している。

しかし，広西では浙江より比較的自由で開放的な蚕糸市場が形成されている上，繭販子などの仲買人や共同飼育室など，生産と販売を担う多様な主体が数多く存在する。このような状況は農民による自発的な組織形成にとって有利であると考えられる。

伝統産地と新興産地のいずれの地域であれ，養蚕農民の組織化を通じた新たな主体形成が蚕糸業生産連関にいかなる影響を与えるかは，今後注目すべき点であろう。

二 広西の新たな動き

地域間の繭の移送の制限が緩和され，「東桑西移」政策が導入されて以

---

15) 筆者による，2007年と2009年の広西技術指導站における現地調査による。例えば，1960～70年代では，江浙両省にある蚕糸業専門学校を卒業した技術員は，広西や新疆区も含めた全国の各地に配置されていた。これらの技術人材が広西などの蚕糸業技術の推進に，大きな役割を果たしているという。
16) 指導站の顧家棟先生，広西大学の屈達才先生に対する聞き取り調査を参考。両先生とも広西の養蚕技術が伝統産地より後れていることはなく，むしろ優れている点が多いと主張している。
17) 太田原・朴前掲書，19頁。

降，広西は伝統産地の原料生産基地としての性格を次第に強めてきた。しかし，他方で広西はこの状況を改善する方策もとっている。

すでに述べたように，広西政府主導で製糸工場と絹織工場の建設が積極的に行われている。同時に，広西は伝統産地からの投資を拒否せずに受け入れる方針をとっており，浙江や江蘇の製糸企業からの投資は2006年以降増加している。これらの資金や貿易販路を利用することによって，広西の蚕糸業は養蚕業にとどまらず，製糸業ないし絹織業へと急速に発展していくことが期待されている。

広西は，浙江省，江蘇省などの伝統産地と積極的に養蚕技術の共同開発に取り組み，製糸および絹織の生産および流通面でも連携を強めている。例えば，2005年頃から，中国繭糸綢交易市場は広西の柳州市鹿寨県に「嘉興市中糸現代物流有限公司鹿寨分公司」を設立し，公司名義で貯蔵用倉庫を借り，年間600トンの干繭を貯蔵する能力を確保している[18]。2007年には，浙江大学と広西が連合し，いわゆる「東桑西移―浙桂行動計画」（または128行動計画）[19]を開始した。

蚕糸業生産連関の完成と同時に，広西は新たな地域への養蚕業の展開を図り，国際的展開を求める動きも見せている。

広西は地理的条件から隣接するラオスやベトナム諸国との交流が緊密であり，労働力が安く耕地に余裕のある東南アジア諸国へ生産を移動することも考えている。例えば，指導站と広西大学が広西で育成した桑品種の実験栽培をラオスで行っている事例がある[20]。

また，2009年には広西自治区政府がベトナムなどの東南アジア諸国が参加する「汎北部湾経済区」[21]の発展計画を国家の戦略的発展計画の一つ

---

18) 莫小敏・周等「柳州市蚕桑産業発展現状及政策」『広西蚕業』，2006年第3期，第43巻。
19) 中国では，「浙」は浙江，「桂」は広西の略称である。したがって，「浙桂行動計画」という名称は浙江と広西の連合を意味することになる。http://www.zju.edu.cn/zdxw/new/news.php?id=22050。
20) 林強・李格平「在老挝繁育广西桑树品种'桂桑优12'的体会」『広西蚕業』2008年1期，45巻，62-66頁。
21) 「北部湾」は中国語で，トンキン湾のことを指す。「汎北部湾経済区」はトンキン湾経済協力の意味である。トンキン湾経済協力フォーラムは広西の南寧市で開かれる。

に昇格させ，自由貿易区の建設など，農業分野，工業分野を含めた多面的計画を実施しはじめた。この計画の実施に伴って，今後広西における蚕糸業の状況も大きく変容することが予想される。

第四節　結びと今後の課題

　本書は，1980年代以降，すなわち農業生産責任制の変革以降の時期を中心に，蚕糸業をとりまく一連の構造的変化を分析しながら，中国における蚕糸業の発展状況を考察してきた。

　その発展プロセスの中で，伝統産地と新興産地という性格が異なる二つの生産地域間の関係変化を伴いながら，中国蚕糸業が構造的に大きく変容してきたことが明らかとなった。

　ここでは提起した二つの課題に即して，本書で明らかになった点を総括しておきたい。

　第一の課題，すなわち中国蚕糸業の生産構造の変化については，まず1980年代以降，伝統産地において桑園面積と養蚕量が減少してきたことを明らかにした。荒廃桑園の増加と桑園の零細化をめぐる問題が顕著になるなかで，養蚕を放棄する農家が増加し，若年養蚕農民の養蚕離れと担い手不足が深刻になってきたからである。これとは対照的に，広西区や雲南省では，桑園面積と養蚕量が急増し，新興産地として急進してきた。こうして，主要養蚕地域が東沿岸部に高度に集中していた1980年代以前の構造から，2000年以降は東沿岸部の伝統産地と西南部地域に立地する新興産地とが並立する構造へ移行した。

　しかも新興産地は伝統産地から桑苗，蚕種，技術人員，設備および資金を受け取り，養蚕業の発展を遂げてきた。他方，伝統産地は繭の生産不足問題に直面して，新興産地からの繭原料を求めていた。伝統産地と新興産地との間にはこのような緊密な相互依存関係が形成されていた。しかし，両産地の関係は安定的な依存関係にとどまっているわけではなかった。広

西区は単なる原料繭の生産基地に甘んじるだけではなく，養蚕業から次第に製糸業へ移行し，自らの蚕糸業生産連関を完成させようとしている。つまり，両産地が共存共立する関係が形成されつつあるが，将来の展望として，両産地が競合する局面も生まれてくるかもしれない。つねに変化し続ける中国蚕糸業に対し，動態的な分析が必要不可欠であるといえる。

　第二の課題，すなわち蚕糸業をとりまく市場および政策環境が大きく変化する中で養蚕農民がこれにどう対応しようとしているかという点については，次のとおりである。農業生産責任制の実施後，計画経済から市場経済へ移行するマクロ経済環境の変化の中で，従来の国営製糸・絹織工場が民営化され，龍頭企業として新たな生産流通を担う主体が形成された。この変化に応じて，養蚕農民は龍頭企業の傘下におさめられ，龍頭企業の指揮に従うという関係が，とりわけ伝統産地において多くみられる。とはいえ，養蚕協会などの形で，養蚕農民が自らを再組織化しようとする動きもみられるようになっている。伝統産地のように完全に公司に統制されている農民組織もあれば，新興産地のように指導站や地方政府などの介在によって，農民がある程度の発言力を持っている組織もみられる。

　以上のように，本書では，従来の研究ではあまり解明されていなかった1980年代以降の中国蚕糸業の発展メカニズムを明らかにし，とりわけ新興産地の出現と発展によって，蚕糸業の生産構造，そして生産連関を通した流通構造が変化したことを，限られた資料や調査結果ではあるものの，それらをもとにある程度具体的に示しえたと考える。

　その際，第二の課題をアグリビジネス理論の視角を通して分析することで，蚕糸業における契約農業や，龍頭企業つまり製糸資本の成長と養蚕農民との関係を実証的に解明することができた。伝統産地と新興産地の分析から，性格の異なる龍頭企業を捉えることができるが，その進出と成長プロセスを見れば，いずれも所在地域の蚕糸業ないし農業と農村社会に巨大な影響を与えていることがわかる。これは，龍頭企業が代表する農業資本と中国の農民と農村社会との関係という分析視角の重要性を示唆するものである。

最後に，今後の課題として，若干の論点を提起しておきたい。

　伝統産地と新興産地のいずれにおいても，農民自身からなる組織が形成され，成長しつつある。だが，これらの農民組織が龍頭企業に対抗して自立的に展開してゆくかどうかという点については，今のところ未知数である。養蚕農民の組織化を通じた主体形成の動きとして，今後さらに注目が必要であろう。

　蚕糸業は農業分野の中でも特徴のある業種である。さらに，その歴史的・文化的な背景ゆえに，今なお中国の伝統産業の代表であり特別な存在である。そのため，繭および生糸製品は他の農産品と異なり，中央政府による厳格な管理が長期にわたって行われてきた。近年ようやく緩和されてきたが，現在でも計画経済の下での中央政府による統制の面影が残されている。いわゆる社会主義的市場経済が展開され，市場構造が変化する中で，不利な立場に置かれてきた養蚕農民がこれにいかに対応していくのか，そしてかれらの行動が，中国の蚕糸業の発展，ひいては農業経済の発展にいかなる影響を及ぼすことになるのか，という問題が残されている。さらに，今後は養蚕地域が東南アジアへ移動し，国際的な生産連関が形成されることが予想されるが，それによって中国の蚕糸業がどのように再編されるのかといった問題にも注目していかなければならない。

付録地図1　中国地図と主要調査地域

付録地図 2　西部大開発地域

付録地図

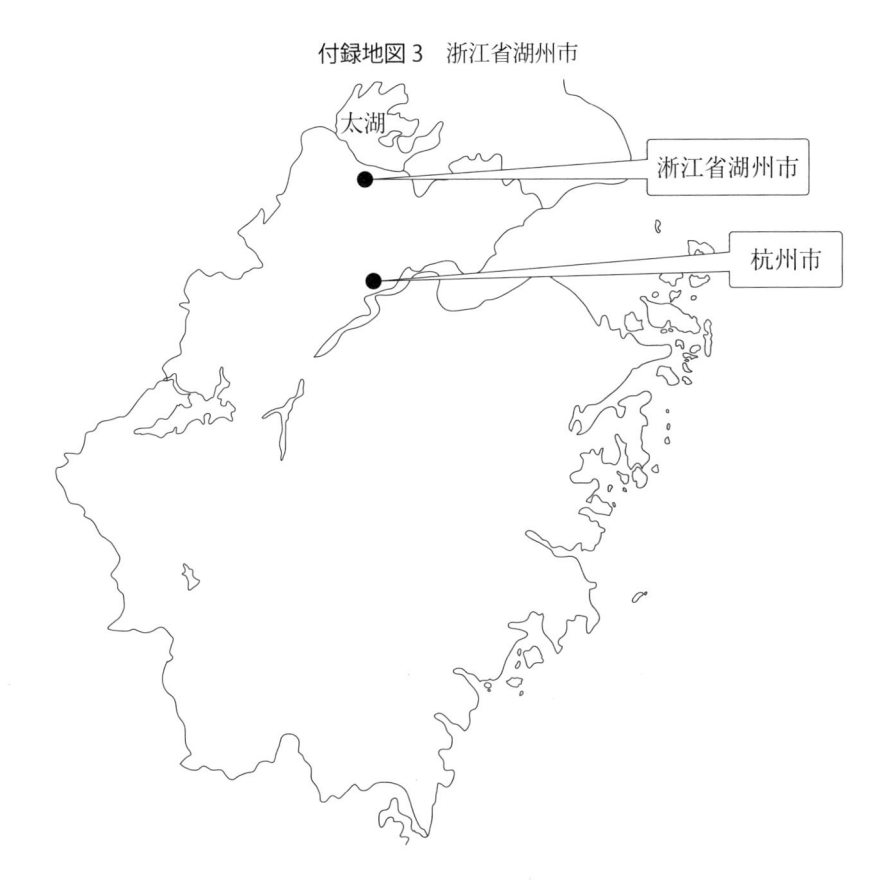

付録地図3　浙江省湖州市

太湖

浙江省湖州市

杭州市

付録地図4　江蘇省海安県

江蘇省海安県

付録地図

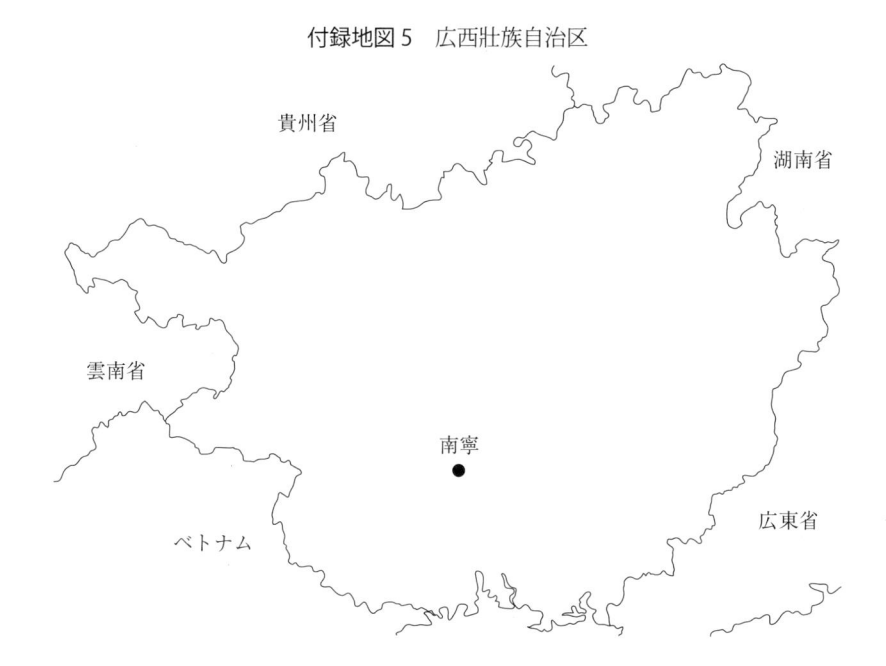

付録地図5　広西壮族自治区

貴州省
湖南省
雲南省
南寧
●
ベトナム
広東省

付録表　現地調査一覧表

期間	主な調査地および調査対象
2005年7～8月	北京市　　　　　中国糸綢協会 江蘇省鎮江市　　中国農業科学院蚕業研究所 江蘇省海安県　　鑫緣繭糸綢集団股份有限公司 江蘇省海安県　　大公鎮群益村 江蘇省無錫市　　蚕種管理所，江蘇省蚕種公司 江蘇省無錫市　　農林局蚕桑指導站 浙江省杭州市　　浙江大学　経済学院 浙江省杭州市　　『蚕桑通報』編集部 浙江省湖州市　　経済作物技術推広站 浙江省湖州市　　練市鎮朱家兜村 浙江省海寧市　　海寧糸綢公司 浙江省海寧市　　中三糸業有限公司 浙江省海寧市　　雲竜村 浙江省海寧市　　新興蚕種製造有限責任公司 浙江省海寧市　　中奇生物薬業股份有限公司 浙江省海寧市　　蚕業生産技術指導站 上海市　　　　　上海档案館
2007年7～8月	広西南寧市　　　広西糸綢公司 広西南寧市　　　広西大学農学院蚕桑学科 広西南寧市　　　横県桂華繭糸綢有限責任公司 広西南寧市　　　広西蚕業技術指導総站 雲南省保山市　　保山市糸綢公司，養蚕農民 雲南省保山市　　保山市永福村養蚕農民
2009年6～8月	北京市　　　　　中国糸綢協会，紡績行業協会 広西南寧市　　　広西大学農学院蚕桑学科 広西南寧市　　　広西大宗繭糸交易市場，広西糖業交易市場 広西上林県　　　広西上林県農業局，上林県現地養蚕農民，稚蚕共同飼育室 広西賓陽県　　　広西賓陽県農業局，賓陽県現地養蚕農民，稚蚕共同飼育室 広西賓陽県　　　中国農業銀行賓陽県支店 広西南寧市　　　広西蚕業技術指導総站，実験桑園，養蚕室，育種基地など 広西南寧市　　　専門誌『広西蚕業』編集部 広西南寧市　　　広西南寧横県農業局蚕業站，養蚕農民，繭站，稚蚕共同飼育室 浙江省杭州市　　『蚕業信息』編集部 浙江省湖州市　　経済作物技術推広站，練市鎮養蚕農民 浙江省淳安県　　淳安糸綢公司，淳安現地養蚕農民 浙江省杭州市　　浙江省農業庁 浙江省杭州市　　浙江大学　経済学院 上海市　　　　　上海档案館
2012年7～8月	広西南寧市　　　広西蚕業技術指導総站 広西南寧市　　　広西大学農学院蚕桑学科 広西南寧市　　　横県桂華繭糸綢有限責任公司 広西南寧市　　　広西大宗繭糸交易市場 広西上林県　　　広西上林県農業局 広西上林県　　　広西上林県留仙農民合作社 広西南寧市横県　新仲村大地合作社
2014年7～8月	広西南寧市　　　広西大学農学院蚕桑学科 広西南寧市　　　広西大宗繭糸交易市場 広西南寧市　　　広西蚕業技術指導総站 広西上林県　　　広西上林県農業局 広西上林県　　　広西上林県留仙農民合作社

初出一覧

　本書はすでに出版した論文を本書の論理筋に合うように大幅に改稿し，使用した箇所がある．以下は各章のもととなる既刊論文のリストである．

序章　課題と分析視角　書き下ろし

第一章　中国における養蚕業及び製糸業の発展
第二章　養蚕業及び製糸業の産地分布と産地移動
倪卉，「中国蚕糸業の展開と現状―浙江省と江蘇省の事例を中心に―」，『調査と研究』第 35 号，pp.42-63，2007 年 10 月（日本語）

第三章　産地移動の原因とシルク製品貿易の影響
Ni Hui, 'Regional Shift in The Sericulture Industry and Transformation of the Rural Economy in China', June 2010, Monograph paper（英語）

第四章　伝統産地―江蘇省と浙江省
倪卉，「中国蚕糸業の展開と現状―浙江省と江蘇省の事例を中心に―」，『調査と研究』第 35 号，pp.42-63，2007 年 10 月（日本語）

第五章　湖州と海寧と海安
倪卉，「中国蚕糸業の展開と現状―浙江省と江蘇省の事例を中心に―」，『調査と研究』第 35 号，pp.42-63，2007 年 10 月（日本語）

第六章　新興産地―広西壮族自治区
倪卉，「中国西南部地域における蚕糸業の発展―広西壮族自治区の事例―」，『日本農業経済学会論集』，2008 年号，pp.440-446，2008 年 12 月（日本語）
倪卉・屈達才，「论现阶段广西蚕业发展的策略」，《广西蚕业》2013 年第 50 卷第 4 期，pp.45-51，2013 年 12 月（中国語）

第七章　広西新たな担い手―指導站，桂華，農民合作社
倪卉，「農民専業合作社のいま」，『季刊中国』季刊中国刊行委員会，2013 年冬季号，pp.54-66，2013 年 12 月（日本語）

終章　伝統産地と新興産地の産地間関係
書き下ろし

図表一覧

序章
図 0-1　調査地

第一章
図 1-1　各国繭生産量比較
図 1-2　養蚕業および製糸業の生産構造
図 1-3　全国桑園面積と桑園生産量の変遷
図 1-4　繭生産量と単位面積繭生産量
図 1-5　生糸の総産量
図 1-6　生糸と繭の増加率の差
図 1-7　養蚕と製糸の生産構造（全国）
表 1-1　桑の有性繁殖と無性繁殖の特徴比較
表 1-2　海寧市における桑苗の栽培状況
表 1-3　主要生産地域蚕種（一代交雑種）の小売価格変化
表 1-4　蔟具による繭品質の差

第二章
図 2-1　1982 年桑園面積割合。a：1982 年，b：2008 年，c：2013 年（主要地）
図 2-2　主要養蚕地域の桑園面積変化
図 2-3　江蘇，浙江，広西，雲南，四川など主要養蚕地域の桑園面積
図 2-4　全国蚕種の生産と配布
図 2-5　全国蚕種配布量比率の変化
図 2-6　全国主要養蚕地域の蚕種生産　単位：万枚
図 2-7　2003 年全国主要地域繭生産割合。a：2003 年，b：2008 年，c：2013 年
図 2-8　各省准産証を有する企業数変化
表 2-1　全国各養蚕地域の桑園面積
表 2-2　中国全国の繭生産
表 2-3　1ha 当りの桑園の繭産出
表 2-4　蚕種 1 枚当りの繭産出量
表 2-5　中国主要養蚕地域における生糸の生産量
表 2-6　各地域の製糸品質の比較
表 2-7　各地域のシルク織物産品生産量の全国の割合

第三章
図 3-1　主要地域繭生産と政策の遅れ
図 3-2　1999 年シルク製品省別輸出割合。a：1999 年，b：2006 年
図 3-3　シルク製品輸出額が輸出総額に占める比率の推移
図 3-4　シルク製品の輸出構造（金額ベース）
図 3-5　シルク製品の輸出額
図 3-6　糸類の輸出額変化

図表一覧

表 3-1　各地域の産業構成変化
表 3-2　食糧農産物作付面積の割合と桑園面積の比較
表 3-3　主要産地の 2000 年，2005 年の輸出構造
表 3-4　中国シルク製品貿易の推移
表 3-5　中国繊維製品の輸入輸出状況
表 3-6　繭の輸出状況
表 3-7　生糸の生産量と輸出量の推移
表 3-8　国別生糸輸出量
表 3-9　輸出先国別生糸平均価格
表 3-10　シルク製品の小売販売状況

第四章
図 4-1　浙江と江蘇桑園面積の変化
図 4-2　浙江桑園使用情況
図 4-3　江蘇桑園使用情況
図 4-4　伝統産地の生産構造
図 4-5　繭価格の変化
表 4-1　江蘇と浙江における桑園単位面積養蚕量比較
表 4-2　浙江省と江蘇省の養蚕時期
表 4-3　浙江省，江蘇省蚕種場と蚕種生産量の変化
表 4-4　桐郷市の稚蚕飼育規模状況
表 4-5　江蘇省生繭集荷許可証授与状況
表 4-6　江蘇省と浙江省製糸機械推移
表 4-7　江浙両省の製糸及シルク紡績の概況
表 4-8　繭価格と繭コストの比較

第五章
図 5-1　湖州市蚕糸業の推移
図 5-2　海安県の繭生産量
図 5-3　海安県の生産構造
表 5-1　海安県家禽類産出額の推移

第六章
図 6-1　広西における養蚕業の概況
図 6-2　広西桑園面積及び全国の割合
図 6-3　広西養蚕農民の生産規模
図 6-4　広西における繭流通の構造
図 6-5　広西の養蚕と製糸の生産構造
表 6-1　広西自治区の蚕種・繭生産量の推移
表 6-2　広西における蚕の新品種の開発状況
表 6-3　広西における蚕種の生産量と配布量の推移

299

表 6-4　2006年貴港市と宜州市における蚕種1枚あたりの稚蚕飼育のコストと収益の比較
表 6-5　広西繭站集荷許可認定状況
表 6-6　広西の生糸と織物生産状況
表 6-7　広西及び各市製糸准産証授与状況
表 6-8　広西のサトウキビと繭の生産収益比較

第七章
図 7-1　広西養蚕農民合作社推移
図 7-2　LX社設立前後の生産構造変化
表 7-1　合作社の加入状況変化

終章
表 8-1　伝統産地と新興産地の比較

参考文献

書籍
英語書籍

- Burch, David, Jasper Gross Geoffrey Lawrence, Restructuring Global and Regional Agricultures : Transformations in Australasian agri-food economies and spaces, ASHGATE 1999.
- Niels Fold, Bill Pritchard, Cross-continental Food Chains Routledge, Taylor & Francis Group, 2005.
- Glover, David J., Kusterer, Ken., Small Farmers, Big business : -Contract farming and rural development. London : Macmillan, 1990.
- Lawrence S., Grossman, The Political Ecology of Bananas : Contract Farming, Peasants, and Agrarian Changes in the Eastern Caribbean, Chapel Hill and London The university of North Carolina Press, 1998.
- Grossman, Lawrence S., The Political Ecology of Bananas. Chapel Hill and London : The University of North Carolina Press, 1998.
- Little, Peter. D., Watts, Michael. J., Living Under Contract : Contract Farming and Agrarian Transformation in Sub-Saharan Africa-, The University of Wisconsin Press, 1994.
- Fred Magdoff, John Bellamy Foster, and Frederick H. Buttel, Hungry for profit : The agribusiness threat to farmers, food, and the environment, Monthly Review Press New York 2000.
- Fold, Niels, Pritchard, Bill, Cross-continental Food Chains. London and New York, Routledge, 2005.
- Bill Pritchard, David Burch, Agri-food Globalization in Perspective : International Restructuring in The Processing Tomato Industry Great Britain, ASHGATE 2003.
- William A. Byrd, Lin Qingsong, China's Rural Industry : Structure, Development, and Reform, Washington. D.C. USA A World Bank Research Publication, 1990.
- William Hinton, The Greai Reversal : The privatization of China・1978-1989, Monthly Review Press New York, 1990.

中国語書籍

- 李明珠著・徐秀麗訳『中国近代蚕糸業及外销(1842-1937)』上海社会学院出版社, 1996年。
- 顧国達『蚕業経営管理』浙江大学出版社, 2003年。
- 廖洪楽・習銀生・張照新　等著『中国農村土地承包制度研究』中国財政経済出版社, 2003年。
- 全国蚕業区画研究協作組編著『中国蚕業区画』成都, 四川科学技術出版社, 1988年。
- 王庄穆編著『新中国糸綢史記』北京, 中国紡績出版社, 2004年。
- 徐旭初著『中国農民専業合作社経済組織的制度分析』経済科学出版社, 2005年。
- 『銀糸織壮錦』編委会編, 『銀糸織壮錦—広西蚕業技術推広総站四十年発展歴程』, 出

版社不明，2004 年。
・中国農業科学院蚕業研究所主編『中国養蚕学』上海科学技術出版社，1990 年。

日本語書籍

・安倍宏史・野方幹生「特化係数を用いた地域間産業構造格差の分析」『土木計画研究・講演集』No.12，1989 年 12 月
・池上章栄・寶劒久俊編『中国農村改革と農業産業化政策による農業生産構造の変容』独立行政法人日本貿易振興機構アジア経済研究所，2008 年。
・石田浩編著『中国農村の構造変動と「三農問題」―上海近郊農村実態調査分析―』晃洋書房，2005 年。
・岩佐和幸『マレーシアにおける農業開発とアグリビジネス』法律文化社，2005 年。
・上原一慶『中国社会主義の研究』（現代中国双書 16）日中出版，1981 年。
・上原一慶『中国の経済改革と開放政策―開放体制下の社会主義』青木書店，1987 年。
・内山雅生『現代中国農村と「共同体」』御茶ノ水書房，2003 年。
・太田原高昭・朴紅『【リポート】中国の農協』家の光協会，2001 年。
・大塚茂・松原豊彦『現代の食とアグリビジネス』有斐閣選書，2004 年。
・大迫輝通『蚕糸業地域の比較研究―温帯日本と熱帯―』古人書院，1983 年。
・太田勝洪・小島晋治・高橋満・毛利和子編『中国共産党最新資料集　上巻・下巻』勁草書房，1985 年。
・岡田知弘『地域づくりの経済学入門―地域内再投資力論』自治体研究社，2005 年。
・加藤弘之『中国の経済発展と市場化』名古屋大学出版会，1997 年。
・加藤弘之・上原一慶編著『現代世界経済叢書―中国経済論』ミネルヴァ書房，2004 年。
・河原昌一郎『中国農村合作社制度の分析』農林水産政策研究所，2008 年。
・熊谷苑子・枡潟俊子・田嶋淳子・松戸庸子編『離土離郷―中国沿海部農村の出稼ぎ女性』南窓社，2002 年。
・厳善平『中国農村・農業経済の転換』勁草書房，1997 年。
・厳善平『中国経済の成長と構造』勁草書房，1992 年。
・厳善平『農民国家の課題』（シリーズ現代中国経済 2）名古屋大学出版社，2002 年。
・小島麗逸編著『中国の経済改革』勁草書房，1988 年。
・小島麗逸編著『中国経済統計・経済法解説　アジア経済研究所，1989 年。
・坂爪浩史・朴紅・坂下明彦編著『中国野菜企業の輸出戦略―残留農薬事件の衝撃と克服過程』筑波書房，2006 年。
・曽田三郎『中国近代製糸業史の研究』汲古書院，1994 年。
・田嶋俊雄『中国農業の構造と変動』御茶ノ水書房，1996 年。
・中国国務院発展研究センター中国社会科学院編，小島麗逸・高橋満・叢小榕訳『中国経済―社会主義市場経済のすべてがわかる』上・下，株式会社，1994 年。
・辻村英之『コーヒーと南北問題』日本経済評論者，2004 年。
・内藤二郎『中国政府間財政関係の実態と対応―1980〜90 年代の総括』株式会社日本図書センター，2004 年。
・中村良平「都市・地域における経済集積の測度（上）」『岡山大学経済学会雑誌』39（4），

2008，pp.99-121
- 中兼和津次『中国経済発展論』有斐閣，2001年。
- 中兼和津次編著『改革以後の中国農村社会と経済―日中共同調査による実態分析』筑波書房，1997年。
- 中兼和津次『中国経済論―農工関係の政治経済学』東京大学出版社，1992年。
- D．グローバー・K．クスタラー著，中野一新監訳『アグリビジネス契約農業』大月書房，1992年。
- 中野一新編『アグリビジネス論』有斐閣ブックス，1998年。
- 早川直瀬『組合製糸の理論とその実際』東京文明堂，1930年。
- 朴紅・坂下明彦『中国東北における家族経営の再生と農村組織化』御茶ノ水書房，1999年。
- 久野秀二『アグリビジネスと遺伝子組み換え作物―政治経済学アプローチ』日本経済評論社，2002年。
- 細谷昂・吉野英岐・佐藤利明・劉文静・小林一穂・孫世芳・穆興増・劉増玉『再訪・沸騰する中国農村』御茶の水書房，2005年。
- 堀江英一『堀江英一著作集』第2巻 青木書店，1976年。
- 三宅康之『中国・改革開放の政治経済学』ミネルヴァ書房，2006年。
- 山田勝次郎『米と繭の経済学』岩波書店，初版，1942年。
- 山田盛太郎『日本資本主義分析』第22刷，岩波書店，1971年。

論　文
英語論文

- Chow. G. C. "Challenges of China's Economic System for Economic Theory." The American economic review, Vol.87, Issue：2, 1997, p.321.
- Charles Eaton., Andrew W. Shepherd., "Contract Farming：Partnership for growth." FAO AGRICULTURAL SERVICES BULLETIN, 2001, p.145.
- Glover, David J., "Contract Farming and Smallholder Outgrower Schemes in Less-Developed Countries." World Development Vol.12, Nos.11/12, 1984, pp.1143-1157.
- Glover, David J., "Increasing the Benefits to Smallholders from Contract Farming：Problems for Farmers' Organizations and Policy Makers." World Development, Vol.15, No.4, 1987, pp.441-448.
- Guo, Hongdong., Jolly, Robert. W., Zhu, Jianhua., "Contract Farming in China：Perspectives of Farm Households and Agribusiness Firms" Comparative Economic Studies, 2007, 49：pp.285-312.
- Hu, Wei, "Household land tenure reform in China：its impact on farming land use and agro environment". Land Use Policy, Vol.14, No.3, 1997, pp.175-186.
- Nigel Key, David Runsten, "Contract Farming, Smallholders, and Rural Development in Latin America：The Organization of Agroprocessing Firms and he Scale of Out grower Production" World Development Vol.27 No.2 pp.381-401.
- Ni Hui, "Changes in Silk Production and Trade Structure in China After 1980s", Asian Rural Sociology Ⅳ, College of Agriculture of Philippines Las Banos College, pp.223-

235.
- Pritchard, Bill., Burch, David., Lawrence, Geoffrey, "Nether 'family' nor 'corporate' farming : Australian tomato growers as farm family entrepreneurs." Journal of Rural Studies 23（2007），2007, pp.75-87.
- Singh, Sukhpal, "Contact Out Solutions : Political Economy of Contract Farming in the Indian Punjab." World Development, Vol.30, No.9, 2002, pp.1621-1638.
- Zhang, Q. & Donaldson. J.A., "The rise of Agrarian capitalism with Chinese characteristics : Agricultural modernization, agribusiness and collective land rights", The China Journal, No.60, July 2008, pp.25-47.

中国語論文

- 白景彰・寥先謀「対進一歩推進河池市蚕糸産業持続穏定健康発展対策的探討」《広西蚕業》，第45巻第4期，2008年，pp.42-52。
- 白雪・何松濤等「浅談桑蚕保険在広西開発応用的設想」《広西蚕業》，第45巻第4期，2008年，pp.58-63。
- 白景彰「広西繭糸綢産業的発展及建議」《広西蚕業》，第43巻第4期，2001年，pp.33-38。
- 陳熙栄「広西桑蚕生産現状和発展対策」《広西蚕業》，第37巻第1期，2000年，pp.43-44。
- 蔡暁臻「蘇大教授為広西蚕糸業提供技術支持」《江蘇科技報》，2001年，ページ不明。
- 陳偉国・戴建忠等「海寧市桑園抛荒問題的調査和対策」《蚕桑通報》，第38巻第2期，2007年5月，pp.48-49。
- 陳楽陽・張寿康等「蚕繭生産成本与蚕桑業発展」《蚕桑通報》，第38巻第2期，2007年5月，pp.46-47。
- 蔡志偉・邵雲華等「試述蚕種場在市場経済体制下的経営戦略」《蚕桑通報》，第33巻第1期，2002年1月，pp.42-44。
- 陳偉国・陶全明「海寧市春蚕防氟工作回顧」《蚕桑通報》，第36巻第2期，2005年5月，pp.22-24。
- 陳福良・馬万勇「適度規模経営　提高経済効益」《蚕桑通報》，第31巻第3期，2000年3月，pp.39-40。
- 陳楽陽・厲占興等「磐安県大棚養蚕初探」《蚕桑通報》，第34巻第3期，2003年3月，pp.60-61。
- 陳晟・苗道平「宿豫県蚕桑生産合作社試点効果与経験」《蚕桑通報》，第31巻第4期，2000年4月，pp.41-42。
- 陳康偉・方好金「推広使用方格簇的幾条措施」《蚕桑通報》，第31巻第4期，2000年4月，pp.48-49。
- 曹香玲・陳家裕「磐安県桑蚕産業化的運作与体会」《蚕桑通報》，第35巻第1期，2004年1月，pp.60-62。
- 陳楽陽「効益蚕業的探索和実践」《蚕桑通報》，第37巻第2期，2006年5月，pp.54-55。
- 程鉄民・謝飛軍等「養蚕"救険互助会"的探討」《蚕桑通報》，第38巻第3期，2007年8月，pp.45-46。

参考文献

- 蔡玉根・張国平等「嘉興市蚕桑産業発展面臨的問題与対策」《蚕桑通報》, 第 39 卷第 4 期, 2008 年 11 月, p.55。
- 蔡和平・張小英等「蚕桑産業規模経営与効益調査分析」《蚕桑通報》, 第 39 卷第 4 期, 2008 年 11 月, pp.38-39。
- 陳偉国・董瑞華等「蚕桑規模大戸的経営模式及啓示」《蚕桑通報》, 第 37 卷第 3 期, 2006 年 8 月, pp.40-41。
- 陳亦慶「"繊維皇后"身価提升 糸綢業告別大起大落」《糸綢》, 2006 年第 5 期, p.20。
- 対外貿易経済合作部・国家工商行政管理局「対外貿易経済合作部, 国家工商行政管理局関於加強蚕繭統一収購管理工作的通知」, 1994 年。
- 鄧玉娟「規範原蚕区管理 確保種繭質量」《広西蚕業》, 第 45 卷第 2 期, 2008 年, pp.45-46。
- 董瑞華「環境汚染対蚕桑産業影響的思考」《蚕桑通報》, 第 39 卷第 3 期, 2008 年 8 月, pp.29-30。
- 丁歩揚・顧海洋等「推行蚕桑産業"場站合一"管理新模式的体会」《蚕桑通報》, 第 40 卷第 1 期, 2009 年 2 月, pp.45-46。
- 丁志用・楊斌等「東台市繭糸綢産業発展状況的調査」《蚕桑通報》, 第 35 卷第 4 期, 2004 年 11 月, pp.46-49。
- 董偉敏「浙江大学与湖州市共建新農村的実践及成効」《新農村》, 2009 年第 5 期, pp.2-3。
- 丁前太「養蚕大戸経営管理存在的問題参与対策」《蚕桑通報》, 第 35 卷第 4 期, 2004 年 11 月, pp.50-52。
- 戴建一「老蚕区方格簇推広方法的探討」《蚕桑通報》, 第 31 卷第 3 期, 2000 年, pp.47-48。
- 鄭社奎「关于龍頭企業建設的幾点思考」《山西農経》, 1998 年第 3 期, pp.1-5。
- 馮世民・沈根生等「湖州市蚕桑産業現状及発展思路」《蚕桑通報》, 第 40 卷第 1 期, 2009 年 2 月, pp.48-50。
- 方広生・唐金富等「提高蚕業生産経済効益的幾点思考」《蚕桑通報》, 第 33 卷第 2 期, 2002 年 2 月, p.52。
- 顧家棟「広西蚕業産業化的思考」《広西蚕業》, 第 38 卷第 3 期, 2001 年, pp.38-43。
- 国家経貿委対外経済協調司繭糸綢弁「繭糸綢行業"十五"規劃」《広西蚕業》, 第 39 卷第 2 期, 2002 年, pp.1-10。
- 国家経貿委・農業部「2002 年桑蚕生産指導計劃」《広西蚕業》, 第 39 卷第 2 期, 2002 年, p.10。
- 広西壮族自治区農業庁「広西壮族自治区農業庁公告」《広西蚕業》, 第 39 卷第 2 期, 2002 年, p.11。
- 甘正義・於小光「浅談農村原蚕生産在蚕桑生産中的作用」《広西蚕業》, 第 45 卷第 3 期, 2008 年, pp.67-70。
- 顧森林・張英龍「試行蚕桑保険的実践与体会」《蚕桑通報》, 第 39 卷第 3 期, 2008 年 8 月, p.43。
- 広西大宗工業原料交易市場・北京大易中天信息諮詢有限公司「2006 中国繭糸綢行業発展研究報告」2006 年 8 月。

- 顧国達・姜麗花等「浙江省蚕繭生産成本分析」《蚕桑通報》，第 32 巻第 4 期，2001 年 4 月，pp.41-44。
- 顧光銀・常根山等「家蚕発生農薬中毒的原因及其防範措施」《蚕桑通報》，第 39 巻第 1 期，2008 年 2 月，pp.38-39。
- 葛小興「合理調整・穏定蚕種生産」《蚕桑通報》，第 40 巻第 1 期，2009 年 2 月，pp.53-54。
- 顧光銀・莊桂香等「東台市推行蚕桑生産社会化服務的做法与効果」《蚕桑通報》，第 34 巻第 2 期，2003 年 2 月，pp.46-48。
- 黄双平「以龍頭企業為動力，推動我県蚕業快速発展」《広西蚕業》，第 42 巻第 2 期，2005 年，p.29。
- 黄紹誠・寥耀民「南寧地区桑蚕業生産現状及発展対策」《広西蚕業》，第 37 巻第 3 期，2000 年，pp.30-33。
- 胡楽山・韋波「近年来広西桑蚕業快速発展的原因及対策」《広西蚕業》，第 40 巻第 1 期，2003 年，pp.6-10。
- 胡楽山・莫嘉凌「広西桑蚕業発展的特点与做法」《広西蚕業》，第 42 巻第 4 期，2005 年，pp.55-58。
- 胡楽山「対広西桑蚕産業発展中若干問題的思考」《広西蚕業》，第 43 巻第 4 期，2006 年，pp.39-47。
- 胡智文「関於我国西部蚕糸業的分析与探討」《糸綢》，2001 年第 8 期，pp.4-6。
- 黄衍峰「秋種春養優越性和推広前景的探討」《蚕桑通報》，第 32 巻第 4 期，2001 年 4 月，p.45。
- 胡忠仁「湖州桑蚕業的歴史発展及其原因」《安徽技術師範学院学報》，第 18 巻第 4 期，2004 年，pp.72-76。
- 洪根法・王小飛等「桑枝培育食用菌前景広闊」《蚕桑通報》，第 37 巻第 1 期，2006 年 2 月，pp.64-65。
- 洪根法・朱建華「発揮産業協会作用做大蚕桑産業」《蚕桑通報》，第 35 巻第 3 期，2004 年 8 月，pp.41-43。
- 韓益飛・呉健等「如東県養蚕布局的変遷」《蚕桑通報》，第 35 巻第 1 期，2004 年 1 月，pp.54-57。
- 胡智文・徐夢奎等「我国蚕業分布与区域経済発展水平関係的探討」《蚕業科学》，第 27 巻第 2 期，2001 年，pp.136-139。
- 侯建忠「関於建立統一開放競争有序繭流通体系的構思」《江蘇蚕業》，1997 年 4 期，pp.42-44。
- 郝朝暉「農業産業化龍頭企業与農戸的利益機制問題探析」《農村経済》，2004 年 7 期，pp45-47。
- 侯建忠・孫峰「关于建立统一开放竞争有序蚕繭流通体系的構思」《江蘇蚕業》，1997 年 4 期。
- 胡智文・徐孟奎・闵思佳，陈文兴，傅雅琴「我国蚕业分布于区域经济发展水平关系的探討」《蚕業科学》27（2），2001 年，pp.136-139。
- 蒋文沛・蒋満貴「広西蚕業信息化現状及発展策略」《広西蚕業》，第 44 巻第 4 期，2007 年，pp.44-50。

参考文献

- 蒋満貴「広西蚕種協会成立会議紀要」《広西蚕業》，第 41 巻第 3 期，2004 年，p.54。
- 蒋満貴・湯慶坤「広西蚕種業的現状剖析及思考」《広西蚕業》，第 43 巻第 3 期，2006 年，pp.41-45。
- 蒋満貴・湯慶坤「広西蚕種業的回顧和展望（上）」《広西蚕業》，第 46 巻第 4 期，2006 年，pp.39-42。
- 金永輝・潘迎九等「涇県陳村鎮新民村規模化養蚕初探」《蚕桑通報》，第 31 巻第 4 期，2000 年 4 月，p.36。
- 景篠栄「蚕桑生産対改善環境作用的調査初報」《蚕桑通報》，第 39 巻第 4 期，2008 年 11 月，pp.35-37。
- 陸瑞好「小蚕技術及管理」《広西蚕業》，第 38 巻第 1 期，2001 年，pp.52-53。
- 林強・李格平「在老挝繁育広西桑樹品種 "桂桑優 12"的体会」《広西蚕業》，第 45 巻第 1 期，2008 年，pp.62-66。
- 李業栄「論雲南農民増収与龍頭企業的培育」《雲南農業大学学報》，第 2 巻第 3 期，2008 年 9 月，pp.42-44，70。
- 陸瑞好「浅談広西蚕業産業化経営及其発展方向」《広西蚕業》，第 38 巻第 3 期，2001 年，p45。
- 羅恒成・雷扶生等「広西桑蚕業形勢喜人」《広西蚕業》，第 41 巻第 3 期，2004 年，pp.37-39。
- 藍雲「発展壮大龍頭企業　提高広西桑蚕業産業化水平」《広西蚕業》，第 45 巻第 2 期，2008 年，pp.49-52。
- 林発仁「柳州地区桑蚕業発展思考」《広西蚕業》，第 39 巻第 1 期，2002 年，pp.41-43。
- 羅建華「科教興蚕，桑蚕興村」《広西蚕業》，第 43 巻第 1 期，2006 年，pp.27-30。
- 藍子康「論"三高蚕業"発展的関鍵」《広西蚕業》，第 45 巻第 1 期，2008 年，pp.42-44。
- 梁貴秋・楽波霊等「広西桑樹資源綜合利用的効益分析」《広西蚕業》，第 46 巻第 2 期，2009 年，pp.30-32。
- 梁在鴻「横県桑蚕基地建設与発展対策」《農業経済》，1994 年 5 月，pp.35-36。
- 羅凱「一個"訂単農業"的典型」《蚕桑通報》，第 32 巻第 4 期，2001 年 4 月，p.63。
- 李建琴「中国蚕繭価格管制」《浙江大学博士学位論文》，pp.72-81。
- 李建琴，顧国達「蚕業地域移転」『蚕業科学』2005 年 31（3），pp.321-327
- 羅坤・李宏等「浅析我国蚕業効益低的原因」『農業科技管理』，第 28 巻第 2 期，2009 年 4 月，pp.68-71。
- 李瑞「中国蚕糸業 50 年的回顧与展望」《中国蚕業》，2009 年増刊，pp.3-10。
- 楼黎静・馬秀康等「建設朱家兜蚕桑園区再創湖州蚕業新輝煌」《蚕桑通報》，第 32 巻第 3 期，2001 年 3 月，pp.40-42。
- 李建琴，顧国達「中国蚕繭的管制価格水平研究」《蚕桑通報》，第 36 巻第 4 期，2005 年 11 月，pp.1-7。
- 劉明，余栄峰等「発揮龍頭企業作用　帯動蚕桑産業発展」《蚕桑通報》，第 39 巻第 2 期，2008 年 5 月，pp.51-52。
- 楼平，王偉毅「浅析新昌県蚕繭的質量」《蚕桑通報》，第 39 巻第 2 期，2008 年 5 月，pp.36-37。
- 陸兆虎，黄献洪「富陽市蚕桑生産加持続発展的途径与措施」《蚕桑通報》，第 32 巻第

- 羅兵前，李徳新等「発展龍頭企業促進農民増収的障碍与対策」《江蘇農業科学》，2009年第 2 期，pp.310-312。
- 呂麗芬「蚕桑科技人員量化考核初探」《蚕桑通報》，第 34 巻第 2 期，2003 年 2 月，pp.48-49。
- 李仕亜，趙義「蚕桑規模経営的成功経験」《蚕桑通報》，第 34 巻第 4 期，2003 年 4 月，pp.50-51。
- 林宝義「加強産業基地建設　引領現代蚕業発展」《蚕桑通報》，第 40 巻第 2 期，2009 年 5 月，pp.11-13。
- 李春才，方好金「推動蚕桑西進　促進農民増収」《蚕桑通報》，第 35 巻第 3 期，2004 年 8 月，pp.37-40。
- 李瑞，崔世明等「我国県域繭糸綢産業発展模式的調査与研究」《糸綢》，2007 年第 2 期，pp.1-3。
- 藍雲「発展壮大龍頭企業　提高広西桑蚕業産業化水平」《広西蚕業》，第 45 巻第 2 期，2008 年，pp.49-52。
- 李瑞「蚕糸業結構性問題的研究」《糸綢》，2002 年第 10 期，pp.4-5。
- 李瑞「蚕繭糸綢流通体制的研究」《糸綢》，2002 年第 7 期，pp.1-6。
- 李建琴「中国蚕繭価格管制研究」（浙江大学　政治経済学　博士論文）浙江大学　博士论文　指导教授史晋川，2005 年。
- 李瑞「蚕繭流通体制的研究」《糸綢》，2007 年 7 期，ページ不明。
- 李瑞「蚕繭業結構性問題的研究」《糸綢》，2002 年 10 期，ページ不明。
- 李建琴・顧国達「蚕繭市場管制与蚕業区域転移」《蚕業科学》，31（第 3 期），2005 年。
- 羅坤「关于云南蚕業発展的思考」《雲南農業科技》，2001 年第 2 期，pp.14-17。
- 陸自芹・馬凱「潞江壩珈琲産業化発展現状及対策」《雲南農業科技》，2006 年増刊，pp.58-60。
- 李瑞「中国蚕糸業 50 年的回顧与展望」《中国蚕業》，2000 年増刊，pp.3-10。
- 李井海，徐洪敏等「郷鎮蚕桑技術推広工作的体会」《蚕桑通報》，第 37 巻第 2 期，2006 年 5 月，pp.53-54。
- 李有江・程錦発「農薬中毒影響蚕種産量的調査」《蚕桑通報》，第 38 巻第 4 期，2007 年 11 月，p.27。
- 莫嘉凌・曽森等「小蚕共育的経営模式与推広」《広西蚕業》，第 43 巻第 3 期，2006 年，pp.49-55。
- 磨美華「広西蚕業発展優勢及問題探討」《広西蚕業》，第 45 巻第 4 期，2008 年，pp.53-57。
- 莫小敏・周頎等「柳州市桑蚕産業発展現状及対策」《広西蚕業》，第 43 巻第 3 期，2006 年，pp.54-57。
- 蒙国棟「加快発展環江蚕業的思考」《広西蚕業》，第 37 巻第 3 期，2000 年，pp.26-31。
- 莫嘉凌・陳琴「推広小蚕共育常見的問題与対策」《広西蚕業》，第 43 巻第 1 期，2006 年，pp.42-43。
- 磨長寅・屈達才等「広西横県桑蚕産業発展状況分析及展望」《広西蚕業》，第 42 巻第 4 期，2005 年，pp.42-46。

- 莫嘉凌「広西桑蚕業発展趨勢分析及対策」《広西蚕業》,第 42 巻第 1 期,2005 年,pp.38-43。
- 馬秀康「湖州蚕桑生産面臨的困難及対策」《中国蚕業》,第 25 巻第 2 期,2004 年 5 月。
- 馬秀康「改革開放三十年湖州蚕業科技進歩的回顧」《蚕桑通報》,第 39 巻第 3 期,2008 年 8 月,pp.31-34。
- 馬秀康・銭文春「湖州市蚕業結構戦略性調整的幾点思考」《蚕桑通報》,第 31 巻第 4 期,2000 年 4 月,pp.4-7。
- 鈕信暁「豊達公司発展蚕成効顕著」《蚕桑通報》,第 34 巻第 2 期,2003 年 2 月,pp.49-50。
- 倪春霄・朱麗君「推広大棚養蚕 推進蚕業規模経営」《蚕桑通報》,第 35 巻第 4 期,2004 年 11 月,pp.53-55。
- 潘志新「広西小蚕共育推広与管理問題的思考」《広西蚕業》,第 45 巻第 1 期,2008 年,pp.49-55。
- 潘健梅・陳衛仙「対農村専業合作社運行機制的思考」《蚕桑通報》,第 39 巻第 1 期,2008 年 2 月,pp.47-49。
- 潘暁・黄世栄等「蚕桑規模生産及綜合開発」《蚕桑通報》,第 37 巻第 1 期,2006 年 2 月,pp.52-53。
- 覃自良・覃宝祝「宜州市小蚕共育成功普及的経験及現状与思考」《広西蚕業》,第 42 巻第 3 期,2005 年,pp.35-38。
- 銭宏才・周耀「桑園適度規模与綜合利用新思路」《広西蚕業》,第 45 巻第 4 期,2008 年,pp.40-41。
- 祁広軍・陸瑞好「浙江,江蘇両省蚕業発展考察報告」《広西蚕業》,第 45 巻第 3 期,2008 年,pp.71-75。
- 屈達才・藍樹思等「広西蚕糸産業科技人材培養的思路及設想」《広西蚕業》,第 44 巻第 1 期,2007 年,pp.1-6。
- 屈達才・藍樹思等「増強綜合実力 抵御市場風波 促進広西蚕糸業穏歩発展」《広西蚕業》,第 46 巻第 1 期,2009 年,pp.41-47。
- 銭根川「規模承包小蚕共育的経験」《蚕桑通報》,第 40 巻第 1 期,2009 年 2 月,pp.55-57。
- 孫智華「一個蚕桑生産規模大戸経営状況的剖析」《蚕桑通報》,第 36 巻第 3 期,2005 年 8 月,pp.52-54。
- 孫美仙「改革原蚕区種場技術和服務的探討」《蚕桑通報》,第 35 巻第 3 期,2004 年 8 月,pp.44-45。
- 斯玉英・張大斌等「臨安市蚕桑産業的発展与思考」《蚕桑通報》,第 38 巻第 4 期,2007 年 11 月,pp.37-38。
- 滕益凖「浅析小蚕的現状和対策」《広西農学報》,第 23 巻第 6 期,2008 年 12 月,pp.99-101。
- 唐壽「応対金融危機做強広西桑蚕業的思考」《広西蚕業》,第 46 巻第 2 期,2009 年,pp.37-41。
- 仝德侠・傳強等「白城蚕桑産業現状」《蚕桑通報》,第 39 巻第 3 期,2008 年 8 月,pp.46-47。

・唐小蘭「海寧市周王廟鎮蚕桑産業発展的思考」《蚕桑通報》、第40巻第1期、2009年2月、pp.43-44。
・董瑞華・曹天倫等「蚕桑産業経済効益的調査分析」《蚕桑通報》、第40巻第2期、2009年5月、pp.33-35。
・呉永才「小蚕共育配套技術新亮点」《広西蚕業》、第45巻第1期、2008年、pp.39-41。
・韋平譲・譚超等「論小蚕共育産業化出現的新問題」《広西蚕業》、第44巻第1期、2007年、pp.41-43。
・王建忠・楊昌旭「実施小蚕共育的与体会」《広西蚕業》、第39巻第4期、2002年、pp.25-27。
・韋廷秀「狠抓蚕種生産管理　争創名牌蚕種」《広西蚕業》、第39巻第4期、2002年、pp.28-29。
・韋廷秀「談談蚕種生産、経営中的弊病与対策」《広西蚕業》、第41巻第1期、2004年、pp.31-33。
・韋鴻雁「発展広西桑蚕業需要六個堅持」《広西蚕業》、第42巻第3期、2005年、pp.31-32。
・万玉新「蚕業産業化与蚕業站工作重心的転変」《広西蚕業》、第38巻第4期、2001年、pp.34-36。
・韋波「広西蚕業代表団赴江浙考察報告」《広西蚕業》、第39巻第3期、2002年、pp34-36。
・王守洋「鹿砦県桑蚕産業現状、問題及対策」《広西蚕業》、第40巻第1期、2003年、pp.11-14。
・万玉新・譚超「提高桑蚕技術培訓班的体会」《広西蚕業》、第42巻第1期、2005年、pp.43-45。
・韋応科・韋広鋒「蚕種経営管理之我見」《広西蚕業》、第45巻第3期、2008年、pp.81-83。
・韋祖漢「狠抓質量、着力打造広西優質蚕繭品牌」《広西蚕業》、第40巻第1期、2003年、pp.1-5。
・韋波「推進蚕業産業化進程　促進広西桑蚕業持続　穏定　健康発展」《広西蚕業》、第39巻第1期、2002年、pp.37-40。
・呉水明・徐炳奎等「蚕桑産業的業効分析及優化措施」《蚕桑通報》、第37巻第4期、2006年11月、pp.37-39。
・王夏英・楊約生等「淳安県繭糸綢産業発展対策思考」《緑網》、2005年第10期、pp.8-9、13。
・呉純清・黄美紅「整合資源整頓秩序　保障蚕種市場穏定」《蚕桑通報》、第40巻第2期、2009年5月、p.53。
・王愛玲・張麗「宿遷市宿豫区鞏固和拡大方格簇推広成果的思考」《蚕桑通報》、第37巻第1期、2006年2月、pp.33-34。
・呉水明・朱偉等「"同福"牌桑苗生産現状与発展前景」《蚕桑通報》、第38巻第4期、2007年11月、pp.43-45。
・王夏英・楊約生「淳安県2006年繭産低質差原因分析参与対策」《蚕桑通報》、第38巻第1期、2007年2月、pp.29-30。

参考文献

- 呉一舟「浅議"東桑西移"戦略中的文化思考」《蚕桑通報》、第36巻第2期、2005年5月、pp.60-63。
- 呉培良・兪玉梅等「発展小蚕共育専業戸　提高蚕桑経済社会効益」《蚕桑通報》、第31巻第3期、2000年3月、pp.49-50。
- 王夏英・柯紅成等「小蚕共育技術的推広応用」《蚕桑通報》、第33巻第1期、2002年1月、pp.57-59。
- 呉純清「倡導小蚕集約化管理　提高社会化服務水平」《蚕桑通報》、第39巻第4期、2008年11月、pp.45-47。
- 王玉芳「加快方格簇推広的思考」《蚕桑通報》、第39巻第4期、2008年11月、pp.54-55。
- 呉大洋・藍広芋「我国現行流通体制的分析評価与改革構想」《糸綢》、2006年第5期、pp.4-7。
- 王暁伝等「畳式蚕台的制作与応用」《蚕業通報》、1994年3月、p61。
- 謝寿泳「小蚕共育適度経営的経験総結」《広西蚕業》、第40巻第4期、2003年、pp.34-37。
- 肖麗萍「越南山蘿木洲蚕業考察団訪問我站」《広西蚕業》、第44巻第3期、2007年、pp.80。
- 肖麗萍「商務部鼓励鮮繭収購企業参与基地建設」《広西蚕業》、第44巻第3期、2007年、p.80
- 徐鉄民「浅談如何発揮専業合作社的優勢」《蚕桑通報》、第39巻第1期、2008年2月、pp.45-46。
- 熊彩珍「蚕桑在嘉興市種植業結構調整中的発展対策」《蚕桑通報》、第32巻第1期、2001年1月、pp.40-42。
- 徐新権・楊約生「創立"公司+農戸"模式　推進蚕桑産業化」《蚕桑通報》、第31巻第3期、2000年3月、pp.58-59。
- 徐建新「蚕桑規模大戸経営状況的調査与分析」《蚕桑通報》、第34巻第3期、2003年3月、pp.51-52。
- 肖麗萍・朱方容「広西蚕繭価格変遷与蚕繭生産発展的研究」《蚕業科学》、32(第2期)、2006年、pp.236-241。
- 楊継芬・雷樹明「提高秋製原種単蛾産卵量的幾点体会」《広西蚕業》、第45巻第1期、2008年、pp.67。
- 葉澄宇・程彗君「西部大開発与広西蚕業的大発展」《広西蚕業》、第38巻第4期、2001年、pp.41-46。
- 葉澄宇・葉聡等「建立完善的繭糸質量監督管理制度及体系　打造国際一流繭糸質量強省」《広西蚕業》、第44巻第1期、2007年、pp.7-11。
- 兪蓉・徐暁林等「蚕桑業向生態模式発展的探討」《広西蚕業》、第41巻第2期、2004年、pp.38-40。
- 余勇「伝承糸綢新文化　打造糸綢新王国」《中国繊検》、第3期、2009年、pp.46-49。
- 葉偉清・王逸平等「桐廬県蚕繭質量問題剖析与対策」《蚕桑通報》、第39巻第3期、2008年8月、pp.36-37。
- 楊直「我省将建設22個蚕桑生産基地」出版者不明。

・楊麗娟「桐郷市蚕桑産業的現状与発展措施」《蚕桑通報》，第 39 巻第 1 期，2008 年 2 月，pp.41-42。
・余栄峰・王暁林等「発揮龍頭作用加快産業化進程」《蚕桑通報》，第 33 巻第 4 期，2002 年 4 月，pp.43-46。
・姚興栄「関於湖州市蚕桑生産調整与発展的探討」《蚕桑通報》，第 33 巻第 1 期，2002 年 1 月，pp.48-50。
・袁紹華・朱麗君等「規範合作社建設　促進蚕業長効発展」《蚕桑通報》，第 40 巻第 1 期，2009 年 2 月，pp.51-52。
・楊明振・徐建新「江蘇省蘇南区応対蚕桑発展新形勢的思考」《江蘇蚕業》，2008 年第 4 期，pp.45-46。
・余根龍・胡金寿「浙西山区開化県蚕桑生産成本分析」《蚕桑通報》，第 40 巻第 2 期，2009 年 5 月，pp.45-47。
・殷剣頻「創新蚕繭収烘体制是穏定蚕桑的有効途径」《蚕桑通報》，第 40 巻第 2 期，2009 年 5 月，pp.48-50。
・姚李軍「嘉興市桑苗産業発展現状与対策」《蚕桑通報》，第 40 巻第 2 期，2009 年 5 月，pp.50-52。
・姚麗娟「推進集約化飼養小蚕　提升桐郷市蚕桑産業」《蚕桑通報》，第 37 巻第 3 期，2006 年 8 月，pp.53-54。
・楊吟曙「小蚕畳式蚕台育介紹」《江蘇蚕業》，1995 年 01 期，1995 年，p.19。
・楊増群・王尚俊等「2007 年晩秋蚕大幅減産原因分析与幾点啓示」《蚕桑通報》，第 39 巻第 3 期，2008 年 8 月，p.49。
・趙義・李仕亜「蚕業規模投資経営新模式」《広西蚕業》，第 41 巻第 1 期，2004 年 3 月，pp.34-36。
・鄭煥生「加快我区蚕業産業化進程的思考」《広西蚕業》，第 38 巻第 3 期，2001 年，pp.42-44。
・左明「論面向新世紀的広西蚕業産業化」《広西蚕業》，第 38 巻第 4 期，2001 年，pp.37-40。
・張俊「試論蚕繭交易市場的建設」《広西蚕業》，第 42 巻第 2 期，2005 年，p.31。
・張俊「促進蚕農専業合作組織健康発展的思路与建議」《広西蚕業》，第 42 巻第 3 期，2005 年，pp.29-31。
・張延華「加強宏観引導，促進東桑西移優質蚕繭基地建設健康発展」《広西蚕業》，第 39 巻第 4 期，2002 年，pp.1-3。
・朱銘「蚕繭収購価格如何預測」《広西蚕業》，第 44 巻第 2 期増刊，2007 年，p.35。
・張俊「試論蚕繭交易市場的建設」《広西蚕業》，第 42 巻第 2 期，2005 年，pp.31-32。
・曽建国「大力推進産業化経営，做大做強首府桑蚕業的大発展」《広西蚕業》，第 43 巻第 4 期，2006 年，pp.48-51。
・張士宇・繆文軍等「抓住関鍵措施　搞好小蚕共育」《蚕桑通報》，第 39 巻第 3 期，2008 年 8 月，pp.47-48。
・周賢満「種蚕業投資効益知多少」《農業科技管理》，第 37 巻第 4 期，2006 年 11 月，pp.40-41。
・朱軍林・王直文等「談談方格簇的推広」《蚕桑通報》，第 33 巻第 4 期，2002 年 4 月，

pp.52-53。
・周金銭「蚕事伝真」《蚕桑通報》，第 38 巻第 2 期，2007 年 5 月，p.64。
・朱迅・韓国超等「蘇北蚕桑産業発展面臨厳峻形勢」《蚕桑通報》，第 36 巻第 3 期，2005 年 8 月，pp.55-56。
・張乃達「対大棚養蚕的認識与実践」《蚕桑通報》，第 34 巻第 2 期，2003 年 2 月，pp.52-53。
・周華初「蚕業規模経営的調査与思考」《蚕桑通報》，第 32 巻第 2 期，2002 年 2 月，pp.46-47。
・周紅明「組織蚕繭合作社　服務蚕農促発展」《蚕桑通報》，第 37 巻第 1 期，2006 年 2 月，pp.49-51。
・荘桂香・丁志用等「梁垛鎮完善蚕業合作社的経験」《蚕桑通報》，第 34 巻第 3 期，2003 年 3 月，pp.48-50。
・周紅明「強化服務規範運作推進梅江蚕桑持続発展」《蚕桑通報》，第 37 巻第 2 期，2006 年 5 月，pp.50-52。
・朱麗君・戚志良「規範内部運作　強化服務功能　促進蚕農増収」《蚕桑通報》，第 36 巻第 3 期，2005 年 8 月，pp.49-51。
・張永詮・楼平「新昌県蚕桑生産減退原因及対策」《蚕桑通報》，第 38 巻第 4 期，2007 年 11 月，pp.32-33。
・章仲儒「発展新区鞏固老区　努力穏定蚕種生産」《蚕桑通報》，第 38 巻第 4 期，2007 年 11 月，pp.41-43。
・周勤「浙江蚕桑生産布局現状和発展研究」《蚕桑通報》，第 38 巻第 1 期，2007 年 2 月，pp.1-5。
・朱麗君「以"蚕桑西進"為契機壮大建徳蚕桑業」《蚕桑通報》，第 35 巻第 1 期，2004 年 1 月，pp.53-59。
・趙新華「秋種春養的実践与思考」《蚕桑通報》，第 37 巻第 3 期，2006 年 8 月，pp.42-43。
・周金銭「蚕事伝真」《蚕桑通報》，第 37 巻第 3 期，2006 年 8 月，p.67。
・鄭社奎「関与龍頭企業建設的幾点思考」《山西農経》，1998 年第 3 期，pp1-5。
・「国際市場糸綢消費需求増長」《糸綢》，2006 年第 5 期，p.21。

日本語論文

・朴紅・坂下明彦・小野雅之「中国輸出向け野菜加工企業における原料の集荷構造：山東省青島地域の食品企業の事例分析（1）北海食品」『北海道大学農経論叢』，第 58 巻，2002 年 3 月，pp.99-110。
・浦出俊和・宇佐美好文・顧國達・宇山満「近年中国養蚕業の発展とその要因—「東桑西移」政策の評価—」『農林業問題研究』，第 172 号第 44 巻・第 3 号，2008 年 12 月，pp.461-469。
・清川雪彦「村の経済構造から見た組合製糸の意義—大正期の群馬県の事例を中心に」『社会経済史学』，59 巻 5 号，1994 年 1 月，pp.601-631。
・清川雪彦「中国の製糸工場調査にみる技術と労務管理」『中国研究月報』，54 巻 3 号，2000 年 3 月，pp.1-26。
・清川雪彦「多様なる世界の蚕糸業—多化蚕から野蚕まで—」Discussion Paper Series

A No.457，2004 年 10 月。
- 木村滋「昭和初期の霞ヶ浦浮島の養蚕：条桑育技術普及の足跡を追う」『蚕糸・昆虫バイオテック』，78（1），2009 年 4 月，pp.41-51。
- 財団法人食品需給研究センター「繭・生糸の流通・価格形成調査報告書」，1978 年 11 月。
- 田島俊雄「華北大規模畑作経営の存立条件（Ⅰ）」『アジア経済』，1993 年 6 月，pp.2-14。
- 田島俊雄「華北大規模畑作経営の存立条件（Ⅱ）」『アジア経済』，1993 年 7 月，pp.2-22。
- 陳　曦「中国広西壮族自治区における砂糖黍生産の現状と課題：柳州市周辺の砂糖黍農家経営を事例として─」『2001 年度日本農業経済学会論文集』，2001 年，pp.202-205。
- 多田稔・胡　定寶・宮田幸子「中国における契約農業の収益性：山東省における青果物のケーススタディ」『2006 年度日本農業経済学会論文集』，2006 年，pp.227-231。
- 張　瑞珍「中国竜頭企業の産業化戦略と農村経済の活性化──内蒙古自治区赤峰市を実例として」『2004 年度日本農業経済学会論文集』，2004 年，pp.421-427。
- 倪卉，「中国蚕糸業の展開と現状─浙江省と江蘇省の事例を中心に─」，『調査と研究』第 35 号，2007 年 10 月，pp.42-63。
- 倪卉，「中国西南部地域における蚕糸業の発展─広西壮族自治区の事例─」，『日本農業経済学会論集』，2008 年号，2008 年 12 月，pp.440-446。
- 倪卉，「中国雲南省における蚕糸業の発展─雲南省保山市の事例─」，『日本農業経済学会論集』，2009 年号，2009 年 12 月，pp.625-632。
- 西野真由「中国華南地域における出稼ぎ労働者の流出パターンの変化と特徴─広東省，広西壮族自治区における農家調査結果より─」『1999 年度日本農業経済学会論文集』，1999 年，pp.465-469。
- 白坂蕃「雲南の南部山地における伝統的農業とその変容」『地学雑誌』，113（2），2004 年，pp.273-282。
- 范作冰「中国における伝統的優位輸出産業の持続的発展と再編に関する研究」，学位請求論文，東京農工大学，2003 年 3 月。
- 矢口克也「現代蚕糸業の社会経済的性格と意義─持続可能な農村社会構築への示唆─」『レファレンス　2009.10』，国立図書館調査及び立法考査局，2009 年 10 月，pp.33-57。
- 楊丹妮・兪菊生・藤田武弘「中国における農業業化の展開と龍頭企業の育成：上海市を中心とする実証研究」『2004 年度日本農業経済学会論文集』2004 年，pp.413-420。

統計年鑑及びその他の資料
統計年鑑
- 中国糸綢協会・『中国糸綢年鑑』編纂委員会　編『中国糸綢年鑑』糸綢雑誌出版社出版，各年版。
- 中華人民共和国国家統計局　編『中国統計年鑑』中国統計出版社出版，各年版。
- 『全国農産品成本収汇編』中国統計出版社出版，各年版。
- 中国海関総署　編『中国海関統計年鑑』中国海関雑誌出版社出版，各年版。

その他の資料

- 陳忠立"鑫縁挺進大西南発揮新優勢"。
- 対外貿易経済合作部《外経貿部第一批廃止部門規章目録》, 2001 年。
- 国家発展和改革委員会・商務部等《関於做好 2006 年蚕繭収購価格与収購管理工作的通知》2006 年。
- 国家発展和改革委員会・商務部等《関於做好 2007 年蚕繭収購価格与収購管理工作的通知》2007 年。
- 広西壮族自治区工業和信息化委員会・広西壮族自治区工商行政管理局《関於做好 2008 年広西蚕繭収購管理工作的通知》2008 年。
- 国家経済貿易委員会・国家計画委員会等《関於加強蚕繭統一収購経営管理工作的職能的通知》1995 年。
- 広西壮族自治区人民政府弁公室「広西壮族自治区農業」出所不明, pp.55-56。
- 劉蓁柯「広西蚕繭流通体制模式分析評価与発展構想」中国蚕糸交易網, http://www.cncsen.com/newsPageUI.action?id=90F28BA7BFA742C08B718B591716CFCC, アクセス日 2011 年 5 月 14 日。
- 商務部・工商総局《商務部　工商総局関於做好 2008 年蚕繭収購管理工作的通知》2008 年。
- 商務部・工商総局《商務部　工商総局関於做好 2008 年蚕繭収購管理工作的通知》2009 年。
- 商務部・工商総局《商務部　工商総局関於做好 2008 年蚕繭収購管理工作的通知》2010 年。
- 蚕糸砂糖類価格安定事業団「最近の中国蚕糸絹業事情—1987 年度海外蚕糸絹業調査リポート—」『蚕糸砂糖類価格安定事業団』, 1988 年 5 月。
- 蚕糸砂糖類価格安定事業団「中国の蚕糸絹業—1991 年度海外蚕糸絹業調査レポート—」『蚕糸砂糖類価格安定事業団』, 1991 年 8 月。
- 蚕糸砂糖類価格安定事業団「中国の蚕糸業—1991 年度海外蚕糸絹業調査レポート—」『蚕糸砂糖類価格安定事業団』, 1992 年 6 月。
- 蚕糸砂糖類価格安定事業団「中国の蚕糸絹業—1992 年度海外蚕糸絹業調査レポート—」『蚕糸砂糖類価格安定事業団』, 1993 年 3 月。
- 蚕糸砂糖類価格安定事業団「中国の蚕糸絹業—1993 年度海外蚕糸絹業調査レポート—」『蚕糸砂糖類価格安定事業団』, 1993 年 6 月。
- 倪卉「カイコから何ができるのか」『資本と地域』第 3 号, 46-48 頁, 2006 年 10 月。

あとがき

　まだ修士課程に在学中だった2005年頃に，最初のフィールドワークへの第一歩を踏み出してからちょうど十年間の月日が流れ，やっと本にまとめる決意ができました。

　振り返れば，蚕糸業を研究対象にしたのも偶然でした。日本に来た当初は日本の伝統産業を研究テーマにしようとしていたため，着物と日本の蚕糸業を調べていました。そのうちに，次第に中国とのつながりを明らかにすることが必要だと気づいて，結局中国研究に落ち着きました。やはり経済学の潮流の中では"中国"を避けてはいけないと考えたのです。

　既存研究の中では，1980年代以降の蚕糸業に対するものは極めて少ないことがわかり，したがって，研究の意義が大きいと考えました。資料が少ないゆえ，フィールドワークが必要不可欠とも考えました。フィールドワークの作法を勉強するため，費孝通の『郷土中国』，1940年代の満鉄慣行調査資料，そして鶴見良行のナマコシリーズなどを読み，一気にフィールドワークの魅力に惹きつけられました。

　とはいえ，いざ自分の足で歩き出すと，目の前には思いもかけない苦労がありました。幸い，様々な人と出会い，助けられながら，調査を遂行することができました。中国語には"読万卷書，行万里路"という言葉があります。日本語で説明すると，つまり品格の高い人間になるには一万冊の本を読み，知識を積むべき，一万里の道を歩み，見識を広げるべきという意味です。研究においてフィールドワークを行うのはまさに同じ考えによるのではないかと思います。

　ここでは，フィールドワークで出会った全ての人々に感謝の意を申し上げたいと思います。とりわけ，長年にわたってお世話になった浙江省湖州市蚕業技術指導站（現在では経済作物局と改名），広西蚕業技術推広総站，広西大学農学院蚕業研究所，広西横県農業局蚕業指導站の皆さんにお礼を申し上げます。

また，京都大学経済学部研究生の頃から私を学問の世界へ導いてくださった師匠の岡田知弘先生，博士課程の頃から知識だけではなく，"研究"というものに真正面から向き合う研究者としてあるべき姿勢を教えてくださった師匠の久野秀二先生に深くお礼を申し上げます。

　そしていろいろ助けてくださった研究室の先輩，共に留学生活の甘苦を味わってきた留学生たち，私の下手な日本語をネイティヴチェックしてくださったゼミの先輩である関根佳恵さんと京都大学吉田寮の友人である宍戸友紀さんにも感謝を申し上げます。

　最後に，著者は財団法人京都大学教育研究振興財団の中期派遣助成（2009年），京都大学大学院経済学研究科の「京都エラスムス計画」―「若手研究者など海外派遣プログラム」の助成（2010年，2012年），及び京都大学日本学術振興会アジア・コア事業（2012年）のサポートと資金面の支援を受けたことを記し，感謝を申し上げます。そして本書の出版は京都大学経済学研究科平成27年度若手研究者への出版助成を受けたことを記し，心より感謝を申し上げます。

　日本における養蚕業と製糸業の研究は，日本の蚕糸業の衰退と共にほぼ停止してしまいました。しかしながら，養蚕業・シルク産業研究は，中国研究のみならず，アグリビジネス，コモディティーチェーンや地域経済の再興などの研究においても重大な意義のある研究テーマであると思います。

　本書の内容には確かに初歩的な部分もあり，多くの優秀な農村農業研究と比肩することもできませんが，抛磚引玉，貴重な農村データやフィールドワーク資料を今後の研究の切り口として活用していただければと考えます。

　私は一人の在日中国人として，この十数年の間に日中関係を大きく揺るがす幾たびもの事件を経験してきました。そこで考えるのは，より良い日中関係を築き上げるために，両国間の相互理解を深めなければということです。本書を通じて，「蚕糸業」という中国の一側面を描き上げ，日本における中国理解にも貢献できればと願っています。

事項・人名索引

＊＊事項＊＊

[あ行]
アクターネットワーク 15
アグリビジネス 4, 13
亜熱帯地域 33, 67, 169
一極集中 65, 86
稲藁蔟 39
営繭 34
横県 200
折蔟 39

[か行]
改革開放 4
蚕の成長周期 34
家蚕 30
家族経営 19
合作社 23, 138, 170, 242, 259, 260
関於繭糸綢経営管理体制改革意見的請示 50
関於蚕繭，廠糸収購和経営管理業務改由経貿部負責的通知 47
関於深化蚕繭流通体制改革意見的通知 44
関於成立国家繭糸綢協調小組的通知 51
関於成立中国糸綢公司報告的通知 45
換金作物 75, 154, 160, 168, 198, 234, 245, 247
キャサワー蚕 198, 199, 208
共同飼育室 37, 132, 190, 215, 232
計画経済 4, 43, 125, 159, 180, 289
契約農業 11, 16, 184, 280
現金収入 1, 75, 109, 152, 154, 163, 165, 168, 172, 181, 199, 234, 236, 245, 275, 278
繭糸通流管理弁法 44
広西蚕業技術推広總站 199, 237
荒廃桑園 32, 67, 118, 288
国務院関於第四批取消和調整行政審批項目的決定 55
国務院関於撤銷中国糸綢公司的通知 46
湖州市指導站 131, 162, 172

国家繭糸綢協調小組 50, 51
コモディティー（commodity） 201, 317

[さ行]
催青 36, 125
最低保護価格 255
サトウキビ 198, 234
三級繁殖 35
産地移動 3, 57
蚕種価格 35, 211
蚕種管理暫行弁法 35
蚕種商店 211
市場経済 3, 110, 180, 193, 289
示範点（示範村，示範戸） 38, 129, 214
ジャスミンの花 234, 236
収烘站 25, 42, 178, 181, 256
准産証 54, 260
自養 26, 206
商品連鎖 14
食糧農産物 79, 192
シルクロード 28, 85
生産責任制 4, 19, 45, 58, 78, 84, 113, 116, 154
政府引導 248
西部大開発 81, 197
全国繩糸絹紡企業生産准産証管理弁法 261
桑園整備 156, 172, 188, 189, 235, 237, 254
桑園の零細化 116, 149, 235, 280

[た行]
大隊 19, 116, 130, 162, 172, 175, 274
竹蔟 39
タバコ 198, 236, 237, 275
稚蚕の共同飼育 34, 131, 215, 240, 249
中国糸綢協会 35, 46
中国糸綢公司 45, 89
中国糸綢進出口総公司 46, 89
中国紡績総会関於調整制糸絹紡加工能力意見的通知 53

319

壮族（チワン族）　9, 197
接ぎ木法　32, 115
訂単農業　20, 280
伝統産地　3, 26
東桑西移　9, 81, 159, 169, 179, 181, 197, 225,
　　237, 250, 264, 277, 278, 287
独立行政法人農畜産業振興機構　10, 11
途上国農村開発　18

[な行]
農業産業化　11, 20, 51, 180, 197, 232, 280

[は行]
品種改良　173, 237
閉鎖　105, 128, 129, 142, 169, 238
放開　193
方格蔟　39, 41, 145, 190, 221, 282
貿工農　20, 50, 52, 83, 91, 180, 232, 280

[ま行]
繭大戦　46, 69, 204
繭站　42, 136, 221
繭売買契約　138, 233, 255
繭販子　141, 221, 259, 262, 266
民営化　21, 44, 121, 158
民俗　3, 113, 229
毛脚繭　193, 224

[や行]
野蚕　99, 276, 313
養蚕組合　138
養蚕農民組織　25, 263, 283
養蚕農民の再組織化　239
四級制種　35

[ら行]
龍頭企業　11, 19, 51, 77, 182, 197, 232, 238, 275
零細農家　5, 9, 19, 250
連続桑園　268, 274, 276, 280

＊＊人名＊＊
Burch, David　19
Friedland, W.　14, 24
Gereffi, G.　14
Glover, David J.　18

石井寛治　6, 7
王庄穆　11
小野直達　7, 10

顧家棟　199, 243
顧国達　11
呉純清　133

菅沼圭輔　11, 22
曾同春　8
曽田三郎　4, 9

田島俊雄　19

羽田有輝　11
范作冰　10
堀江栄一　9

山田勝太郎　6
山田盛太郎　4

楽嗣炳　8
李瑞　10

［著者紹介］

倪　卉（に　き，NI Hui）

立命館大学言語教育センター嘱託講師
1978 年，中国北京市生まれ
京都大学大学院経済学研究科博士課程単位取得退学，博士（経済学）（京都大学，2012 年）
2014 年 4 月より現職

専門
経済学，農業経済，中国経済

主著
Ni Hui and Hisano S.（2014）"Development of Contract Farming in Chinese Sericulture and the Silk Industry". Chapter 9 in : Louis Augustin-Jean and Bjorn Alpermann eds., *The Political Economy of Agro-Food Markets in China : The Social Construction of the Markets in an Era of Globalization*（Palgrave Macmillan, 2014），倪卉・屈達才「論現階段广西蚕業発展的策略」《广西蚕業》（2013 年第 50 巻第 4 期），倪卉「中国蚕糸業の展開と現状──浙江省と江蘇省の事例を中心に」『調査と研究』（第 35 号，2007 年 10 月）など。

（プリミエ・コレクション　74）
蚕糸と現代中国

2016 年 3 月 31 日　初版第一刷発行

著　者　　倪　　　　卉
発行人　　末　原　達　郎
発行所　　京都大学学術出版会
　　　　　京都市左京区吉田近衛町 69
　　　　　京都大学吉田南構内（〒606-8315）
　　　　　電話 075(761)6182
　　　　　FAX 075(761)6190
　　　　　URL http://www.kyoto-up.or.jp/
印刷・製本　亜細亜印刷株式会社

Ⓒ NI Hui 2016　　　　　　　　　　Printed in Japan
ISBN978-4-8140-0021-0　　　　定価はカバーに表示してあります

本書のコピー，スキャン，デジタル化等の無断複製は著作権法上での例外を除き禁じられています．本書を代行業者等の第三者に依頼してスキャンやデジタル化することは，たとえ個人や家庭内での利用でも著作権法違反です．